環境と開発への提言

Environment and Development Challenges

The Imperative to Act
知と活動の連携に向けて

編集代表
ロバート・ワトソン
監訳
松下和夫

東京大学出版会

Environment and Development Challenges: The Imperative to Act
Robert Watson, Editor
Copyright © 2014 by the Asahi Glass Foundation. All rights reserved.
Translation supervised by Kazuo Matsushita.
University of Tokyo Press, 2015
ISBN 978-4-13-033080-0

はじめに

　本書の第Ⅰ部は、ブループラネット賞受賞者が著した個別論文（第Ⅱ部）から鍵となるメッセージを総合して提示し、地球および地域規模における環境の現状と将来像を論じるとともに、環境・社会・経済の持続可能性を示唆します。そこでは、変革にむけた駆動力や行動を起こさないことの影響を明らかにし、さらに環境および社会の持続可能性の追求と、今直ちに行動を起こすべき責務があることとともに、貧困層における経済発展と成長のために何が求められるか、を指摘しています。本書は、環境と開発についてのすべての諸問題へ包括的に取り組むよう求めるものではありませんが、とりわけ重要と思われる部分の一群に取り組むよう求めるものです。

　1992年、リオデジャネイロで開催された地球サミットの年に、旭硝子財団はブループラネット賞を創設しました。この賞は、世界の個人ないし機関を対象に、環境研究およびその応用における顕著な業績の功労により与えられるもので、地球規模の環境問題に対して解決策を提供するよう促してきました。本賞は地球の脆弱な環境に治癒をもたらす努力への期待を込めて提案されたものです。

　ブループラネット賞の名称は、人類で初めて宇宙に飛び立った旧ソ連の宇宙飛行士ユーリ・ガガーリンが、宇宙からわれわれの星を眺めながら発した「地球は青かった」という一言に啓発を受けたものです。本賞がこのように名付けられたのは、われわれの青い星がはるか未来まで人類の生を持続し得る共有財産であるようにと願ってのことです。本賞は2012年に20周年を迎えました。旭硝子財団はこの記念すべき年を、環境にやさしい社会の構築を支援する努力のもと新たな一歩とともに刻みたいと願っています。

発刊にさいして

　旭硝子財団はブループラネット賞創設20周年を記念して、"ブループラネット賞歴代受賞者による地球環境の改善に向けた共同論文"の執筆を呼びかけ、幸いにも多くの受賞者から賛同を得る事が出来ました。その後ロンドンの国際環境開発研究所（IIED）本部に受賞者が集い、熱のこもった議論を重ねて本書が完成しました。

　旭硝子財団は本書の出版により、ブループラネット賞受賞者達の人類への真摯な提言をより多くの人々に届けて、真の持続可能な世界の構築に向けて貢献し、将来の世代へ"かけがえのない自然"を継承して行きたいと考えています。

　本書の論文を執筆頂いたブループラネット賞受賞者、また編集の労を執っていただいたロバート・ワトソン博士に心から感謝の意を表します。また、翻訳を監修頂いた京都大学名誉教授・松下和夫先生、出版の構想や装丁を手がけて頂いた多摩美術大学教授・西岡文彦先生、執筆者との連絡、調整にあたった株式会社イズワークス、刊行を引き受けて頂いた東京大学出版会にお礼を申し上げます。

＊＊＊＊＊＊＊＊＊＊＊＊＊＊＊＊＊＊

　旭硝子財団は1933年に研究助成を目的に設立され、今日に至るまで次世代を拓く科学技術に関する事業を継続しています。1992年に地球環境国際賞であるブループラネット賞を創設し、地球環境保全に功績の有った方々を顕彰しています。

　2014年10月

公益財団法人　旭硝子財団

●環境と開発への提言／目次

はじめに　i

発刊にさいして　iii

第Ⅰ部――叡知の結集　いま私たちがなすべきこと

ブループラネット賞受賞者 共同論文　1

12か条のキー・メッセージ………………………………………………………………　3

1 問題の所在………………………………………………………………………………　9

   1.1　はじめに　9

   1.2　変化を引き起こす基本的な要因　11

   1.3　世界的環境および地域的環境の現状と将来予測　17

2 解決に向けて……………………………………………………………………………　25

   2.1　私たちのビジョン　25

   2.2　行動の必要性　26

   2.3　低炭素経済に移行するための技術上の選択肢　27

   2.4　気候変動への適応　30

   2.5　生物多様性の保護とその持続可能な活用に向けたアプローチ　31

   2.6　食糧の安全保障　33

   2.7　水の安全保障　34

   2.8　リーダーの能力・適性　34

   2.9　優れた統治（ガバナンス）の重要性　37

   2.10　地域協力　40

   2.11　革新と草の根の活動　41

   2.12　知識の創出と評価　44

3 結　論……………………………………………………………………………………　47

第Ⅱ部――「夢」の実現に向けて

［現状を認識する］

1 回復力のある人々、回復力のある地球――選ぶに値する未来

………………………………………………グロ・ハルレム・ブルントラント　53

2 地球および地域の環境の現状と予測

――環境、経済、社会的持続可能性への示唆……ロバート・ワトソン　61

3 知られざる緊急事態……ポール・R・エーリック、アン・H・エーリック 67
4 BRICS の台頭と気候変動……………………ジョゼ・ゴールデンベルク 77
5 変化の動因としての人口動向………………………………ロバート・メイ 87
6 地球温暖化と水資源……………………………………………真鍋淑郎 93
7 農業と食糧安全保障……………………………………ロバート・ワトソン 97

[気候変動]
8 気候変動——生物多様性を守り、自然の気候解決策を利用する
　　　　………ウィル・R・ターナー、ラッセル・A・ミッターマイヤー、
　　　　ジュリア・M・ルフェーブル、サイモン・N・スチュアート、
　　　　ジェーン・スマート、デビッド・G・ホール、エリザベス・R・セリグ 103
9 海水を利用した炭素隔離——気候変動軽減と順応への鍵
　　　　…ゴードン・ヒサシ・サトウ、サミュエル・N・ウェルデルファエル 117
10 人為的な二酸化炭素増加に起因する気候変動の不可逆性
　　　　……………………………………………………スーザン・ソロモン 119
11 気候変動への適応……………………………………………サリーム・ハク 123

[生物多様性と生態系サービス]
12 生物多様性——持続可能な開発の基礎を守る
　　　　………ウィル・R・ターナー、ラッセル・A・ミッターマイヤー、
　　　　ジュリア・M・ルフェーブル、サイモン・N・スチュアート、
　　　　ジェーン・スマート、ジョセフィン・M・ラングリー、
　　　　フランク・W・ラーセン、エリザベス・R・セリグ 129
13 環境問題を理解し解決する生態系アプローチ
　　　　………………………………………………………ジーン・E・ライケンズ 143
14 生態系サービス——自然が人類にもたらす利益
　　　　………ウィル・R・ターナー、ラッセル・A・ミッターマイヤー、
　　　　レイチェル・ニューガーテン、ジュリア・M・ルフェーブル、
　　　　サイモン・N・スチュアート、ジェーン・スマート 151
15 我々の遺産と生命維持システムの保護…………ハロルド・ムーニー 165

[政策と経済社会との連携]
16 炭素排出料と配当の必要性………………ジェームス・E・ハンセン 175

17 化石燃料の先へと移行する世界
　　　　　　　……………………エイモリ・B・ロビンス、ジョゼ・ゴールデンベルク　185
18 気候変動、経済学、新しいエネルギー産業革命
　　　　　　　………………………………………………………ニコラス・スターン　201
19 グリーンで公正な経済の追求………………………………………エミル・サリム　211
20 政策と科学のネクサス（連環）──リーダーシップ能力の改善分野
　　　　　　　………………………………………カール＝ヘンリク・ロベール　221
21 優れたガバナンスの重要性………………………………カミラ・トールミン　241
22 革新と草の根運動……………………………………………………バンカー・ロイ　245
23 リオ＋20──包括的成長によるグリーンエコノミー
　　　　　　　………………………………………………M・S・スワミナサン　251

『環境と開発への提言』によせて　松下和夫　279

Annex I　293
　本書に執筆したブループラネット賞受賞者およびプロフィール

Annex II　301
　ブループラネット賞および旭硝子財団について

第Ⅰ部
叡知の結集
いま私たちがなすべきこと

◉

ブループラネット賞受賞者 共同論文
The Blue Planet Prize Laureates

● Key Messages

12か条のキー・メッセージ
●

　①私たちには夢があります。公平で貧困のない世界、人権を尊び、貧困や自然資源に対してよりいっそう高い倫理観をもって行動する世界、気候変動や生物多様性の喪失、社会的不公正という諸事実への取り組みを成功させ、持続可能な環境・社会・経済を実現できる世界……この世界を実現するのは叶わぬ夢ではありません。しかし従来のシステムには欠陥があり、これまでと同じ道をたどれば夢を実現するのは不可能です。

　②人口の規模と増加、この問題に伴う消費形態こそ、われわれが直面する環境悪化と社会問題の決定的な要因です。人口問題は教育と女性の地位向上によって早急に解決すべき課題です。具体的には、職場における男女同権、所有権や相続権の向上、子どもと老人の医療、現代的な避妊法の普及等に早急に取り組むことが重要です。

　③生産・消費と環境破壊の連動性を喫緊に断ち切る必要があります。そうすることによって、世界的な貧困問題を解決しながら、私たちの物質的生活水準を向上させることができます。しかし、地球上の天然資源には限界があり、かつその基盤は脆弱で、結局のところ、無限に物質的な成長を続けることはできないのです。ところが現実には、エネルギーや輸送、農業分野への補助金によって、本来、持続不可能な成長が促されています。したがって、まず環境悪化に繋がるこの種の補助金を撤廃すべきです。また、環境・社会コストに関わる外部コストを内部化するとともに、意思決定の際には、生態系が人類に提供するモノとサービスの市場価値ならびに

市場に現れない価値を考慮に入れる必要があります。

④われわれがこれまでと同じ発展の道筋をたどることで、世界が直面する環境、社会、経済における巨大なリスクは、それぞれ問題の核心を捉えないと、将来、その処理がいっそう難しくなります。たとえば、各国政府は、経済活動の尺度として利用している国内総生産（GDP）には物差しとして限界があることを認識し、それにとって代わり、経済、環境そして社会の各次元を統合し豊かさの指標となる5つの資本、すなわち、1）人工資本、2）金融資本、3）自然資本、4）人的資本、5）法制度等の社会資本、を物差しとして測ることでGDPを補完する必要があります。貧困層にとっても必要な天然資源が入手可能となるように、富裕層のみを利することが多い補助金ではなく、環境税を導入し補助金の撤廃を推進すべきです。

⑤化石燃料への依存度が高い現在のエネルギー・システムには、入手が容易な物的資源の枯渇、燃料の安定確保、健康被害と環境悪化といった今日われわれが直面する多くの問題があります。クリーン・エネルギーを利用したサービスを誰もが享受できる環境は、貧困層にとって極めて重要です。さらに低炭素経済への移行には、エネルギー使用効率、環境にやさしい再生可能エネルギー、炭素の回収・貯留の分野等における急速な技術の発展が求められます。低炭素経済への移行が遅れるほど、われわれは高炭素エネルギー・システムにしっかりと組み込まれ、その結果、インフラを含め生態系や社会経済システムへの環境ダメージを増大させることになるのです。

⑥温室効果ガスの排出は、将来の繁栄を脅かす最大脅威の1つです。世界全体で見た場合、温室効果ガスの総排出量（フロー）は、二酸化炭素（CO_2）換算で年間約500億トンに達しており、今なお急激に増加し続けています。陸上生態系や海洋生態系では、世界が1年間に排出する温室効果ガスをすべて吸収することができないため、大気中に排出された温室効果

ガスの濃度（ストック）は、現在、CO_2換算で約445ppmへ上昇しており、年間約2.5ppmずつ上昇し続けています。このように、われわれは現在、フローおよびストックの両面において問題に直面しています。温室効果ガス排出量を削減するための強力な対策が講じられなければ、大気中の濃度は、今世紀中に、少なくとも300ppm上昇し、今世紀末あるいは来世紀初頭には約750ppm以上に達する可能性があります。世界各国が約束している削減努力では、五分五分の確率で地球の気温が最低3℃上昇するおそれがあるのです。これは、気温としては地球上で過去約300万年経験したことのないものです。また、3℃どころか5℃上昇する深刻なリスクも否めません。5℃の上昇となると、地球上で過去約3000万年経験したことのない気温となります。しかし現在の科学が、温室効果ガスの排出から濃度、気温上昇、その結果としての気候変動へのつながりやそのインパクトをすべて解明しているわけではなく、これは人類に課せられた膨大なリスク管理と大規模な公的行動の問題であると言えます。

⑦生物多様性は、極めて重要な社会的、経済的、文化的、精神的、科学的な価値を持ち、それを保護することは人類の生存にとって重要なことです。過去6500万年の歴史上に類を見ないほど急速に進行する生物多様性の喪失が、人類の暮らしを支える生態系サービスの供給を危険に晒しています。国連の提唱によって2001年から2005年にかけて地球規模で行われた生態系の環境アセスメント「ミレニアム生態系評価」によると、調査対象の24の生態系サービスのうち15が減少し、4つが改善、残る5つは地域によって改善や減少傾向にあると評価されました。生物多様性を保護し、持続可能な社会を実現するためには、対策を大幅に強化するとともに、社会、政治、経済の課題と統合する必要があります。さらに生物多様性と生態系サービスを評価し、真の意味での「グリーン経済」の基盤として価値のある市場を創出することが必要です。

⑧われわれが政府や企業、そして社会を通して係わる、地域、国家、そして世界レベルでの意思決定システムには、重大な欠陥があります。意思

決定に係わる規定や制度は利害関係者に左右され、各利害関係者の意思決定過程に対するそれぞれの影響の程度は大いに異なります。統治方法（ガバナンス）を効果的に改革するには、権力者の責任を問える透明性のある体制をさまざまなレベルで確立することが肝要です。地域レベルでは、公聴会や社会監査によって社会の中心から取り残された人々の声を表に出すことができます。国レベルでは、議会やマスメディアによる監視が重要です。世界的には、共通の目標を達成するための手段について、より良い合意形成・実行方法を探らなければなりません。さらにガバナンスの欠陥が起こるのは、意思決定が分野別に行われ、環境、社会、経済それぞれの次元の事柄が、個々の競合する部門ごとに対策が採られているためです。

⑨政策決定者は、エネルギー、食糧、水、自然資源、財政、統治等の分野における草の根のレベルで進行する活動や知識から学ぶ必要があります。特に農村地域では、この資源を管理、統制、所有しているのは地域社会なので、草の根の活動から学ぶことが重要です。この課題に取り組むには、トップダウンとボトムアップ方式を互いに補完しながら、草の根レベルの活動を拡大することが重要です。また、すべての地域に共通な持続可能な発展に取り組む地域協力を育てることによって、世界的な協力のあり方の改善も期待できます。

⑩企業や政府は、優秀な政策決定者を確保し増やすために、効果的な研修プログラムを実施すべきです。意思決定者は、持続可能という制約内でプログラムと政策を統合する手法を学ぶとともに、その中からビジネスを理解し、持続可能という目標に向って戦略的に行動していくスキルを習得することが大切です。

⑪以上の課題すべてに共通して必要なのは、教育、研究、知識の評価に対する投資を増強することです。

⑫冒頭に掲げた私たちの夢を達成するためには、直ちに行動を起こすこ

とです。なぜなら、社会・経済体制にはすぐに停止できない慣性の力がある以上、気候変動や生物多様性の喪失がもたらす悪影響の回復には何世紀もかかるか、あるいは二度と修復不可能（たとえば種の絶滅）だからです。行動のための知識は十分ありますが、現在の科学の不確実性を考えると、私たちは途方もない規模のリスク管理という問題に直面していることになります。今、対応を怠れば、私たちや将来の世代を衰退させることになるのです。

◉ The Problem
1 問題の所在
◉

1.1 はじめに

　私たちには夢があります。貧困のない世界、公平な世界、人権を尊重する世界、貧困問題や天然資源問題に対してこれまでよりさらに高い倫理的な行動が取られる世界、環境的、社会的かつ経済的に持続可能な世界、貧困の解消と社会的公平という社会目標を実現するという制約と、生命を維持するための自然の収容力という制約の中で経済成長が追求される世界、そして、気候変動や生物多様性の喪失、社会的不公正といった諸課題の解決が成功裡に実現された世界を作ること。これは叶わぬ夢ではありません。しかし、システムは崩壊しており、このままの道をたどれば、実現は不可能です。

　しかしながら、人類の行動は、技術の進化がますます急速に進む一方で、倫理的・社会的な進化が遅々として進まないことによってもたらされるであろう致命的な結果に対して、まったく不適切なままだとしか言いようがありません。人間の行動する能力は理解する力をはるかに上回ってしまったのです。その結果、文明は、人口の過剰、富裕層による過剰消費、環境に有害な技術の使用、そして著しい不平等によって引き起こされる問題の嵐にさらされています。その問題には、人間の生命維持システムを機能させる生物多様性の喪失、気候の乱れ、世界的な毒物による汚染、重大な生物地球化学サイクルの変化、伝染病が蔓延する危険性の増大、文明を破壊する核戦争や原発事故の恐怖等が含まれます。これらの生物物理的な問題は、今ではそれらに対応できなくなった統治体制、制度、市民社会と密接

につながっています。

　急速に崩壊している生物物理的状況は、すでに十分過ぎるほど悪化していますが、物質経済は際限なく成長を続けることが可能であるという非合理的な思い込みに取りつかれ、先進国と発展途上国の富裕層がますます豊かになるなかで貧困層が取り残されているという事実を無視している国際社会では、このことはほとんど認識されていません。そしてこの成長が永遠に続くという神話は、人類が直面する厳しい決断を避けるための口実として、政治家や経済学者によって熱心に支持されているのです。この神話こそが、実際には（現状に見られるように）、世界中で我々が実施している持続不可能な営みの根本原因にある病弊であるにもかかわらず、際限のない経済成長が世界中のすべての問題の解決策であるとの信じがたい考えを広めています。

　未曾有の緊急事態に直面して、社会は文明の崩壊を避けるため、劇的な行動をとる以外に選択肢はありません。私たちが自らのやり方を変え、全く新しい国際社会を構築するか、さもなければ、私たちは変えられた国際社会に直面するか、そのどちらかなのです。

　世界をより持続可能なものにするという私たちの夢を実現するには、経済、社会、環境という3つの要素が相互に依存していることを理解し、それらを、政府においても民間においても政策や事業の意思決定に組み込むことが必要です。多くの国が直面している課題の1つに、生態系生命維持システムを保ちつつ、貧困の軽減のため、いかにして天然資源を管理するかという問題があります。経済においては、貧困の軽減に、どのような、そしてどこの、またどれだけの天然資源が必要なのかという課題と取り組む一方、社会的課題は、誰のためにどれだけの資源が開発されるのかということに取り組み、環境的な課題は、どうすれば生態系への影響を最小限に抑えながら自然資源を管理することができるのかを扱います。経済、社会、環境について、それぞれの目標が期限を含め定量的に定められるならば、それら3つの間の相互作用は強固なものとなり、互いの関係をより効果的なものにすることができます。意思決定者は、社会と環境の持続可能性という制約の中で経済成長を実現しなくてはなりません。

1.2 変化を引き起こす基本的な要因

　変化を引き起こす間接的な要因の主だったものには、人口、経済、社会政治、技術、文化、宗教があります（図1）。これらが気候変動や生物多様性の喪失に影響を及ぼす仕方はそれぞれ少しずつ異なりますが、どちらの問題にも共通に影響しているのは、エネルギーと天然資源を購入および消費する人々の規模とその能力です。人類起因の気候変動は、主にエネルギーの総消費量とエネルギーを生産し利用するのにどの技術を利用するかに関わり、それらは補助金や賦課されていないコストによる影響を受け、その結果、現状の化石燃料の燃焼への過度な依存となっているのです。生物多様性の喪失や生態系と生態系サービスの悪化は、主に自然の生息環境の転換、行き過ぎた資源開発、大気・土壌・水質汚染、外来種の持ち込み、人類起因の気候変動が原因となっています。

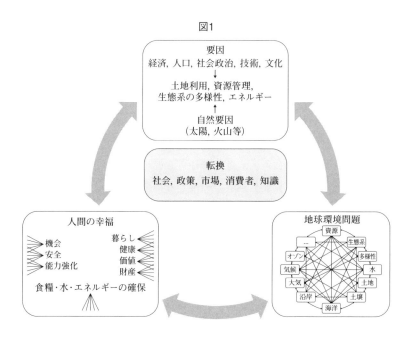

図1

人 口

　今や70億人を超える世界の人口と1人当たりの平均エネルギー消費量は、ともにこの150年で7倍に膨らみ、地球全体での大気中への二酸化炭素放出量は50倍に増加しました。そして、エネルギー消費量も二酸化炭素排出量も今なお増加し続けています。初等・中等教育を受けた女性の増加や避妊法の普及を背景に、世界平均では、合計特殊出生率（TFR）は減少傾向にあります。しかし、世界平均はさまざまな地域における数多くの問題を隠しています。世界の一部地域では出生率が高止まりしており、そのような国々で出生率が下がるかどうかはとても不確実です。発展途上国の女性2億人以上が現在も家族計画を必要としていながら対応できておらず、教育プログラムと合わせて、リプロダクティブヘルスや家族計画プログラムに対する投資を拡大することが極めて重要です。しかし、このように高まる要望やニーズに反して、米国やその他の国々における宗教右派からの立法に対する圧力を主な理由として、1995年から2008年にかけて資金は30%減少したと推定されています。

　世界の多くの国々で進行している高齢化もまた持続可能な開発と関連のある問題です。これが経済・社会・環境にどのような結果をもたらすのかはまだはっきりとわかっていませんが、何らかの影響があることは間違いありません。その影響がプラスのものとなるかマイナスのものとなるかは、高齢化が経済生産性や物品・サービスの消費にとって、また都市計画や金融・医療・社会制度においてどのような意味を持つのかを評価する等、各国の高齢化に対する備えに大きく左右されます。

　文化的にも遺伝子的にも、人間は昔から常に小さな集団で活動する動物であり、進化したとはいえ、他者との交わりは多くても数百人にとどまってきました。しかし、人類は生態学的な時間でいうと突然、非常事態に直面しています。世界に暮らす何十億という人々にとってより公平で好ましく、有限な惑星においても持続可能な統治および経済システムを早急に設計し、導入する必要に迫られているのです。

経済

　有限な惑星においては、無制限の経済成長は持続不可能です。各国政府は、経済成長の尺度として利用されている国内総生産（GDP）には、物差しとして重大な欠陥・限界があることを認識し、5つのタイプの資本――人工資本、金融資本、自然資本、人的資本、社会資本――を測る物差しで、つまり、経済、社会そして環境の各側面を統合し、その国の潜在的な生産力を判断するのにより適した豊かさの尺度でGDPを補完することが必要です。

　経済システムが外部性を内部化することに失敗したことが、環境に悪影響を及ぼす活動が続くことにつながっています。外部性が修正されなければ、市場は失敗します。そのような市場は、経済活動に基づく社会に対する真のコストを反映しない価格を付けてしまいます。化石燃料の燃焼によって引き起こされる損害は価格には反映されていないことから、温室効果ガスの排出は市場の失敗の代表的な例だと言えます。化石燃料の価格には社会が負担している真のコストを反映させるべきで、そうすることで、環境に優しい再生可能エネルギーに係る技術がより公平な条件で競争でき、エネルギー節約の誘因が生じます。税金や排出量取引制度から基準の制定や他の規制まで、さまざまな経済的手段が温室効果ガスの放出に係る市場の失敗の是正に役立ちます。おそらく、それらを総動員しなければならないでしょう。

　気候変動リスクに対する対策を考えた場合、正すべき市場の失敗は他にも数多く存在します。排出に関わる外部性を修正するだけでは不十分です。例えば、研究開発（革新）にも市場の失敗は存在しますし、資本市場にも低炭素インフラを構築するための資金調達の妨げとなるような欠陥があり、電力網や公共交通機関等のネットワークにも外部性があり、情報の提供や生態系および生物多様性の評価における欠陥もあります。さらに、エネルギー、輸送、農業等の分野では、環境破壊につながる補助金が合計で年間約1兆ドルも支給されており、これがさらに市場を歪ませ、広く環境の悪化につながっていることから、それらは打ち切られるべきです。私たちは、以上のようなあらゆる次元で積極的に対策を講じなければならないのです。

特に緊急性が高く、重要なのは、生物多様性と生態系を取り巻く市場の欠陥を正すことです。私たちが自然界から享受している恵み（生物多様性と生態系サービス）と自然界を構成する生態系は、人間の幸福と経済的繁栄にとって極めて重要なものでありながら、経済分析と意思決定においては常に過小評価されています。現代の経済的そして参加型の手法を活用すれば、さまざまな生態系サービスについて、その金銭的価値と非金銭的価値の両方を勘案することが可能です。これらの手法が日常的な意思決定に導入されることが必要なのです。非市場的価値の評価を意思決定に含めないと、資源の配分が効率的に行われず、社会の幸福にとってマイナスとなります。生態系サービスの持つ価値を知ることで、世界は、生態系サービスがもたらす利益をよりよく理解し、それらが公平に分配される、より持続可能性の高い未来へと向かうことができるでしょう。

　発展途上国が今後も継続して生活水準の進歩向上を図ろうとするなら、これら市場の欠陥を正すことが重要です。ここ数十年間のBRICS（ブラジル、ロシア、インド、中国、南アフリカ）諸国における経済の台頭は目覚ましいものがあります。BRICS諸国を合わせたGDPの世界に占める割合は、この60年間で23%から32%に拡大しました。一方で、OECD諸国の世界のGDPに占める割合を同じ期間でみると、57%から41%に減少しています。このような急速な経済成長によって、保健衛生、識字率、そして所得において大幅な改善が見られました。しかしながら、この急激な成長と発展は、化石燃料の使用量増加（2008年にはエネルギー消費量の90%）と海洋や森林を含む天然資源の持続不可能な開発に大きく依存して成し遂げられました。この、エネルギー集約型の開発を進めた結果、BRICSの台頭はその温室効果ガス（GHG）排出量の大幅な増加（特にCO_2）を伴うこととなり、世界全体の排出量に占める割合は、この60年間で15%から35%にまで高まりました。このようなエネルギー集約型の開発が持続可能な道であるはずもなく、中国における砂漠化の急速な進行や海洋における生物多様性の崩壊等、すでにその影響は顕在化しつつあります。市場のもつ欠陥の修正と他に害をもたらすエネルギー関連補助金の撤廃を何よりもまず必要とする、低炭素型開発の道筋への転換に失敗すれば、気候変動への悪影響と環境の

悪化につながるでしょう。そうなれば、将来の成長を危うくし、これまでの数十年間に飛躍的に進んだ開発をも危険にさらすことになります。しかし、BRICS諸国には、良い兆候も見られます。例えば、ブラジルではこの7年間でアマゾンの森林破壊が約80%削減され、中国では第12次5カ年計画（2011～2015年）においてより持続可能性の高い低炭素経済への戦略変更が示されていることなどです。しかし、さらに大々的な取り組みを早急に行わなければなりません。

技術

化石燃料エネルギー（石炭、石油、ガス）と非効率的な最終使用技術に対して過度に依存したことから、二酸化炭素や他の温室効果ガスの大気中濃度が大幅に増加しました。今私たちは、100万年かけて貯留された量に相当する量の炭素を毎年大気中に放出しています。最近では、炭素強度（CO_2/GDP）を減らすための取り組みが多くの国で行われ、特に中国とロシアでは、元々の水準が非常に高かったとはいえ、この30年で炭素使用量が著しく減少しています（図2）。しかしながら、インド、南アフリカ、ブラジル（森林破壊を含む）については、同期間中、炭素強度に大きな減少は見られませんでした。したがって、今後数十年にわたってすべての国が二酸化炭素排出削減に本腰を入れて取り組まなければならないことは明らかです。OECD諸国では炭素強度（および炭素排出の）削減に向けた取り組みが行われていますが、OECD諸国だけの取り組みでは世界全体の炭素排出の拡大を止めることはできないのです。

社会政治

政府、企業、社会において私たちが依存する意思決定システムには、大きな欠陥があります。このことは、地域、国、世界のどのレベルでも共通して言えることです。意思決定に係る規定や制度は利害関係者に左右されますが、意思決定の過程に対するそれぞれの関わり方は全く異なります。ガバナンスにおいて有効な変革を実現するためには、権力を持つ人々の責任を問えるよう透明性のある方法を確立するためにさまざまなレベルで行

図2　GDP当たりのエネルギー消費量

1,000ドル当たりの石油換算トン*

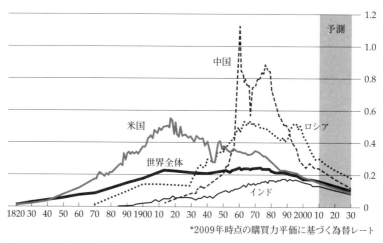

*2009年時点の購買力平価に基づく為替レート

出典：BP Energy Outlook 2030 London 2011。

動することが求められています。ガバナンスの失敗は、互いに独立し競合する組織でもって環境、社会、経済それぞれの課題が取り組まれ、個々の部署で意思決定がなされることによっても起こるのです。

　多くの国々において、とりわけ米国で企業による金権支配への移行が進み、膨大な富（従って権力）が貧困層や中流階級から超富裕層の下へと集まることで、環境に甚大な被害がもたらされています。化石燃料企業が業界の利益を守るため、気候変動の脅威を過小評価する宣伝を成功裏に展開してきたのはその良い例です。

文化

　人類が直面する苦境を克服する機会を増やすため不平等をなくすことは、富裕層と貧困層の間の巨大な力の差が生んだ食糧や他の資源の入手利用可能性における差を見ても明らかです。家族計画サービスの提供や、本当に必要な農業研究といった問題に対する資金の不足は、米国やその他の豊かな国々が自国やその他の先進工業諸国への石油の供給が途切れることがな

いようにと行っている支出とは極めて対照的です。これまで石油を追い求めることで、さまざまな危険な衝突が発生し、また石油を燃やし続けることで気候に壊滅的な影響がもたらされることが想定されるにもかかわらず、石油が地政学上果たしている中心的な役割に衰えは見られません。

1.3　世界的環境および地域的環境の現状と将来予測
　　　——気候変動と生物多様性および生態系サービスの喪失が環境、経済、そして社会の持続可能性にもたらす影響

　地球の環境は、地域から世界全体に至るまであらゆるレベルの規模で、主として人間の活動が原因となって大きく変化しています。成層圏のオゾン層が破壊され、気候は過去1万年間で例を見ないほど急速に温暖化が進み、生物多様性はかつてない勢いで失われ、世界のほとんどの海洋で漁獲量は減少に向かい、多くの大都市やその周辺では大気汚染が大きな問題となり、大勢の人々が水不足の地域に暮し、広い地域で土壌が劣化しています。このような環境悪化の多くは、エネルギーや水、食糧、その他の生物資源の持続不可能な生産と消費によるもので、それらはすでに貧困の軽減と持続可能な開発の促進に向けた努力を台無しにしつつあり、さらに悪いことに、予測される今後の環境変化はさらに深刻な結果をもたらすものと考えられます。

気候変動
　産業革命以降、主に人間の活動によって大気の組成と地球の気候が変化してきたことに疑いの余地はなく、それらの活動が大きく方向転換されない限り、変化は地域レベルでも世界レベルでも継続することが避けられません。大気中の二酸化炭素濃度は、主に化石燃料の燃焼と森林破壊が原因となって、産業革命前の時代から30%以上上昇しています。地球全体の平均表面温度は、1000年以上にわたって比較的安定していましたが、今では産業革命以前に比べてすでに約0.85℃上昇しており、また、これまでの排出によってさらに0.5℃から1.0℃の上昇が避けられません。2000年から

2100年の間に平均表面温度はさらに1.2〜6.4℃上昇し、海より陸地がより顕著に暖まり、そして熱帯地方より北極地方で温暖化が進むと予測されています。

　降水量は中緯度・高緯度地方および熱帯地方で増加し、亜熱帯大陸では減少すると予想されます。それと同時に、蒸発量は緯度を問わずおしなべて増加します。どの大陸でも、すでに豊かな水資源を有する地域ではさらにその量が増えると考えられるため、河川が増水し、洪水の頻度が高まります。逆に、亜熱帯地域やその他水不足の地域、そしてまた現在でも比較的乾燥している季節には、水不足が拡大し、干ばつが頻発するようになるでしょう。したがって、地球温暖化が、現在世界で水が豊かな地域と不足している地域との間に見られる差を、拡大する可能性が高いと考えられます。実際の観測でも、気候モデルによる予測通りに、洪水と干ばつ両方の頻度が上昇傾向にあることが明らかになっています。

　地球の気候は、過去1世紀に比べ早いペースで変化することが予測されています。そしてこれは、淡水、食物・繊維、自然生態系、沿岸域・低地、人間の健康、社会システムに悪い影響を与えることが予想されます。気候変動の影響は、広範で基本的にはマイナスに作用しかつ多くの分野にまたがると考えられます。例えば、世界中で生物多様性は遺伝子、種、地形の各レベルにおいて失われつつあり、生態系と生態系サービスは悪化の道をたどっています。気候変動は、観測されている生物多様性の喪失や生態系の悪化の原因としては比較的小さなものですが、今後数十年間のうちに大きな脅威になると考えられます。

　将来世代や自然界にとって悲劇的で非道な結果となる気候への影響が確実に現れると断言しなくとも、私たちが二酸化炭素として大気中に放出することのできる化石燃料由来の炭素の量には限界があります。現在の化石燃料によるエネルギーインフラを段階的に縮小してカーボンニュートラル（炭素排出ゼロ）またはカーボンネガティブ（炭素排出マイナス）のエネルギーに移行していくために10年単位の時間尺度が必要であることを考えると、遠からず炭素排出量の限界に達してしまうことは明らかです。人間が引き起こした大気組成の変化に対する気候の完全な応答が遅れるのは、

気候システムの慣性によるものですが、この慣性は私たちの敵にも味方にもなります。

　応答に遅れがあるがゆえに、持続可能な炭素負荷を若干超えることは仕方ありませんが、同時に、取り返しのつかない段階を超え、壊滅的な打撃を次々と引き起こしてしまう危険も生じます。例えば、グリーンランドや南極西氷床の融解による何メートルにもなる海面上昇、永久凍土の融解による強力な温室効果ガスであるメタンの大量放出、海洋コンベアベルト（熱塩循環）が攪乱されることによる局地的な著しい気候変動などがそうです。このような不可逆的な影響が生じれば、ほとんど人間の手には負えません。

　気候変動を看過した場合のリスクは生物多様性の喪失がもたらすリスクと同様に計り知れないほど大きなものであるため、行動が急がれます。人間が引き起こした二酸化炭素の増加に起因する地球温暖化は基本的に、少なくとも1000年間は元に戻すことはできません。海洋に熱が蓄積されてしまっているというのがその一番の原因です。したがって、人為的な二酸化炭素の放出について今日行われる決定が、今後1000年間の気候を左右するのです。たとえ21世紀に二酸化炭素の排出を完全に止めることができたとしても、海面は上昇を続けます。グリーンランドと南極大陸における氷床の減少によって低地が水没するか否かは、たとえそれが、何世紀にもわたって起こるとしても、今世紀の二酸化炭素排出量によって決まります。それは、温暖化が続くからです。

　世界各国が明らかにしている温室効果ガス削減努力では、五分五分の確率で地球の気温は最低3℃上昇します。これほどの気温の上昇は、地球上で過去約300万年間観測されていません。これは、ホモサピエンスが誕生してから現在までよりもずっと長い期間です。また、3℃どころか気温が5℃上昇する深刻なリスクも否めません。5℃の上昇となると、過去約3000万年間経験したことのない平均気温になります。これは、これまでにない大規模なリスク管理と公的な活動を必要とします。根本的な市場の欠陥は二酸化炭素の放出がもたらす影響という「外部性」に価格をつけなかったことにありますが、その他にも、研究開発や教育、ネットワーク／グリッ

ド、情報等に関連する重大な市場の欠陥や、さらには生態系サービスや生物多様性の問題の評価といったコベネフィット（相乗便益）にまつわる市場の欠陥も存在します。政策の策定にあたって、排出に係る市場の欠陥のみを考慮したのでは、必要とされている規模とスピードを持った対策を導き出すことはできないでしょう。

国際社会がやろうとしている気候変動に対する取り組みは、絶望的なまでに不十分です。気候変動のコストはすでに世界全体のGDPの5％以上であると予想されており、対策が取られなければ、これはいつか世界のGDPを上回る可能性もあります。世界は、科学的に立証され、人々の意識に支えられた解決策を実行して気候変動がもたらす破滅から人類を救うため、政府、政治、企業、市民社会において大胆な国際的指導力を必要としているのです。

生物多様性、生態系、生態系サービス

生物多様性、つまり地球上の生命を成り立たせている遺伝子、人口、種、地域社会、生態系、生態学的プロセスの多様性は、生態系サービスの土台となり、人類を支え、地球に生きる生命の回復力の基礎をなすものであり、世界のすべての文化の形成になくてはならない存在です。生物多様性は、供給サービス（食糧、淡水、木材および繊維、燃料等）、調整サービス（気候、洪水、疾病等）、文化的サービス（審美、精神、教育、レクリエーション等）、基盤サービス（栄養塩循環、土壌形成、一次生産等）を含む、人類が依存するさまざまな生態系サービスのもととなるものです。これらの生態系サービスは、安全保障、健康、社会的なつながり、選択と行動の自由といった人類の幸福に寄与しますが、壊れやすく、世界中で減少しつつあります。

私たちは、生物多様性とそれが人類に与える恵みの大部分を失うという危機に直面しています。人間のエコロジカル・フットプリント（生態学的な足跡）が増大するにつれ、土地・海洋・淡水資源の持続不可能な消費が、生息地の消失や侵入種から人為的な汚染や気候変動まで、様々な地球規模での異常な変化を引き起こしています。地上と海洋の生物多様性に対する

脅威は多様で、持続しており、中には増大しているものもあります。ミレニアム生態系評価によると、評価対象となった24ある生態系サービスのうち15が減少傾向にあり、改善しているのは4つ、残りの5つは世界の一部の地域においては改善傾向にありますが、他の地域では減少傾向にあるという結果になりました。

　行動を起こすことが重要です。行動を起こさなければ、現在起こっている急速な種の消失は続く見通しで、地球史上6度目の大量絶滅につながる事態が進行すると考えられます。世界の平均表面温度上昇が5℃までは、1℃上昇するごとに、種の10％が絶滅の危機に追いやられると推定されています。すべての種が等しく重要ですが、時と場所によっては、一部の種が他に比べて特に重要になります。鍵となる種が1つ失われるだけで、生態系サービスの供給に波及的な影響を及ぼすこともあります。

　生態系サービスは普遍的なものであり、現在および将来にわたって、ほとんどすべての経済部門において、広範な空間規模で、さまざまな社会経済的状況にある人々に利益をもたらします。生態系が人間の幸福のためにもたらしている恵みは、これまで無償で提供されてきたものであり、それらに対する需要は高まっています。生態系サービスの世界的な経済価値を測ることは容易ではないかもしれませんが、その価値が世界全体の国内総生産に匹敵するかそれを上回るのはもちろん、生態系がもたらす利益はその保護にかかるコストよりも大きい場合が多いことはほぼ間違いありません。にもかかわらず、指導者が経済的な意思決定に環境便益を考慮することはこれまでめったになく、コストと利益が同一の地域社会または同じ時間同じ場所で発生しないことも珍しくありません。

　これらのサービスが持つ価値は、地元の利害関係者、実業界、農業、環境保護、開発担当省庁を含む政府政策当局に広がる、社会の非常に大きな部門で受け入れられるようになっています。その経済的価値は計り知れません。生物多様性はグリーン経済開発の最も基本的な要素です。しかしながら、私たちは目先の利益のために生態系サービスを劣化させ、自然資本を浪費しているのです。現在、生態系サービスの3分の2がその質を低下させつつあり、近いうちに逸失利益は年間5000億ドルに達すると推定されま

す。グリーン経済開発に向けて前進していく上で、特に発展途上国においては、生物資源の付加価値を高めるための技術開発と技術移転が、資源の搾取に基づく従来の開発手法から資源の価値を高める持続可能な開発手法への方向転換につながります。

食糧の安全保障

　食糧の総生産量は1960年から3倍近くになり、1人当たりの生産量は30%増加し、食品価格と栄養不足人口の割合は下落していますが、その恩恵は平等に行き渡っておらず、今なお10億人以上の人々が毎晩空腹と闘いながら眠りについています。さらに、集約的かつ広範な食糧生産は、環境を著しく悪化させました。開墾によって生息地が根こそぎ破壊され、生物多様性が激減してしまうだけでなく、耕作や灌漑によっては土壌の塩類集積と浸食につながる可能性もあります。化学肥料と米の生産、家畜は温室効果ガス放出の一因となっており、むやみに農薬を使うことは地球の毒物汚染に拍車をかけ、地中に吸収されずに流れ出た化学肥料は淡水や沿岸海水域の生息地を台無しにしてしまいます。

　今後25～50年の間に特に発展途上国において食糧需要が倍増するであろうことを考えると、世界に課せられた主たる挑戦課題の1つは、持続可能性を強化することで農業によるエコロジカル・フットプリントを削減しながら、農業生産性を向上させることでしょう。気候変動は不幸にも、飢餓と貧困が蔓延している熱帯および亜熱帯地方の大部分で農業生産性の著しい低下を招くと予想されています。

　食糧確保の権利は基本的人権とするべきであり、それには、政治の意志、農業従事者の技術、科学者のやる気が必要です。

水の安全保障

　2025年までには世界の人口の半数以上が深刻な水不足の地域に暮らし、2040年までには需要が供給を上回ることになると予測されています。この予測には気候変動は考慮されていませんが、気候変動によって事態はさらに悪化すると考えられます。世界各地で水質は低下し、湿地の50～60%

が失われています。人間が引き起こした気候変動は、乾燥地域と半乾燥地域の多くで水の質と利用可能性を低下させ、世界のほとんどの地域で洪水や干ばつの脅威を増大させることになると予測されます。これは、農業を含め広い範囲に影響を及ぼします。現在世界の淡水の70%は灌漑に使用されているためです。灌漑用の水全体では、すでに15〜35%供給を上回っており、持続不可能と言えます。

　淡水の供給は、特にアフリカとアジアでは多くの地域で、場所によってむらがあり、十分に確保されていません。気候変動が中レベルにとどまった場合でさえ、世界の主要な「フードボウル」と呼ばれる穀倉地域を含め、多くの乾燥地域でさらに乾燥が進むと予想されます。氷河の融解は、多くの発展途上国にとって水源となっていますが、徐々にそれも減少し、長期的には水不足の問題を深刻化させると考えられます。多くの地域で、蒸発散量の増加によって水の流出量が減少するでしょう。しかし一方で、湿潤地域の多くでは降水量の増加が予想されます。南欧では夏がこれまで以上に暑くなり、乾燥するなど、先進国・地域にも影響は及びます。

人間の安全保障

　気候変動と生態系サービスの喪失は、その他のひずみと相俟って、世界の多くの地域で人間の安全保障を脅かしており、紛争や国内外への移住のリスクを高める可能性があります（図3）。

　気候変動は、貧困にあえぐ多くの人々の命を支えるのに不可欠なものを蝕むため、紛争の拡大が懸念されます。(i) 今日飢餓や飢饉が見られる地域では、食糧不足が拡大する、(ii) すでに水が不足している地域では、水不足が深刻化する、(iii) 生態系がもたらす財とサービスが失われ、天然資源が枯渇する、(iv) 低地の三角州や小島嶼国では、何千万人という人々が移住を余儀なくさせられる、(v)疾病が増加する、(vi) 重大な気象現象が起こる頻度とその強度が増大する、といった可能性が考えられます。

　サハラ砂漠以南のアフリカ諸国には、最貧困層と呼ばれ（1日当たりの収入が1人当たり1ドル未満）、十分な食糧、清潔な水、現代的なエネルギー源が確保されておらず、ただ生きるためだけに天然資源に頼っている

図3 気候変動：不安定の増幅要因

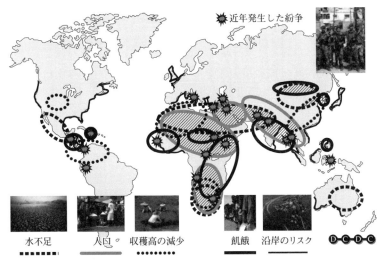

人々が数百万人も存在します。紛争の只中にある国や紛争から抜け出したばかりの国など、十分な統治が実現されていない場合や政情が不安定な場合もあります。したがって、社会、経済、政治を取り巻く状況次第では、気候変動はその他のひずみと相俟って、局地的にあるいは地域全体に紛争や移住のリスクをもたらすのです。

● The Way Forward

2 解決に向けて

2.1 私たちのビジョン

　現在世界で進められている開発モデルは、持続可能なものではありません。環境の閾値を越え、生態系にも人間社会にも取り返しのつかない被害が懸念される今、私たちの集団としての行動が転換点の引き金にならないという保証はありません。したがって、私たちが掲げるビジョンは、気候変動に立ち向かい、地球が持つ環境やその他さまざまな限界を尊重しながら、貧困を撲滅し、不平等を減らし、より持続可能で包括的な成長を実現し、生産と消費の持続可能性を高めるものでなければなりません。これには、経済と社会、自然環境の間のつながりを認識および理解し、これに従って行動することが必要です。

　持続可能な開発とは、本質的に、人々が自らの将来に影響力を行使し、自らの権利を主張し、懸念を表明する機会の問題です。人々を活性化し持続可能な選択ができるようにするための前提となるのが、有効な統治と人権の尊重です。持続可能な開発に向けて本気で方向転換するには、男女平等の実現と根強く残る女性差別の解消が欠かせません。次に世界の福利が大きな前進を遂げるとすれば、それは女性の本格的な社会的地位向上によって生まれるのかもしれません。

　今日販売されている物品やサービスのほとんどは、生産と消費に係る環境および社会的コストを完全には負担していません。そのため、私たちは、それらのコストを正しく価格付けする方法論について合意する必要に迫られています。環境の外部性にコストを割り当てることはグリーン成長とグ

リーン雇用に新たな機会を開くことも考えられます。別の選択肢としてあたかも自然と人間が適切に評価されたかのようにしてビジネスを行うということが提唱されています。この場合、その価値を知る必要もそれを示す必要もありません。2つの選択肢は互いに相容れないものであり、私たちには1つ目の選択肢にかかる時間を待つ余裕がない可能性もあるため、2つ目の選択肢が有効なセーフティネットと言えるでしょう。

2.2 行動の必要性

気候変動と生物多様性の喪失を抑えるためには、今すぐ行動しなければなりません。また、すでに避けられない変化については、それに適応しなければなりません。より持続可能な未来へと移行するためには、経済システム、技術変革、そして何より人々の行動の変化を同時に再設計することが必要です。

気候変動のリスクを許容可能なレベルまで低下させるには、2050年までに世界の排出量を少なくとも現在の40%の水準に減らさなければなりません。2050年の世界の経済規模が現在の3倍であると仮定すると、これは、排出量を単位生産当たり約8分の1にまで削減しなければならないということです。新たな産業革命が必要なことは明らかです。また、気候が相当程度変わることが避けられない以上、気候変動を緩和するだけでなく、それに適応する備えも必要です。例えば灌漑や都市設計等におけるように、開発、緩和、適応は互いに関連しあっています。

今こそ、行動を加速しなければなりません。ここ数年間の金融および経済危機の結果、世界経済は長期に停滞することが予想されます。持続可能な回復のためのしっかりとした基盤は、低炭素成長をおいて他にありません。人類の将来を深刻な危機にさらすことになる二酸化炭素の膨大な排出を伴う成長に未来はありません。

行動を先送りにするのは危険であり、大きな過ちです。ラチェット効果や技術の固定化は、深刻な気候変動が発生するリスクを増大させます。つまり、行動が遅れれば、炭素濃度を許容可能な水準に抑え込むことが極めて困難になるのです。積極的に行動すれば、たとえ科学が間違っていても、

私たちは、新しい技術、より高い効率、より広い森林を手にすることになるのです。

一方、行動せずに、科学が正しかったとすると、人類は非常に厳しい状況に追い込まれ、そこから人類を救い出すことは極めて困難になるでしょう。特におそらくは科学が誤っていないと考えられる以上、基本的な意思決定論あるいは常識から考えて、強い行動が必要なことは明らかです。スターン・レビュー（2006年）では、積極的な行動を早い段階で行う必要を示す分析結果を報告しています。行動にかかるコストは、行動が遅れるとともに増加します。

難しいのは、多様な経済・環境・社会目標に向けて同時に大きな効果を生まなければならないということです。地域の状況や当面の健康・環境状態の改善等、地域と国の利益となり、地域経済を支える対策は、主に気候保護等の地球規模の長期的な目標を掲げた対策よりも、導入が容易であるかもしれないことから、この相乗効果は有益であり、重要なのです。最終使用効率の向上と再生可能エネルギーの一層の活用という地域の利益を重視したアプローチは、世界的な問題に取り組む上での手助けにもなるでしょう。

気候変動に対して取り組むのに加え、同様に重要なのが、生物多様性の喪失を減らすことと森林破壊・森林劣化を減速させることです。生物多様性の保護と保全に向けた2020年愛知ターゲットの達成が重要となります。

2.3　低炭素経済に移行するための技術上の選択肢

世界の化石燃料に対する依存度は最大で78％（従来の廃棄物系バイオマスを除くと90％）に上っており、これが、世界が直面している数々の解決の非常に難しい問題の根底にあるものです。経済、安全保障、健康、環境などの観点からも、化石燃料からの積極的な移行が強く求められています。

持続可能性を達成するための多様な問題に同時に対処することができるエネルギー資源、最終使用、供給技術の組み合わせは数多く存在しますが、それらには、(i) エネルギーの最終使用効率の劇的な改善、(ii) 再生可能エネルギーと炭素の回収・貯留を組み込んだ先進的化石燃料システムに重点

を置いたエネルギー供給システムへの大幅な移行という2つの点が共通しています。

これらの対策の有効性は、各国の地理や豊かさに大きく左右されます。一般的に、熱帯地域に位置する発展途上国は太陽エネルギー技術の恩恵を最も多く受けますが、高緯度地域でも費用対効果はより普遍的になってきています。先進工業国では1人当たりのエネルギー消費量が非常に多いため、エネルギー効率を改善するための対策は絶大な効果を発揮すると期待されます。しかし、1人当たりのエネルギー消費量が少ない発展途上国であっても、導入後に問題を起こし修理せねばならないような旧式の技術を採用するより、成長軌道上の早い段階でエネルギー効率に優れた技術を採用することで、経済発展を達成することができます。つまり、豊かな国々は大量のエネルギーを消費し、その多くを無駄にしている一方、貧しい人々は、消費量が少ないにもかかわらず、その消費量のさらに多くの部分を、その余裕がないのに、浪費しているのです。

たいていの場合、エネルギー効率の改善は最も費用対効果が高く、貧困の緩和、環境や健康に対する悪影響の軽減、エネルギー安全保障の強化、純雇用と経済機会の創出、エネルギーの供給法選択における柔軟性の向上等、さまざまな目標について広く利益をもたらします。

気候の安定化のために必要なエネルギー強度を世界全体で年間約3〜4%低下させることについては、今のところ達成できている国はほとんどありませんが、一部の企業はこれを大きく上回っており、世界平均の数倍となっています。世界の経済成長のほとんどは、中国やインド等、現在インフラの構築段階にある地域に集中しており、これらの地域では、インフラを後になって修正するよりも最初から正しく構築する方が容易です。貧しい人々と貧しい国々が最もエネルギーの効率性を必要としており、彼らにはその可能性が大きく（彼らが貧しい理由の一部はあまりに彼らのエネルギーの使用が非効率的なためであり）、それ故、エネルギーの利用効率の向上によってかつてないほどの劇的な開発の利益を得ることができます。2030年までには、誰もが電気とクリーンな調理／加熱用コンロを利用するようになることは達成できます。しかし、これには、それにふさわしい補

助金や融資等、革新的な制度やそれを可能にする国家的な仕組みが必要となります。クリーンなコンロが普及すれば、年間数百万人の乳幼児が早世する原因となっている室内空気の汚染が大幅に改善されるだけでなく、不完全燃焼生成物の発生を防ぐことができるため、気候にとっても有効であるはずです。

世界の一次エネルギーに占める再生可能エネルギーの割合は、2050年までに30〜75%まで高まり、一部地域（特に熱帯地域、ただしこれらの地域に限定されない）においては90%を超えると予想されます。主な課題は、規模の拡大とコストの削減、再生可能なエネルギー源を将来のエネルギー・システムに組み込むことです。慎重に開発を行えば、再生可能エネルギーは、雇用、エネルギー安全保障、人間の健康、環境、気候変動の緩和等、さまざまな利益をもたらします。

石油と石炭から、効率的なエネルギー使用と多様で気候に影響を及ぼさない再生可能な供給源への移行は高くつくどころか、利益になることが、経験的証拠から明らかになっています。燃料の節約は必ずと言っていいほど燃料の購入よりも安くすみ、また統合的な設計を行った方が、安いコストで大規模な節約ができることも珍しくありません（利益が拡大するため）。数多く存在する市場の欠陥は、効率改善の障害にもなりますが、ビジネスチャンスにもなり得ます。再生可能資源の多くは、コストが急激に下落するのに従い、化石燃料との競争に勝っており、そうでないものについてもそうなるのに時間はかからないでしょう。競争力のあるクリーンエネルギーは、2008年以降世界で新たに拡大された電気容量のうちの半分を担っており、2011年には史上最高額となる2600億ドル、2004年からの累計では1兆ドルの民間投資を得て、世界の電気容量の4分の1の能力で、世界の電気の5分の1を供給しています。急速に成長する分散資源は、貴重な復元力をもたらしており、また現在電気を利用できていない16億の人々に電気を届けることが可能です。

炭素回収・貯蔵（CCS）システムのほとんどの構成要素は技術的には利用可能な状態になっていますが、主な課題はコストの削減と早急な技術の向上を達成することです。世界各地で行われている多数のパイロットプロ

ジェクトによって、近いうちにその実現可能性が証明されると思っています。しかしながら、コストと立地について、多くの問題がいまだ解決されないままです。効率改善技術と再生可能エネルギー技術が、有力なライバルとなることでしょう。

以上のようなエネルギーの新たな実態によって、気候についての話し合いも、コストや負担、犠牲から、利益や雇用、競争上の強みへと変化していくでしょう。たとえ、気候科学を否定する人にとっても、低炭素経済への移行は納得できるし、その他多くの説得力のある理由から、利益を生みます。例えば中国は、効率化革命とクリーンエネルギー革命で世界の先頭に立っていますが、それは世界的な条約や協定が存在するからではなく、中国が自国の開発を加速し、公衆衛生と国家安全保障を向上させたいと考えているからです。このように、気候をめぐる主導権は、国際交渉の場から、企業や中央および地方政府、市民社会へと、北の国から南の国へと移行しつつあるのです。

2.4　気候変動への適応

気候変動の影響はすでに現れつつあり、さらなる影響も避けられません。世界の特定の地域では、それらの影響の一部は短期的に利益をもたらす可能性もありますが、ほとんどの場合、特にアジア、アフリカ、中南米のより貧しい国や地域社会に被害が及びます。

先進国、発展途上国を含めたすべての国が、今後数十年の間に気候変動がもたらす影響に適応する必要に迫られます。とはいえ、国や地域社会の効果的な適応には限界があります。気温が2℃以上上昇すれば適応は一層困難になりますが、世界は今のままでは、気温が産業革命前に比べて3～5℃上昇することが予想されるため、これが大きな心配の種です。

良いニュースもあります。後発開発途上国をはじめとする多くの国々が、気候変動への適応に向け計画を立てる措置を講じ、それを開発計画の主流にしようとし始めているのです。例えば、バングラデシュでは、長期的な気候変動戦略・行動計画が策定され、その実施がすでに始まっています。

豊かな国も貧しい国もすべての国々が、それぞれに適応計画を策定する

2 解決に向けて 31

ことが必要になります。適応に向けた対策の多くはそれぞれの国や場所に特有のものとなりますが、南北間だけでなく南南間においても、国を超えて、互いに教訓を得るチャンスがあります。

しかし、特に適応には物理的、財政的、技術的、行動的な限界があることを考えると、最も効果的な適応戦略は、気候変動を緩和し、その規模を抑えることだと言えるでしょう。

2.5 生物多様性の保護とその持続可能な活用に向けたアプローチ

生物多様性の喪失と生態系サービスの劣化は、十分なデータに基づく協調的な計画、しっかりと管理された保護区のネットワーク、農村部の生物地理学に関する新たな科学的知見に支えられた農村地域の保存価値の向上、サービスを図上に示し評価するためのIn VEST（Integrated Valuation of Environmental Services and Tradeoffs：InVEST is a suite of software models used to map and value the goods and services from nature that sustain and fulfill human life. http://www.naturalcapitalproject.org/InVEST.html）をはじめとする新ツールの活用、経済開発における自然資本の役割を尊重した官民両部門での変革によって食い止め、元に戻すことが可能です。生物多様性条約（CBD）は国際的に生物多様性を保護するアンブレラ（枠組）条約であり、CBDが定める生物多様性の保護に関する2020年までの地域および世界全体の目標、なかでも保護区と絶滅の防止に関する目標は非常に重要です。

生物多様性の喪失を食い止め、人類が依存しているサービスを維持するには、生態系サービスと自然資本の価値が国家の会計および社会の全部門の意思決定プロセスに組み込まれねばならず、生態系がもたらす恵みを授かる権利と生態系の保護にかかるコストは等しく共有せねばならず、生物多様性と生態系サービスがグリーン経済開発の最も基本的な要素とみなされることが必要です。したがって、生態系サービス市場の開発に向けたさらなる取り組みを促すであろう生態系サービスの輸出入に係る会計を含めた包括的国家資産会計システムを各国が構築できるよう、動機付けだけでなく、In VEST等のツールの開発と活用を進めなければなりません。こ

れらのツールは、意思決定者が、さまざまな規模での土地利用の決定において各種生態系サービスを選択する際にどのように代償の兼ね合いを考え、経済的な価値と非経済的な価値の両方をどのように加味するかの助けとなってくれます。また、中等教育で概念を教えることを含め、社会的な啓発活動に着手することも必要です。

　気候の危機を克服する基礎となるのが、生物多様性と自然生態系です。なぜなら、これらを保護することにより、地球の気候が変動するなかでも、さまざまな方法で、気候変動を減速させること、人間と生態系両方の適応能力を高めること、生命を救うこと、暮らしを維持することが可能になるからです。熱帯林、沿岸海洋生息地、その他の生態系は地球規模の生物化学循環にとって大きな役割を果たしているため、気候変動の緩和には欠かせません。これらは広く利用可能なものであり、その保護と回復に直ちに取り組むことにより、新しい技術の登場を待つことなく大気中の温室効果ガス濃度を減らすことが可能です。森林破壊の減少に取り組んでいる国々や一部すでに森林破壊の速度を低い水準で維持している国々をサポートすべく、森林減少・劣化の抑制等による温室効果ガス排出量の削減（REDD+）に向けた効果的な仕組みを導入し助成することも必要です。

　気候変動の解決策としての生態系の大きな強みは、生態系が同時に多くの役割を果たすことができるという点にあります。健全で多様な生態系がもたらす気候変動への適応に資するサービスは、単に気候変動の緩和を超え、ますます重要性を増しています。なぜなら、それらのサービスは、私たちが淡水量の変化、海面上昇、病気を運ぶ生物や害虫の変化といった気候変動の影響に立ち向かう上で力となるからです。例えば、マングローブは、炭素を蓄え、漁場を支え、さまざまな種の住処となり、嵐の影響を和らげてくれます。生態系はまた、気候変動によって既存の収入源が侵されてしまう地域で重要になる、収入と代替食料を提供することで、暮らしを支えています。このような多様性は、すべての国や社会、とりわけ気候変動に対する対応力が弱く最も影響を受けやすい国や社会にとって助けとなります。

　気候変動の緩和と気候変動への適応の問題は個別に解決されることはな

く、したがって、自然にとっても人間にとっても、もはやこれらを切り離して考えることはできません。人間が気候変動に適応する上で森林やその他の生態系の保全回復を看過すれば、それらの損失が気候変動を加速させることになります。気候変動の緩和が、例えば、在来種の組み合わせではなく単一の種を使用した森林再生によって進められた場合、生物多様性は縮小してしまいます。そうなれば、気候変動に対する適応が一層必要になる一方で、私たちの適応力は低下します。しかし、統合的なアプローチを行えば、この循環を有効なものにすることができます。つまり、生物多様性を保護することで、気候変動を減速させながら、人間と生態系両方の適応能力を高めることにつながるのです。

多面的な環境問題には、断片的なアプローチは通用しません。そのようなアプローチではなく、包括的かつ統合的なアプローチが、複雑な環境問題を特定、分析、解決する上で強力な「ツール」となるのです。生態系プロセスに社会的・経済的な観点が加わった場合には特に、生態系に対するアプローチを含めることで、新たな環境問題を特定したり、既存の環境問題を再構築したりしてそれらの複雑性に立ち向かう際の強力な枠組みが生まれます。

2.6　食糧の安全保障

今日、理論的には、世界中の人々に低価格で食糧を行き渡らせ、同時に、農業従事者が収穫物を適切に分配した上で生きていけるだけの所得を手にすることは可能です。しかし、これまでと同じやり方では、近いうちにそれが実現されることはないでしょう。現在の飢餓問題は、特に農業生態学において今日の技術を適切に活用すれば（不耕起／減耕起農業、統合的な害虫管理、統合的な資源管理等）、ほとんどが対処可能なものです。しかし、収穫後の損失の低減と農村部の大規模な開発も合わせて考えなければなりません。そのためには、女性が担っている重要な役割を認識し、教育、財産権、融資、道路整備によるマーケットへのアクセスを通して女性の社会的地位向上を図ることが必要です。また、世界規模で通商政策改革について話し合い、これを実行に移すことで、発展途上国の現地生産を促すこ

とも必要です。

　気候変動や新種の有害動植物といった新たな問題によって、生産性向上に対するニーズが高まり、先進バイオテクノロジーが必要になる可能性があります。その場合、リスクと便益を慎重に評価することが必要です。

　農業に経済的および生態系に関わる持続可能性の側面を持ち込むには、保全、栽培、消費および通商に対する統合的な配慮を促進しなければなりません。子供、女性、男性すべてのそれぞれの生涯にわたって栄養と教育に配慮する国だけが、知識とイノベーションにおける超大国となることができるのです。

2.7　水の安全保障

　水不足に関連する問題の解決には、(i) 河川流域の管理（国境をまたぐ場合が多い）、分野横断的な管理（農業、産業、家庭等）、土地と水の一体管理、(ii) 最も末端の管理活動による包括的な利害関係者（国、民間部門、市民社会－特に女性等）の関与、(iii) 報奨金や経済原理に基づく配分の改善と品質の向上が求められます。水のコスト回収率は20%に過ぎず、これが水の管理にとって大きな問題となっています。賛否両論あるとはいえ、水の価格設定を適切に行うことが、貧困層の人々に水を確保するためのIMFおよび世界銀行の方針改革と同様に、極めて重要なのです。

2.8　リーダーの能力・適性

　持続可能な開発が示唆するのは、世界中にかつてないほどの影響をもたらす大きなパラダイムシフトです。国際社会で重大かつ効果的な地政学的決定が何の前触れもなく、突然なされることは期待できないことは言うまでもありません。大きな変化が必要なときには、適切な規模の変化を起こすために必要な能力を備えた制度モデルや政府モデルが新たに構築されることになりますが、それらを支えるのが先駆的なロールモデルです。つまり、パラダイムシフトにおいては、旧来のパラダイムは魅力に乏しく、新しいパラダイムは魅力的であると同時に現実的でもあるのです。先駆的なロールモデルは、必要とされる大規模な政策実現への道を開く存在です。

2　解決に向けて

そのようなロールモデルはすでに大いに活躍しており、本書（第II部第20章）でカール゠ヘンリク・ロベールがいくつかの事例を紹介しています。今必要なのは、能力強化と指導を通して、すでに活躍著しい先駆的ロールモデルに私たちが必要とする政策に力を持たせることができるよう、彼らの権限強化を後押しすることです。そのために科学が果たすことのできる役割は、変化そのものの必要性を証明すること、および／または私たちが直面する問題の複雑性を指摘することにとどまりません。それだけでなく、科学は、先駆者自身のための「啓発された」自己利益の観点からばかりでなく必要なパラダイムシフトから生まれる機会の活用について考え、これを計画する方法ならびに複雑性に対処する確固たる手段を提示することが可能なのです。

　現在、持続可能な開発に向けた政策や計画は、個別の場当たり的な課題に基づいて策定されることが少なくありません。それを避けるには、モデルに組み込まれるシステムの本質的な側面が増え、その他の側面とそれらとの関連が生まれれば生まれるほど、複雑性も増し、最終的には手に負えなくなるということを理解した上で、「全体論的」システムの考え方を試すのが助けとなりますが、これだけでは十分とは言えません。何が必要かと言えば、全体論的なモデル化だけでなく、全体論的な思考と行動です。1つの問題を解決しようとする指導者は、たいていの場合、システムの他の部分に別の問題を生んでいるという現実にぶつかります。例えば、刺激性のアンモニアガスを廃止し、CFCで代替した結果、オゾン層全体を危険にさらすさらに大きな問題に直面したといったようなものです。どうすれば、システムの外にある持続可能性に係る問題を設計する方法を学べるのでしょうか。後手に回って、さらに多くの深刻化した問題をそれらが表面化するたびに「修正する」のではなく、再設計のための原則を見つけることは可能なのでしょうか。

　計画を行う課題／分野／地域／組織を選ばず運用可能な、しっかりとした持続可能性の定義づけが必要です。そのような原則は、持続可能な開発の分野以外でもあらゆる種類の革新に頻繁に採用されています。これは、現在の趨勢が問題の一部となっており、問題の根本的な原因の解決よりも

問題の表面的な「修正」に投資してしまいがちな場合に、特に重要になります。このような原則が、制約、もっと専門的に言えば、「再設計の境界条件」となり得るのです。複雑なシステムの中で十分な計画を行うにあたり、このような一連の境界条件または制約は、システムと戦略的な政策・計画との間の「レンズ」となり、ありとあらゆる問題すべての根底にある基本的な破壊メカニズムに対する理解を促します。問題を1つひとつ修正しようとしてもうまくはいきません。(i) システムの限界へ対処する、(ii) 多次元的なトレードオフに対処する、(iii) 多様な技術システムの持続可能性を計算可能なものとする、(iv) 分野間、領域間の協力の促進、を合理的に進めるため、このような境界条件を持続可能性にも採用することが欠かせません。そうすれば、さまざまな分野・領域の人々が同じ境界条件に関する問題と解決策を提示し、情報交換し、相乗効果と協力の機会を見つけることができます。

20年間に及ぶ科学者による評価合意プロセスにおいて、「戦略的で持続可能な開発に向けた枠組み」（FSSD）が構築されてきました。指導者や政策立案者がそのような計画立案を行えるようその権限を強化し指導すること、持続可能性分析、目標設定、製品／サービス開発、モデル化、シミュレーション、モニタリングのためのツール等、必要となる可能性のあるFSSDに沿ったツールやコンセプトを彼らに提供することがその目的です。世界中のさまざまな大学が連携を組み、現在、この取り組みを推進するための共同研究が計画されているところです。そのなかで、さまざまな研究プロジェクトを構築するに際して、それらを世界的な持続可能性と関連付け、学際的な連携をさらに効率的なものにすべく、FSSDが採用されています。

世界中で、日常業務におけるFSSDおよび上記のFSSD対応ツールの活用法を学ぼうとする企業や地域／都市の幹部が増えています。彼らは、収益を改善しつつ、持続可能性の原則に体系的かつ段階的に取り組んでいます。これは「啓発された利己心」です。彼らは予測のみを行うのではありません。つまり過去にやったことを「改良」しようとするのみでなく、持続可能性とのギャップを橋渡しするのです（境界条件からのバックキャス

ト)。そして彼らは、立法手続きや国際サミットにおいて、積極的な政策立案者たちの意欲をくじくのではなく、彼らの力となるのです。これが次のセクションの内容に続きます。私たちは、先駆的ロールモデルに権限を与えることのできる統治モデルを必要としています。持続可能性のための境界条件の心理的なモデルが共有できていても、人々が一丸となって解決策を生み出すためのインフラが確立されていなければ、十分とは言えないのです。

2.9 優れた統治（ガバナンス）の重要性

　政府、企業、社会において私たちが広く依存している意思決定システムには、大きな欠陥があります。より効果的な統治（ガバナンス）と制度の確立が、世界、国、地域のどのレベルにおいても、より持続可能な開発のパターンを実現する上での柱となります。しかし、ガバナンスに関する問題が担うこの中核的な重要性は、看過されていることが珍しくありません。これは、「ガバナンス」の定義が一様ではないことと、それらの基準や構造にとらえどころがないことがその一因として挙げられます。ガバナンスの分析では、どのような方法で、どこで、だれが意思決定を行うのか、だれが意思決定の拠り所となる規則の策定をするのか、何が決定され、だれが何を得るのか、人々はどのようにして意思決定の過程を監視するのか、という問いかけを行わなければなりません。ガバナンスは単に制度的な構造の問題ではなく、さまざまな要素が互いにどのように関わっているかの問題です。そして、それらの要素1つひとつについて、規則の策定・改定および解釈・再解釈のプロセスに係る信頼性と正当性の問題が存在するのです。

　意思決定に係る規定や制度は利害関係に左右されますが、意思決定の過程に対するそれぞれの関わり方は全く異なります。例えば、多くの議会で、ロビイストは、多大な時間と費用を費やして議員の投票方法に影響を及ぼそうとします。また、ガバナンスは、国内的にそして全世界的に、さまざまな分野および制度の下で行われる、異なる利害関係者間で進行中の交渉を含めて、動的にとらえなければなりません。気候変動に関する議論で明

らかであったように、そのような交渉を経てまとめられた技術的な証拠の正当性は極めて重要であり、時に異論を招きます。

　ガバナンスというのは、単なる政府の枠組みの集合体をはるかに超えた、多様かつ重複する統治システムを含むものであり、民間分野、市民社会、地方および地域レベルのすべてが各々の利益との関連で意思決定に関与します。一般的にはガバナンスの主役は政府であると考えられていますが、よく考えれば、政府は客観的な裁定者としての役割を担っているというよりも、自らの利益と他者の利益両方の媒介者として機能している場合が多いことが分かります。複数の、そして重複するガバナンスシステムが存在することは、相反する組織間の論争を生み、制度の「ショッピング」につながる場合もあります。

　ガバナンスシステムの改革には、はるかに広範な利益（貧困層と富裕層の利益、若者と老人の利益、将来の人々の利益と現在の人々の利益）の調整が必要であり、また別の方針を採った場合に想定される影響についてより質の高い情報を提供できるようにしておかなければなりません。問題となっている資源についてその配分と利用に関する決定が正しい機関によって正しいレベルで確実に行われるようにするため、補完性原理、すなわち最も小さな単位での管理が、持続可能な開発のためのガバナンスの中心原則とならなければならないのです。適正なレベルに意思決定を委ねることにより、資源の適正な配分と使用が保証されます。地域の情報を取り入れ、意思決定への参加を促し、議論に幅広い声を反映させるため、下位レベルへの権限移譲が欠かせません。社会的弱者の発言が、例えば、その声をより効果的に届けるための協力体制の構築、組織編成、流動化等を通して、大きな影響力を持つような改革が必要とされているのです。公聴会や社会監査、参加型の予算編成によって、社会から取り残された人々の声を前面に押し出すことができるのです。

　国家レベルでは、統治方法の有効な改革には、権力者の責任を問うための透明性のある方法の確立が必要です。情報公開と並行して議会やマスコミによる監視が重要になりますが、多くの国ではこれらのメカニズムが依然脆弱なままです。責任を問うことについては、官僚と影響力のある個

人・企業との間の固い結びつきによって問題が悪化しています。天然資源の利用に関わる企業のほとんどは国際的であるため、企業が本社を置く国の政府であっても、企業の行動や決定に対する影響力は限られています。

　世界的には、私たちが共有する目標を達成するための手段について、合意と実行に向けたより良い手法の確立が急がれます。国家の数およびそれぞれの管轄圏の数が莫大なものになることを考えると、より効果的で広範囲に及ぶ国際的な制度や規則が必要ですが、自らの戦略の自由を制限する集合的な合意に対しては、各国は消極的です。また同様に、異なる管轄圏を自由に行き来することができることにより、財政上その他の責任から逃れることができるのを制限するため、国際的に活動する金融および企業部門の関係者に対する統制を強めることも必要です。気候変動に対する世界的な取り組みは、国家間の地政学・経済的力関係を大いに反映した複雑な国際的統治構造を生みました。発展段階にあるこれらガバナンスに関する取り決めには、力の弱い国々や社会から取り残された人々にとっての優先課題を聞き届け、それに対する対応を行う余地はほとんどありません。地球規模の問題の解決に向けた話し合いの場としてG20に対する依存が高まっていることは、規模が小さく経済的にも存在感の薄い多くの国々の影響力を弱める危険をはらんでいます。

　開発に関わる政策立案者や専門家は、持続可能性に対する取り組みと貧困の解消のためのツールとして、ますます市場に目を向け始めています。しかし、市場のガバナンスにも大きな問題が存在します。市場やビジネスには、新たなそして相応の雇用を生み出し、自然資産をより持続可能な方法で利用する可能性があります。ただし、そのためには、マーケットシグナルや市場刺激策を、持続可能な成長を後押しし、環境財・サービスの「まだ見ぬ市場」を創出し、より公平な参加を保証すべく企業等をまとめることができるように設定しなければなりません。またそれらは、政府が、財産権に関する支援等、市場の効果的な運営を可能にする制度上および規制上のインフラを保証することも必要です。他の心配は、市場全体の流れや国境を越えた取引について説明責任が存在しないことで、これは、国内法令の枠組みから逃れることにつながりかねません。さらにもう1つ心配

なのは、持続可能な「ニッチ」（隙間）事業とは対照的な、主流となっている事業について環境上持続可能な慣行を促進するための動機づけを見つけることができるかという点です。

　ガバナンスの失敗は、独立した互いに競合する構造で環境と社会、経済それぞれの課題に対する対策が採られているという分野別に意思決定がなされることが原因ともなっています。政府レベルでは、これはつまり、持続可能な開発に係る問題を、環境関連省庁を超えて、農業、エネルギー、財政、計画、保健、教育の各関連省庁を入り口とするということです。省庁の枠を超えた賛同を得るためには、政府のトップが持続可能性を主導することと、意思決定に環境および社会的評価を取り入れることが必要です。一方、企業においては、環境問題と社会問題を企業の社会的責任（CSR）を担当する部門から中核事業運営の中へと移動させなければなりません。企業には、トリプルボトムラインによる報告義務が生じます。より広い社会で見ると、NGO等の組織が連携して、異なる目標の間にある隔たりを埋め、それぞれに共通する利益と矛盾点を見極めることが必要です。

　経済発展政策においては、汚職対策に対する注目が高まっています。今では、数多くの国内および国際支援団体とその研究機関が支える世界規模の「優れたガバナンス」体制について議論することが可能になったのです。従来、この「体制」が政策について行う助言は大部分が、「好循環」の起点となる制度上の解決策を見つけ出すことによって段階的に改革を進めることを目標としたものでした。しかし、組織的な腐敗が見られる国々では、小規模な制度上の方策をきっかけに優れたガバナンスの確立に向けたプロセスが始動することは、ほとんど期待できません。腐敗は「社会的トラップ」であるとの認識に立てば、新たに社会的交換および経済的交換の均衡を確保するためには、「ビッグバン」、つまり公平性、能力、倫理的行動という3つの特性を併せ持つ学校、病院、警察、裁判所等の公共機関を設立するのに十分なだけの財源が必要であると言えるでしょう。

2.10　地域協力

　持続可能な開発のための政治的に実現可能な国際的な制度が存在しない

世界では、各国が自己中心的な経済的利益を追い求めてきたため、これまでの経済開発において持続可能な国際協力を実現することはできませんでした。したがって、より持続可能な世界へと転換する上で鍵となるのは、地域協力です。ASEANの場合、長年の地域協力によって加盟諸国の間に信頼が育まれ、その信頼が地域開発に関する問題に一丸となって取り組むための共通のビジョンと関心に発展し、共に持続可能な開発を追求するという共通の関心を生み出しました。

社会的貧困のマッピングと資源配分の経済性という2つの層に加えて、地理空間的な天然資源の管理計画策定の基礎となる測定可能な指標を用いて、準地域レベルで経済政策とそれらが貧困の撲滅と生命を支える自然生態系の強化にもたらす影響を効果的に関連付けることが何よりも重要です。インドネシアにおける、実現可能かつ持続可能な開発モデルの探求を通して明らかになったのは、GDPの成長を目的としたマクロ経済政策では、経済的な目標を達成することはできるかもしれないが、貧困の削減という社会的な開発目標や天然資源を維持するという環境目標は必ずしも達成できないということです。

ASEANにおける地域協力からは、重要な教訓を学ぶことができます。同地域では、サンゴ礁をめぐるトライアングル協力や森林協力、森林減少・土壌劣化の抑制等による温室効果ガス排出量の削減（REDD）に向けた連携等、地域が共通して関心を寄せる問題に関して、地域協力を通して持続可能な開発の追求に向けた取り組みが行われてきました。国際的な協力に進展は見られないものの、これらがその基礎に発展する可能性もあります。また、東アジア、アフリカ、中南米等における同様の地域協力が支援され、それが最終的に持続可能な開発に向けた国際的な連携につながることも考えられます。

2.11　革新と草の根の活動

「地球はすべての人々の必要を満たすに十分であるが、何人の強欲も満たすことはできない」——ガンジー

1992年のリオサミット以来、世界各地の貧しくほとんど孤立した農村地域における地域社会に根付いた活動を行う団体によって、草の根の活動には地域や国家レベルで政策に影響を与える力があることが証明されてきたことを最初に述べておかなければなりません。地域社会との話し合いの中で、革新的な手法や取り組みが実践され、それらは実際に、1日1ドル未満で暮らす何千もの地域社会に導入されるまでに拡大してきました。

しかし、残念ながら、それらの手法や取り組みはどれも目立たず、重要な国際政策の策定を担う政策立案者や有力者がそれらに最前線で関与することなく関心を寄せるまでには至っていません。

今急がれるのは、このような草の根の活動が果たしてきた多大な貢献を損なうことなく、またそれらをしかるべく尊重および評価しながら、それらの考え方を主流へと発展させること、そして望みがないわけではなく、今なら地球を救うことができるという信念を伝えることです。

集合的な草の根の行動によって、新しいアイデアが実行に移されてきました。政策決定者と有力者が、これらのアイデアに耳を傾ける謙虚さと力量がありさえすれば、彼らはそのような草の根の行動から学ぶことができます。主な教訓は、以下のようにまとめることができるでしょう。

・基本的に農村部の問題である貧困に対しては、都市部でできる対策はない。農村部の貧困層が気候変動と水の安全保障の問題に対して行ってきた取り組み（BOX1）の通り、単純な解決策はすでに存在しているが、私たちはまだそれらから学んでおらず、学ぶためのメカニズムを確立しなければならない。発展させていくことのできる可能性のある成功事例にスポットを当てることが必要。

BOX1

雨水を集めて飲料水および灌漑用水として使用する伝統的・大衆的風習を蘇らせなければならない。それらは、数百年にわたって検証し、立証されてきたものである。しかし、学位を持つ技術者の登場以来、この風習は軽視され、深井戸ポンプを使用した環境を汚染する強力な

掘削装置によって地下水を利用（ひいては濫用）するという技術的な解決策が地下水の深刻な枯渇を招いてきた。何千もの灌漑用の開放井戸と飲料水用の手押しポンプが枯れてしまった。公共の建物（学校、診療所等）の屋根から水を集めて地下のタンクに貯めなければならない。この水は、飲用や衛生用に使用できる。地下水が再び湧出し、枯れてしまった開放井戸や手押しポンプを蘇らせ、何百万ドルもの価値がある共有資産を取り戻すことができるよう、小規模なダムの建設も求められる。必要なのは、世界各地に大規模に拡大できるシンプルかつ実践的な解決策なのである。これは、多大な費用が不要であるにもかかわらず、長期的な効果は計り知れない。

・貧困と気候変動という極めて重大な問題に対する答えは、そもそも技術的なものではなく社会的なものである。腐敗、財源の浪費、お粗末な技術の選択、透明性と説明責任の欠如といった問題は、社会的なものであり、それらに対する革新的な解決策は、草の根レベルから生まれている。例えば、公聴会や社会監査というアイデアおよび慣行は、何もしない政府に我慢ができなくなったインドの人々が生み出したものである。インドでは現在、これが制度化され、60万近くの村がその恩恵を受けている。
・草の根レベルで活動する団体は、南南協力の重要性と妥当性を見出してきた。南南協力では、大陸を越えて地域社会が互いの伝統的な知識や村に伝わる技術、実用的な知恵を利用・活用することにより、低コストで地域社会に根付いた解決策が生まれ、生活水準の向上に著しい成果を上げている。農村部から都市部への移住は減少した。また、都市やテクノロジー技術への依存も低下した。
・女性の社会的地位向上は、農村における最大の持続可能な解決策である。農村地域における女性の基本的サービス提供の能力と適性を向上させる（例えば、女性をソーラー・エンジニアに育成する等－BOX2）ことにより、女性を世界が探し求めている新たなロールモデルに育てることができる。

> **BOX2**
> 書き言葉も話し言葉も使わず、身振り手振りのみで、35歳から50歳までの孫がいる読み書きのできない農村部に暮らす女性300人をソーラー・エンジニアとして養成してきた。6ヵ月間で、アフリカ大陸各地の100以上の農村で1万5000世帯以上に太陽発電を利用した電気が通った（5年間で28ヵ国）。総コストは250万ドルである。これは、アフリカのミレニアム・ビレッジ1つに費やされる金額に等しい。発展途上国各地からおばあさんを1人選べば、インド政府が航空運賃とインド国内での6ヵ月の訓練費用を負担する。機器等ハードウェアにかかる資金は、GEF小規模助成プログラム、国連女性機関、ユネスコ、スコール財団、個人慈善家によって提供されている。

- 長期的な解決策は、中央集権的なシステムではなく、技術の運用・管理・所有を外部の資格を有する専門家には頼らず、地域社会自身の手に委ねる明瞭な分散型システムである。
- 世界各地の貧しい地域社会では、エネルギー、水、食糧、暮らしの問題を別々に考えるのではなく、互いに依存する、生きた生態系の一部としてとらえている。そのような考え方に耳を傾け、学ばなければならない。

2.12　知識の創出と評価

　政策の立案と実施には専門家による評価を経た信頼できる知識が重要であることを考えると、研究開発および国内的・国際的評価を支援する必要があります。

　情報に基づく政策の立案と実施を支えるのに欠かせないのが、国内外での共同の学際的研究です。ほとんどの発展途上国では、科学的・技術的インフラの強化が急務となっています。国際科学会議（ICSU）と国際社会科学会議（ISSC）が、世界気候研究計画（WCRP）、地球圏・生物圏国際協同研究計画（IGBP）、地球変化の人間的側面国際研究計画（IHDP）、生

物多様性科学国際共同計画（DIVERSITAS）、および地球システム科学パートナーシップ（ESSP）による活動をFuture Earthプログラムとして統合する取り組みを先導しています。Future Earthプログラムは、持続可能な開発に必要な科学的知識を提供するための多数の分野（社会科学、人文学、経済学、自然科学、工学および技術）にまたがる知識基盤の提供をすることが期待されています。

　生物多様性と生態系サービスに関して私たちが有する証拠基盤には、不確実性や知識の欠落、論争もありますが、生態系および生態系サービスの流れをより持続可能な方法で管理するだけの情報は十分にあります。生態系サービスの供給を支える基本的な生態系プロセスに対する理解を進めるためには、観察と実験的な処理について範囲を拡大することと、鍵となるメカニズムのモデルを改良することが必要です。優れた全体論的生態系モデルは、不確かな要素のいくつかを解明し、相互に作用するさまざまな生態系、生態系内の各プロセス、サービス・財の流れの複数の推進要因の感受性を明らかにし、前進するための道を提供します。

　個々の生態系における投入と産出を定量化し理解しなければなりません。これらはすべての生態系を機能的に関連させ、地球の「脈拍」となっています。そしてこれらが定量的に測定されると、環境問題の理解と解決にとって、管理上、大きな意味を持ちます。長期的な研究とモニタリングが、複雑な環境問題の理解に新たな視点をもたらすことはよくあります。したがって、現在の環境下および将来予測される環境下での多様性と生態系プロセス・サービスの特性を探り、将来のシナリオ開発能力を促進する、世界規模の包括的かつ実験的なネットワークを構築することが重要です。

　極端な気象現象について定量的精度を高め、社会経済分野（食糧、水等）、生態系、人間の健康に対する気候変動の影響を評価するためには、より進歩した高空間分解能の局地的気候予測が必要となります。

　電力損失の少ないスマートグリッドや、電力網とやりとりする電気自動車、エネルギー貯蔵、原子力発電所の設計改良（一部の見解）、炭素の回収・貯留、および持続可能な人口およびライフスタイルを促進および達成するために必要な教育と計画等、政府は新しい技術の研究と検証を支援し

なければなりません。

　リスク評価からリスク管理にわたる、独立の世界的な専門家による評価が、科学と政策の橋渡し（インターフェース）には欠かせない要素であることが明らかになっています。これらの評価は、政策を規定するものではなく、政策にとって妥当なものでなければなりません。成層圏オゾン破壊評価、ミレニアム生態系評価（MA）、気候変動に関する政府間パネル（IPCC）、開発のための農業科学技術国際評価（IAASTD）等の国際的な評価はどれも、何が既知で何が未知であるのか、また何が問題となっているのかを明らかにしながら、各国政府および国際的な交渉プロセスに、信頼できる、専門家による検証を経た分野横断的な知識を提供するのに役立っています。さらに、新たに設立された生物多様性及び生態系サービスに関する政府間科学政策プラットフォーム（IPBES）が発展していけば、生態系サービスの供給に必要な知識と供給システムの状況について、極めて重要な定期的な情報評価が行われることになるでしょう。

　しかし、私たちには、科学と政策のつながりを強化するのに必要な情報を作成し、国内、地域、世界で持続可能な開発を実施するため、できるだけリアルタイムに近くて、既存の情報と新たな情報を批判的に検討し、統合し、総合した、ウェブベースの諸専門分野からなる知識評価システムが必要です。

　地方、地域、および世界の環境変化の中で、人間の安全保障（経済、社会、環境）を高め維持していく世界を構築するための、批判的に吟味され、査読済みで、統合評価され、諸専門分野からなる知識を総合したウェブベースの電子システムの概念は、一連の公式討論、非公式討論を通じて、一般的に受け入れられてきています。貧困の緩和、人間の健康、食糧、水、エネルギー、原料、人間の安全保障、気候変動、生物多様性の喪失、生態系の悪化、土地と水質の劣化、大気の質といったあらゆる面に関する査読済み及び灰色文献は、ウェブベースのシステムにアップロードされ、十分に検討され、従来の情報と統合されていくでしょう。

3. 結 論

　気候変動と生物多様性の喪失は、持続可能な開発の弊害となっています。しかし、経済発展と気候変動および生物多様性の喪失の抑制による環境の保護は対立するものではありません。実際、将来の世代のことを軽視しないという倫理的立場に立てば、気候変動を緩和するのに必要なコストは、何もしない場合のコストよりも少なく、行動が遅れればコストは大幅に増大する可能性があります。資源（エネルギー、水等）の効率的な利用は、企業や家計のコスト削減につながります。生態系サービス市場の評価と創出は、新たな経済機会を生み出します。グリーン経済は、将来の雇用や革新の源泉になるでしょう。政府、民間部門、篤志、市民社会は全体として、低炭素経済への移行、気候変動への適応、生態系のより持続可能な活用において等しく重要な役割を担っています。

　社会経済体制が慣性的性格を持つこと、そして、気候変動がもたらす悪影響や生物多様性の喪失からの回復には何世紀もかかる、あるいは、二度と元に戻すことができない（例えば、種の消失など）ことを考えると、夢を実現しようと思うなら、今、本格的に行動しなければなりません。行動を怠れば、現世代そして将来の世代の人々の世界は不毛なものとなるでしょう。

第Ⅱ部
「夢」の実現に向けて

現状を認識する

● Resilient People, Resilient Planet

1 回復力のある人々、回復力のある地球
―― 選ぶに値する未来

●

グロ・ハルレム・ブルントラント
Gro Harlem Brundtland

　「回復力のある人々、回復力のある地球――選ぶに値する未来」、これは2010年に国連事務総長によって任命された「地球持続可能性ハイレベル委員会（High Level Panel on Global Sustainability）」が選んだ報告書の表題です。2012年1月30日にアジスアベバにおいて、共同委員長の1人であるジェイコブ・ズマ南アフリカ大統領がこの報告書をパン・ギムン国連事務総長に提出しました。

　パン・ギムン事務総長はその演説の中で次のような発言をしました。
「近年の緊張状態や危機の増大は自然環境の劣化を示します。気候変動はその重要な徴候です。我々は地球の境界に到達し、それをますます踏み越えようとしています。ミレニアム開発目標などの社会的・経済的目標に近づこうとする努力は、決定的かつ組織的な行動について国家および多国間フォーラムで合意できないがゆえに阻まれています。これは我々の統治体制や時代遅れの開発モデルの弱点を露呈しています。また、原因や相関関係でなく依然として個々の兆候を扱っている我々の現在のアプローチの限界を示しています」。彼は「持続可能な成長や繁栄への新しいビジョン、そしてそれを実現するメカニズムを考案するよう」我々に訴えかけました。

　フィンランドのタルヤ・ハロネン大統領をもう1人の共同委員長とし、委員会は世界の全大陸から22人のメンバーで構成されます。その中には過去および現在の首相や外相、開発協力大臣、環境大臣、さらに民間セクターの経験豊富な人材が含まれます。

　同委員会は「開発の経済的、社会的、環境的側面をまとめて持続可能性

を実現する必要性が明確に定義付けられたのは四半世紀前であるが、今こそそれを実現させる時」という結論を下しました。

「国連環境と開発に関する世界委員会」報告書「我ら共通の未来（Our Common Future）」（1997年）は、経済成長や社会的平等、環境持続可能性の新たなパラダイムとして、持続可能な開発のコンセプトを国際社会に紹介しました。「このコンセプトはこれらの三本柱すべてを含んだ統合的な政策枠組みによって実現可能」だと同報告書は説いています。

以降、我々が直面する相互につながった課題や、持続可能な開発が人々にとって自らの未来を選ぶ最良の機会をもたらすという事実に対する世界の理解は深まっています。

地球持続可能性ハイレベル委員会は、行動することおよび行動しないこと両方の費用を明らかにすることによって、政治プロセスが持続可能な未来のための行動に必要な議論と政治的意思の両方を喚起できると説いています。

したがって同委員会の長期的ビジョンは、「気候変動に対処し地球の他の様々な境界を尊重しながら、貧困撲滅、不平等の軽減、包括的な成長、そして持続可能な生産・消費の実現」です。

この点について、同報告書は持続可能な地球、公正な社会、成長する経済へのビジョンを実現する様々な具体的提言を行っています。

持続可能な開発は到達点ではなく、順応・学習・行動という動的プロセスです。すなわち、経済、社会、自然環境間の相互関係を認識・理解し、それにもとづいて行動することです。今、世界はこの流れに乗っていません。進歩はしているものの、速さも深さも不十分です。一方で、広く行動を起こす必要性はさらに切迫しています。

同時に、現在の生産・消費パターンや資源欠乏の影響、イノベーション、人口変化、世界経済の変化、グリーン成長、不平等の増大、政治力学の変化、都市化といった変化要因がますます難題を呈しているのが現状です。

では、世界の人々や地球のために良い変化をもたらすには何をすべきでしょうか？　我々は、この問題の様々な側面を把握しなければなりません。

問題の原因が持続不可能な生活スタイルや生産・消費パターン、人口増

加である点を認識する必要があります。

　世界人口が2040年までには約70億から90億に増え、今後20年以内に30億の中産階級消費者が新たに生まれるため、資源需要は急激に高まっています。

　世界の食糧需要は2030年までに現在の50％以上、エネルギー需要は45％、水需要は30％高まると予測されます。環境的境界が新たな供給制限を生み出している時代です。これは、人間と地球の健康のあらゆる側面に影響する気候変動にもまさに当てはまります。

　現在の世界的開発モデルは持続不可能です。環境的閾値が破られ、生態系と人間社会の両方に不可逆的なダメージをおよぼすおそれのある現在、我々の集団行動が転換点を越えないという想定はもはや不可能です。

　同時に、このような閾値は、国民を貧困から救いたい開発途上国に任意の成長制限を課すために使うべきではありません。この持続可能な開発のジレンマを解決できなければ、地球人口のうち30億人を地域固有の貧困生活に閉じ込めてしまうおそれがあります。いずれも受け入れがたい結末であり、我々は新たな方法を模索しなければなりません。

　重要なのは、持続可能な開発は「環境保護」と同義ではない点です。持続可能な開発の根本は、経済や社会、自然環境間の相互関係を認識・理解し、それに対して行動することです。持続可能な開発とは、食糧・水・土地・エネルギー間の重要な関連性といった全体像を見ることです。そして、現在の我々の行動と我々が求める未来とを一致させることです。

　人々や市場、各政府が持続可能な選択をできるように、真のグローバルな行動を起こす時が来ています。社会に対する我々の影響力が増すほど、地球に対する我々の潜在的影響や持続可能な行動責任も増します。現在がまさしくその時です。現在では、グローバリゼーションや天然資源の制約は、個人の選択が地球的影響をもたらす可能性を意味します。

　多くの人々にとって、問題は持続不可能な選択肢ではなく、そもそも選択肢の不足です。基本的なニーズや人間の安全が確証されない限り、真の選択肢は成り立ちません。これには次の内容が含まれなければなりません。

・貧困撲滅、人権・人間の安全保障、男女平等への国際的な取り組み
・**持続可能な開発のための教育**。中等教育や職業教育、現在の課題に対処し機会を活用する解決策に社会の全員が貢献できるための技能開発を含む
・**雇用機会**。特に女性や若者がグリーンで持続可能な成長に貢献できるもの
・消費者が**持続可能な選択**をし、個人および集団単位で責任ある行動をとれるようにする
・**資源の管理**と21世紀のグリーン革命（農業、海洋、沿岸系、エネルギー、テクノロジー）を可能にする
・健全なセーフティネット、災害リスク緩和、適応計画による回復力の**構築**

　変化の機会は膨大です。我々は歴史という人格を伴わない決定論的な力に屈する消極的で救いようのない犠牲者ではありません。我々は自ら未来を選べるというわくわくする可能性を持っているのです。
　直面する課題は大きいですが、新鮮な視点で古い問題を見た時に大きなチャンスが見えます。
　たとえば、地球の縁から我々を引き戻せる技術の活用、画期的な製品やサービスから生まれる新たな市場や成長、雇用、さらには人々を真に貧困から救う公共・民間融資への新たなアプローチです。
　持続可能な開発は根本的には、未来を動かし、自身の権利を主張し、抱いている懸念を口に出せる機会の問題です。
　持続可能な選択能力を人々に持たせるうえで、人口ガバナンスと人権の全面的尊重は不可欠です。
　同委員会は、持続可能な開発の課題への新鮮かつ実施可能な対応を目的とした、持続可能な開発の政治経済学への新たなアプローチを求めています。持続可能な開発が正しいことは自明の理です。それが合理的でもあり、行動を起こさないことの対価は行動した場合の対価の大きさをはるかに上回ることを実証するのが、我々にとっての課題です。

同委員会の報告は、持続可能な地球、公正な社会、成長する経済へのビジョンを実現する様々な具体的提言を行っています。

・食糧、水、エネルギーをそれぞれ別個に扱うよりも、これらの新しい連環を認識することが不可欠です。世界の食糧安全保障の危機に対処する場合、この3つすべてを個々に扱うのではなく完全に統合させる必要があります。2つめのグリーン革命、すなわち持続可能性の原理にのっとりつつ収穫を倍増させる「永続的グリーン革命」を受け入れる時が来ています。
・大きな国際的科学構想といった大胆な世界的取り組みを実行し、科学と政策のインターフェースを強める時です。科学を通して、科学者のいう「地球の境界（planetary boundaries）」「環境閾値（environmental thresholds）」「転換点（tipping points）」の定義が必要です。海洋環境や「青い経済」（訳注：海洋生態系を活かした持続可能な経済）が現在直面する課題を優先するべきです。
・現在発売されている商品やサービスの大半は、生産や消費の環境的・社会的費用を十分に担っていません。科学にもとづき、これらの活動に対する適切な価格設定方法について、我々は時間をかけてコンセンサスに達する必要があります。環境の外部性を価格に含めることで、グリーン成長やグリーンな雇用への新たな機会を切り開けます。

また、社会的疎外への対処や社会的不公正の拡大も、それらを測定し、価格に含め、責任をとることを要します。このような重要問題にいかに取り組んで、皆にとって良い結果を生み出すための模索が次のステップです。

公正さは最重要です。開発途上国が持続可能な開発に移行するには時間と財政面・技術面での支援が必要です。社会の全員、特に最も弱い層である女性や若者、失業者に権限を与えなければなりません。人口動態による配当を適切に得るには、社会や政治、労働市場、ビジネス成長に若者を参画させる必要があります。

持続可能な開発へ本格的に移行するには男女平等が必要であり、女性へ

の執拗な差別も終わらせなければなりません。世界のさらなる成長は、女性が完全に経済的権限を得られた時に、達成されるでしょう。

　持続可能な開発や貧困撲滅に必要な投資、イノベーション、技術開発、雇用創出の規模は、公共セクターの範囲を超えています。したがって、包括的かつ持続可能な成長を構築するために、狭義の「富」という狭い概念を超えた価値を創造するべく経済の力を使うよう同委員会は提言しています。市場と企業家精神は、意思決定と経済変化の大きな原動力です。

　そこで同委員会では各政府や国際機関のために「共通の問題解決と共通の利益のために協力を強める」という課題を設定しています。意欲的な人々が前向きな連携を組んで持続可能な開発を主導すれば、飛躍的な変化が可能です。

　持続可能な開発の政治経済学への新たなアプローチを受け入れることで、持続可能な開発のパラダイムを世界経済の議論の末端から主流に引き上げられると同委員会は主張しています。このようにして、行動と不行動の両方の費用が明白になります。そうしてこそ、持続可能な未来のために動くうえで必要な議論と政治的意思の両方を政治的プロセスによって呼び集められるようになります。

　持続可能性を達成するには、世界経済の変革が必要です。表面的な部分を取り繕っても変化は起きません。既存の世界経済ガバナンスについて多くの人々に疑念を抱かせている現在の世界的な経済危機は、徹底的な改革の好機です。それは我々にとって、金融制度だけでなく真の経済における決定的なグリーン成長のチャンスです。数多くの主要分野において政策的行動が求められています。

・商品・サービスの規制や価格設定、また市場の失敗の対応に社会的および**環境的費用を導入**
・投資や金融取引において長期的な持続可能な開発の基準を重視するインセンティブ・ロードマップを創出
・公共および民間の資金提供や多額の新たな融資を動員するパートナーシップなど、**持続可能な開発への融資を増やす**

・持続可能な開発の指標を設けることで、持続可能な開発における進歩の度合いを測る我々の尺度を変える

持続可能な開発を実現するには、地方・国家・地域・世界レベルで効果的な制度枠組みや意思決定プロセスを構築する必要性が明白です。

単一争点をめぐって構築された断片的制度という遺産、すなわちリーダーシップと政治空間両方の欠如、新しい課題や危機に対応できる柔軟性の欠如、課題・機会両方を予期し計画を立てる能力の欠如を克服しなければなりません。これらすべてが、政策決定と実施の両方を損ねます。

持続可能な開発のためのより良いガバナンス、一貫性、説明責任を国家および世界レベルで構築するうえで重視すべき点は下記のとおりです。

・地方、国家、世界レベルでの一貫性
・持続可能な開発の目標
・現在各組織間に普及している情報や評価をまとめ、それを統合的に分析する持続可能な開発の世界的展望報告の定期的刊行
・世界持続可能な開発理事会の創設検討など、世界の制度的仕組みを活性化・改革する新しい取り組み

「未来の選択は我々共通の人間性の知恵と意志の範囲内」と同委員会は考えています。我々は希望を持つ側にいます。

人類の歴史において、偉大な業績はすべて1つのビジョンから始まりました。回復力のある人々と回復力のある地球の両方を作る地球持続可能性のビジョンも例外ではありません。

2012年に生まれた子供は2030年には18歳になります。それまでの間に、この子供たちに持続可能かつ公正で回復力のある未来を与えるに十分なことが我々にはできるでしょうか？　その答えを導き出すために、我々全員が力を合わせなければなりません。

● Current and Projected State of the Global and Regional Environment

2 地球および地域の環境の現状と予測
—— 環境、経済、社会的持続可能性への示唆

●
ロバート・ワトソン
Robert Watson

　地方、地域、世界規模での環境劣化など甚大な地球変動の時代に、ほとんどの国々が食糧、水、エネルギー、人間の安全保障を伴う環境的および社会的に持続可能な経済成長を目指しています。主要な問題となるのは気候変動、生物多様性や生態系サービス（供給、調整、文化、基盤）の喪失、局地的・地域的な大気汚染、土地と水の劣化です。

　地球環境が主として人間活動によって地域から世界まですべての尺度において大きく変化していることは疑いの余地がありません。成層圏のオゾン層は枯渇し、気候は過去1万年間のどの時点よりも急速に温暖化し、生物多様性は前例のない速さで失われ、漁業は世界中の海で衰退し、大気汚染問題が世界の大都市の多くで深刻化し、多くの人間が水ストレス（訳注：「水ストレス」とは、1人当たり年間使用可能水量が1700トンを下回り、日常生活に不便を感じる状態を指す）や水不足の地域に住み、土地の多くの部分が劣化しています。この環境劣化の多くはエネルギー、水、食糧などの生物資源の持続不可能な生産・利用に起因するもので、貧困緩和や持続可能な開発促進への努力をすでに蝕んでいます。さらに悪いことに、未来に予測される環境変化は、一層深刻な事態を呈すると考えられます。

　情報に基づき、費用効果が高く、社会的に許容可能な政策、慣行、技術を地方、地域、世界的規模で開発・導入するには、上述の環境問題の相関関係を理解しなければなりません。これらの環境問題が密接に相関しあっている点を考えた場合、1つの環境問題に対処する政策や技術が、環境や人間の幸福の他の側面に負の影響を与えないようにしなければなりません。

すなわち、生物多様性に利益をもたらし悪影響をおよぼさない気候変動対策を見極めなければなりません。このような諸問題に対処する、費用効果が高く公正なアプローチは存在するか、あるいは開発可能です。ただし、政治的意思と道徳的リーダーシップを要します。環境劣化によって成長や貧困緩和を損ねないようにするために必要な実効性のある対策が未実施である一方で、これらの地球的課題に対処する技術的・行動的変化と価格設定・効果的政策（規制政策など）が、あらゆる空間規模とすべてのセクターで求められます。

　変化の大きな間接的要因は主に人口学的、経済的、社会政治的、技術的、文化的、宗教的なものです。これらの諸要因は明確に変化しています。世界人口と世界経済は成長し、世界の相互依存度は増し、ITや生命工学で大きな変化が遂げられています。世界人口は現在の約70億から2050年までには90〜100億に膨れ上がると予測されます。この人口増加に伴い世界全体のGDPが3〜4倍に増え、開発途上国がますます世界の経済成長を推進するでしょう。2030年までには、世界経済の購買力の約半分以上が開発途上国から生まれるでしょう。開発途上国の広範な成長が今後25年間続けば、地球の貧困は大幅に軽減されるでしょう。同時に、地球の環境問題に適切に対処（特に気候変動の緩和と適応）し、生物多様性の喪失や生態系サービス劣化を軽減しなければ、成長やグローバル化の利益が損なわれることを認識しなければなりません。

気候変動

　産業革命以降、人間活動を主要因として大気組成と地球の気候が変化していることに疑いの余地はありません。その変化が地域的および世界的に続くことは避けられません。二酸化炭素の大気中濃度はおもに化石燃料の燃焼と森林伐採を原因として産業革命以前から30％以上増えています。地球の平均地上気温はすでに約0.85℃上昇しており、過去の排出によってさらに0.5〜1.0℃の上昇が不可避です。2000〜2100年の間で1.2〜6.4℃の上昇が推測され、陸地部分が海洋よりも温暖化し、高緯度の温暖化は熱帯のそれを超えるでしょう。降雨量の予測はさらに困難ですが、高緯度地域

や熱帯で増え、亜熱帯では大幅に減少する見込みです。豪雨性の事象が増え、弱い雨は減少し、洪水や干ばつが増えるでしょう。

　気温や降雨量の変動は海面上昇や山岳氷河の後退、グリーンランドの氷床溶解、とりわけ夏に起きる北極海の氷の縮小、熱波や洪水、干ばつなど異常気象の頻発、大西洋のハリケーンなど低気圧性事象の悪化といった環境変化を引き起こしており、今後もこれは続くでしょう。

　前世紀よりも速いペースで変動すると推測される地球の気候は、淡水、食糧と繊維、自然の生態系、沿岸系、低平地、人間の健康と社会制度に悪影響をおよぼすと予測されます。気候変動のインパクトは広範に拡大し、おもに負の影響をもたらし、多くのセクターにおよぶでしょう。欧米などで起きる、温帯地方で熱成長期を増やす気温上昇は、2～3℃未満の気温変化に対して農業生産性を高める一方で、変動の拡大とともに生産性を減少させるでしょう。しかし、飢餓や栄養不良が多い熱帯および亜熱帯地域全体のほぼすべての気候変化に伴い、農業生産性が悪影響を被る可能性が大です。多くの乾燥地域および半乾燥地域において水質と水利用可能性が低下し、世界各地で洪水や干ばつの危険性が高まります。生物媒介病や水系感染症、熱中症による死亡率、異常気象による死亡、開発途上国の栄養に対する脅威が増大するでしょう。海面上昇と洪水によって何百万人という人々が赤貧の場所に閉じ込められ、あるいは移動を余儀なくされるおそれがあります。このような気候変動のインパクトは開発途上国の人口に確実に悪影響をおよぼします。気候変動は他の様々なストレスと相まって、社会的、経済的、政治的状況次第では、局地的および地域的紛争と人口移動に至る可能性があります。

　2009年のコペンハーゲンでの気候変動枠組条約締約国会議で合意に達し、カンクンやダーバンでの会議で承認された「地球の気温変動を産業革命以前の気温から2℃超までの範囲内に制限する」という目標は、人為的気候変動の最も深刻な事態が避けられるためには適切です。しかしそれはやや無理のある目標であり、近い将来に政治的意思が根本的に変わらない限り実現不可能であることを認識する必要があります。したがって、4～5℃という地球気温の変動に適応する覚悟が私たちには求められます。さらに、

気候変動の「緩和」と「適応」は分けては扱えない点を認識しなければなりません。

気候変動緩和には適切な価格設定と低炭素技術の進展（エネルギー生産と利用）、個人や自治体、民間セクター、公共セクターの行動変化（本書第17章（ロビンス＆ゴールデンベルク論文）参照）が必要です。低炭素エネルギーシステムへの移行に加え、森林の劣化と伐採を軽減し、再植林や植林、混農林業によって炭素を隔離して森林からの炭素排出を削減し、保全耕うんによって農業システムからの炭素排出を削減し、さらに肥料や家畜、米生産からの炭素排出を削減しなければなりません。

さらに温室効果ガス排出緩和に加えて、気候変動への適応が必要です。とはいえ緩和策も必須です。なぜならば、我々が達成できる適応の程度には物理面、技術面、行動面、経済面で限界があるためです。すなわち、小さな低地の島々での適応には物理的限界が、洪水対策には技術的限界が、人々の居住する場所とその理由には行動面の限界が、適応活動には経済的限界が伴います。気候変動を緩和すればするほど、我々にとって適応しなければならない範囲が狭まります。しかしながら適応は不可欠であり、気候変動のインパクトに対する脆弱性の高まりゆえに、開発途上国において特に部門別および国家の経済計画に「適応策」を主流化して組み込まなければなりません。

生物多様性の喪失と生態系サービスの劣化

遺伝子、種および景観レベルで生物多様性が世界中で失われています。自然の生息環境の変換や過剰開発、汚染、外来種の導入、気候変動によって、生態系とそのサービスが劣化しています。これらによって人間と環境の両方に多大な害がおよぶ例が多発しています。特に人口増加に伴い食糧（農作物と家畜）や、程度こそ低いものの繊維、水、エネルギーの需要増に対応するサービス提供に重きが置かれることから生物多様性が低下し、数多くの生態系が劣化しています。ミレニアム生態系評価の報告によれば、評価対象となった24のサービスのうち15件が低下傾向、4件は改善傾向にあり、5件は地域によって改善と低下に分かれていました。英国国家生態

系評価の報告では、評価対象となった生態系サービスの30～35％が低下傾向、20％が改善傾向にあり、45～50％が比較的安定していました。過去100年および、気候変動は生物多様性喪失の主要因ではなかったものの、今後100年においてすべての生物群系を大いに脅かす可能性が大です。気候変動は生物多様性喪失を悪化させ、大半の生態系システム特に珊瑚礁や山岳、極地の生態系に悪影響をおよぼし、生態系サービスに大きく有害な変化をもたらす可能性があります。最近の研究では、最大5℃の地球の平均地上気温では1℃の上昇ごとに10％の種の喪失に至ると推測されています。

生物多様性は人間の幸福にとって重要であり、人類が依存する様々な生態系サービスを提供します。それはたとえば供給（食糧、淡水、木材、繊維、燃料）、調整（気候、洪水、疾病）、文化（美的、精神的、教育的、娯楽的）、基盤（栄養循環、土壌生成、一次生産）です。私たちの安全、健康、社会的関係、選択や行動の自由といった人間の幸福に寄与するこれらの生態系サービスが減少傾向にあります。

自然世界やそれを構成する生態系から私たちが得る利益は人間の幸福や経済的繁栄にとってきわめて重要ですが、経済分析や意思決定では常に過小評価されます。生態系の効果的な保全と持続可能な利用は人間の幸福と未来のグリーン経済の繁栄と持続可能性に不可欠です。非市場的価値の評価を意思決定に反映させなければ、資源配分の効率性が下がります。しかし、非市場生態系サービスの価値を土地管理者に割り当てるシステムの開発が大きな難題です。

したがって、生物多様性や生態系サービスの問題に対処するには、意思決定の経済的背景を以下のように変える必要があります。(i) 意思決定の際は、市場で売買されるものだけでなくすべての生態系サービスの価値を考慮する。(ii) 人間や環境に有害な農業や漁業、エネルギーへの補助金を撤廃する。(iii) 社会にとって価値のある水質や炭素貯蔵などの生態系サービスを守るように土地を管理する報酬として地主への金銭支払いを導入する。(iv) 最も費用効果の高い形で栄養素の放出や炭素排出を減らす市場メカニズムを確立する。

また様々な部署や部門、国際機関の間の意思決定を一体化し、生態系の保護と持続可能な利用に政策を集中させることで、政策やプランニング、マネジメントを改善する必要もあります。それには次のような措置が求められます。(a) 生態系サービスに関わる意思決定に影響を与える権限を周縁の各グループに持たせ、地域社会の天然資源所有権を法によって認める。(b) 特に海洋システムの劣化した生態系を修復して保護区域を追加するとともに、既存のものに対しては財政・管理面での支援を強化する。(c) 地域団体や先住民群についての知識など、生態系に関するあらゆる関連知識や情報を意思決定に活用する。

　成功するには、個人および地域社会の行動に影響を与えることも求められます。生態系とそのサービスに影響する意思決定についての情報を提供し、絶滅の危機に瀕する生態系サービスの消費を抑える理由と方法についての公共教育を提供し、さらに信頼性の高い認証制度を設けることで、持続可能な形で収穫した作物を購入するという選択肢を人々に与えることがきわめて重要です。また、環境にやさしい技術を開発・利用し、有害な代償を最小限に抑えての食糧生産増加を目的とした農業科学や技術への投資を求めることも重要です。

● Our Unrecognized Emergency

3 知られざる緊急事態

●
ポール・R・エーリック、アン・H・エーリック
Paul R. Ehrlich and Anne H. Ehrlich

　人類は過去に例のない地球規模の緊急事態に瀕しています。そして、それはあまり認識されていません。突然、生態学的な時間軸で、国際社会は絶望的な苦境に直面しています。公平かつ、何十億という人々にすぐに繁栄をもたらす新たな世界的なガバナンスおよび経済システムを早急に計画・実施しなければならない状況です。きわめて困難な作業ですが、これらのシステムに「限りある地球において人類に持続可能性を与え、実質的にヒューマン・エンタープライズ全体のサイズを修正する」という要件が伴うことを考慮すれば、これは真に歴史的価値のある課題です。
　とはいえ、資源の制約や環境破壊、気候破壊といった切迫した問題に対処するうえで、人類の企業行動は全く不適切です。国際社会はテクノロジーがますます急速に進歩する一方、倫理社会的進化が著しく停滞していることから、致命的な結末に直面しています。人間の「行動する」という能力は「理解する」能力を大きく超えてしまいました。遺伝子学的にも文化的にも、人は常に少人数のグループでの動物であり、進化によって我々は何百人程度の、遺伝子学的に自らと関係の深い人々と接するようになりました。何世紀にもかけて、人類は共通の言語と文化を持つ国家を管理できるところまで進化してきたものの、概して我々は現在のところ何十億という世界人口に対応できない状態です。その結果、人口過多や富者による過剰消費、環境を傷つけるテクノロジーの利用、多大な不平等によって人類の問題は山積しています。
　現在、地球は人口過剰状態で、平均的な米国民の生活スタイルで現在の世界人口を維持するにはさらに地球が約5つ必要です。実際、何十億人と

いう貧困者を抱える現在の消費パターンをもってしても地球は長期的に現在の人口を維持できません。にもかかわらず、今世紀半ばまでには人口がさらに25億人も増えると予測されます。

多くの方法で人々に利益を与える強力なテクノロジーは、人類の自然資本（深い農業用土壌、化石地下水、生命維持システムを支える生物学的多様性、危険な排出物を吸収する自然の流し台）を急速に枯渇させるという点で影の側面を伴います。文明は地球の気候を破壊し、有毒な化学物質を世界中に撒き散らし、大きな伝染病のリスクを高め、資源（特に水）をめぐって核戦争を、また政治的・宗教的な違いをめぐって核のテロリズムを起こす危険を冒しています。いまだに化石燃料への依存度が非常に高いエネルギー動員型のシステムを本格的に変革し、未来のニーズに柔軟に対応するためにグローバルな農業システムを大幅に改革できるのに残された期間はあと10〜20年という考えが科学界でも多くを占めています。気候学者らが正しければ[1]、地球の気温と降雨量のパターンは千年以上変わり続けるでしょう。現在の全人口を十分に養うだけの食糧生産量を維持するには、食糧生産量の増加とともに水処理システムの改良や食糧流通の改善が求められます。これと同様のことを2050年までに95億人に対して農業基盤の破壊を進めずに行うのは、地球の変化を考えた場合不可能です。

すべての人を十分に養うだけの食糧が生産されているにもかかわらず、現在、10億を超える人々が栄養不良の状態です。この不平等を象徴しているのが、先進国に何億と存在する「体重過多」の人々です。これだけでも、公平性の改善が人類の苦境の解決に大きく寄与することがうかがえます。今後半世紀に人口がさらに20〜30億増えると予測される世界に、公平性の改善を実現するには、1人当たりの食糧生産量低下の抑止と同様に[2]、食糧アクセスの公平性を国際的目標において高く掲げなければなりません。

需要の側から見てみると、男女平等の促進によって人口増加が制限でき、十分な食糧供給を維持できる可能性が高まります。出生率は女性の権利や機会の尺度と大きく相関します。女性が自立すれば受胎率は下がるからです。性別、人種、経済面で公平な世界であれば、飢餓と出生率の両方を大幅に低減させることが大いに可能です。また、世界人口の教育レベルも上

がるでしょう。個々の生来的な問題を超えた、より広い問題に人々が注意を傾けるようになるでしょう。また現在の危機状態の環境的側面と、不公平を軽減する努力継続の両方に対して、より賢明かつ協力的に取り組もうと人々は考えます。

　巨大な貧富の差に起因する食糧などの資源へのアクセスの格差を見れば、不平等を正して人類の苦境解決のチャンスを高めることの重要性は明らかです。家族計画サービスや切望される農業研究といった諸活動の資金不足は、石油確保を目的とした米国をはじめとする裕福な国々の多額の出費とは対照的です[3]。石油を求める国々によって危険な紛争が繰り広げられ、石油を燃やし続けることで気候破壊という破滅的結末を招く可能性があるものの、石油の中心的および地政学的な役割は依然として衰えません。石油などの資源をめぐる国際紛争は、間違いなく開発途上国同士の争いを伴い続けるでしょう。特に水や森林、肥沃な土壌の不足が人口の急速な増加と相まってすでに深刻な困窮状態を起こしている貧困国における暴動の可能性について、著名な学者らが1993年に警告を発しています[4]。ルワンダやダルフール、ソマリア、アラブの春以前の話です。

　米国などの諸国は近年、企業金権国家に移行し、巨額の富が貧困層や中産階級から富者に移っています。このような移行が環境に与えている多大なダメージは明白です。2010年の米国最高裁のCitizens United判決によって企業は法的に人間と同等とされ、すべての権利や特権が与えられました。実質上、金銭と言葉を同一視したものです。これは富者が自分の力を高めて議員の票を買い、メディアをコントロールし、社会的利益よりも自らの利益を重視する運動への最新のステップに過ぎません[5]。

　この有害な企業的影響が特に顕著なのは、米国などの企業・政府複合体が「経済成長は世界のすべての問題を解決する」というあり得ない考え方を推し進めるやり方です。これはもはや病気です。経済学者ケネス・ボールディングの1966年の有名な言葉のごとく、「限りある世界において幾何級数的成長が永遠に続くと考えるのは狂人か経済学者のいずれか」です[6]。

　悲しいことに、経済学者が一般的に唱える年間経済成長3.5％の永久継続という目標、すなわち100年間で30倍超の経済成長は不可能である点に

多くの人々が気づいていません。短期的にも、これは破滅のシナリオです。非線形性を考慮すれば、生命維持システムに対する人類の破壊的影響がわずか20年間で2倍をはるかに超えることになります。エーリックとホールデンが、人口規模と1人当たりの環境的影響が独立した可変要素ではないと指摘したのははるか昔です[7]。

ホモサピエンスは優れた動物で、低い位置にぶらさがっている果物を最初に摘み取れる種であり、特に産業の発達した社会においては、ホモサピエンスの活動は概ね、限界収益を減少させるレベルを大幅に過ぎています。これは社会的崩壊の前兆と考えられます[8]。たとえば石油の歴史とは、距離的に遠く抽出が困難かつ危険な資源の搾取の歴史であり、世界市場における価格高騰も含みます。近年最大級の環境的事象に挙げられるのが、2010年4月に始まったメキシコ湾原油流出です。油井頭部の位置が海中1マイル（約1.6km）を超えていたこと、海底からさらに3マイル（約4.8km）の油井を掘る計画があったこと、災害対策用のハイテク装置が故障していたこと、関与した大企業の行動は犯罪的であったことが、ようやくニュースで解説されたところです。しかし、そこまでの油井掘削が必要とされる資源状況の全体についてはほとんど触れられていません。最初の商用油井掘削は1859年にペンシルバニアで行われました。貫通距離はわずか70フィート（約21.3m）でした。これは限界収益の先細りを明確に示しています。

さらに米国では、油田のアクセスあるいは支配権を求めた他国侵略などに使う軍事予算の約35％が石油価格の計算から除外されます。石油利用に関する莫大な外部コストの大半も含まれません。特に、石油利害関係者が否定したがる気候破壊に関連するものはなおさらです[9]。

ある著名なアナリストによれば、後者のコストに関する国際的合意は基本的に不可能であり、国家間の炭素税こそが惨事回避の最善の望みを持っています[10]。しかし、これは米国では実現の可能性がないようです。気候破壊に対して米国政府に行動を起こさせないよう、企業の働きかけが成功しているためです[11]。米国が占める重要な世界的地位を考えると、この企業のキャンペーンが成功していることが、これまでのところ世界の持続可能性に対する最も深刻な打撃です。これは米国内に存在する富と権力の不

平等なしでは不可能だったでしょう。この不平等によって、必要な規制政策の阻止に企業のお金が使われているのです。

　資源開発の世界的システムにおける収穫逓減は現在、至るところに存在します。石油で起こったことが石炭や天然ガスでも繰り返され、採掘のコストと環境的ペナルティーは長期的に高まっています。また収穫逓減は、疾病を治療する抗生物質の能力や害虫から収穫物を守る農薬の能力の低下にも見られます。既存の土地利用の強化という、そもそも限界に来ているプロセスが長い間、農業用の新たな土地開発努力より優先されてきました。今後40年間で世界人口に加わる約25億人のそれぞれが必要とする食糧は、ますます限界に近づいている土地から収穫されます。食糧供給に使う水は輸送および／または精製に多くのエネルギーを要し、それをサポートする材料の源となる鉱石はかつてないほど貧弱化しています。

　資本主義、社会主義、共産主義を問わず、従来の経済／文化システムの不十分さがますます明らかになっています。これらのシステムは貧困層が必要とする開発をもたらしていません。人間の社会経済学的複雑適応系が働かなければならない生物圏的複雑適応系が課す環境的制約を理解する社会作りを奨励していません。結果的に国際社会は、環境的に健全で公平なグローバルな社会の創出に欠かせない人口や物質的富の持続可能な再分配と縮小に至っていません。

　地球の生命維持システムに対するホモサピエンス（人間）の負の影響は、$I = PAT$の方程式で概算できます。ここでは人口（P）に1人当たりの平均的な豊かさあるいは消費（A）を掛け、それに、消費の供給に使うテクノロジーと社会政治経済協定の影響（T）を掛けます。積は影響（I）とします。これは人類が環境を破壊し、人間の健康を脅かし、人類が依存する自然生態系を劣化させる程度のおよその指標です。もちろん、この方程式の中の因数は独立ではないものの、この複雑さは問題発見ツールとしての$I = PAT$の価値を本格的には損ないません。

　化石燃料の代替物を早急に開発する必要性など、我々の苦境の技術的、経済的、政治的側面は学界で頻繁に議論されているものの、企業や政府、

メディアの意思決定者にはよく理解されていません。これらの社会における環境問題の認識の低さと呼応して、環境問題は小さな技術的「調整 (fix)」で解決可能と広く考えられています。経済学者ウィリアム・リースが言うように、「持続可能性の運動や企業の反応、政府の政策の大半が強調するのは、個人の生活スタイルの微修正を求めるものの、経済発展の倫理などのテクノインダストリアル社会の信念、価値観、仮定などの修正は全く求めないものである。強調されるのは『シンプルで痛みのない』（すなわち「微少で効果のない」）行動」です[12]。持続可能性を普段の生活のわずかな逸脱程度にしか考えていない人があまりにも多いという事実は、「持続可能な成長」という矛盾したフレーズの乱用からもうかがえます。

化石燃料から風力、太陽光、地熱エネルギーへの転換といった産業社会の革命に伴う複雑さを、政界のリーダーは概して軽視しているようです。これが緊急性や進展の欠如につながっています。皮肉にも、最も貧しい途上国でこの革命をスタートさせることは「このような途上国は最初に20世紀型のエネルギーインフラが必要」という考え方にとらわれている多くの指導者が考えるよりもはるかに容易です。しかし、過去10年間のアフリカやアジアでの携帯電話の急速な普及は別の道標を示しています。携帯電話は、どのグリッドからも遠い農村に小規模の太陽光発電を普及させるインフラストラクチャおよびクレジットメカニズムとなりつつあります。

カンクンまたはダーバンの気候変動交渉の参加者がすぐに気づいたのは、気候破壊に対処する切迫性を最も感じているのが開発途上国、特に最も貧しい国々であることでした。彼らは自らの脆弱性をよく理解しています。エネルギー革命に消極的なのは温室効果ガスの主要排出者である最も豊かで、最も力のある国家です。この問題について国際エネルギー機関（IEA）が2011年にダーバンで開催された気候変動交渉の参加者に送ったメッセージは次のような結論で締められていました。「世界は自らを不安定で非効率的な高炭素エネルギーシステムに封じ込めています。今後数年間のうちに大胆な措置を講じなければ、地球気温上昇を2℃までに抑えるという昨年の協議で設定された目標の達成はますます難しくなり、より大きな犠牲が伴うでしょう[13]。」「犠牲が伴うでしょう」のあとに「そしてほぼ不可能

3　知られざる緊急事態

です」というフレーズが加わってもいいほどです。

　$I = PAT$方程式の消費過多（豊かさ）因子に対する沈黙を説明するのは簡単です。消費増加（超富裕者によるものでさえも）を経済の病の万能薬と考える多くの経済学者やビジネスリーダー、政治家にとって消費は依然として純粋な善行です。米国のマスメディアの経済「専門家」が経済成長度を論じる光景を見ない日はありません。しかし、富裕層における消費の拡大が急激な環境劣化を招くことに気づいていない人々がほとんどです。残念なことに、西欧型の消費パターンを現在の70億という総人口に与えるのは生物物理学的に不可能です。そのような生活スタイルを今世紀半ばに90億人が享受するのがなおさら不可能であることは言うまでもありません。

　この苦境において様々な要因が相互作用している様は恐ろしい限りです。人口増による需要や肉中心の食生活に対する途上国の憧れ、そしてバイオ燃料需要に対応するために2050年までに農業生産量を約70％から100％上げるには、農業生産をさらに増強し、何よりも農業に対する石油補助金の増額が必要です。温室効果ガス排出抑制に有意な進展がなければ、石油価格は高騰し、これから世界人口に加わる25億人の他の活動に起因する増加に加えて温室効果ガスの大気流出が拡大するでしょう。もちろん、それによって気候はさらに破壊され、降雨パターンはさらに変容し、農地への水供給にさらなる問題が生じるでしょう。さらに生物学的多様性の喪失、土壌浸食、土地と海洋の被毒など、集約・粗放農業への移行が生態系に与える影響によって、収穫や食糧総生産量を増やすことがますます困難になるでしょう。通常は保守的な国連ですら、きわめて深刻な現状を認識しており[14]、「環境へのダメージは食糧生産性の成長を害する」と考えています。もちろん、人口過多の負の影響は飢饉の恐れだけではありません。密度依存型の因子は伝染病のリスク増大や資源戦争から猛烈な気候事象による死亡率上昇まで多岐におよびます[15]。

　我々がいま直面する生物物理学的状況の急速な劣化は十分に悪い結末です。しかし、このことをほとんど認識していないのが多大な不平等に苦しめられ、「物質的経済は永久に成長可能」という不合理な考え（文明に対して厳しい決定を避ける言い訳として政治家や経済学者が熱心に唱えてい

る神話）に汚染された国際社会です[16]。人類の苦境における不平等という部分を認識する者はその解決策として「より大きな成長」を求めるのが通常です。成長では何の解決にもならないことも知らずに。苦境にあえぐ人々を救うために我々ができるあらゆる物理的成長の追求を、未来の社会運動の主要タスクに加えなければならないのは当然です。しかし、このような物理的成長も、富者による持続的な物質的富の縮小によって生物物理学的安全性を確認しなければ不十分です。資源アクセス再分配の必要性から逃げる道はありません。地球の異常事態に対応するには、それが必要なのです。最も直接的な脅威は貧者や貧しい国に向けられます。しかし最終的に、また、もしかすると最初の時点で、それは富者の没落への道にもなるでしょう。

　腐敗と無知という厳しい現実に対し、互いへの思いやりと生命維持システムが政治的課題のトップとして扱われる公正な社会作りは可能でしょうか？　国連リオ＋20会議に代表者を送る各国政府のリーダーが現状維持を好みがちであることを考えると、現在必要とされる行動が活性化されるとは考えにくいものです。それよりも、人類の未来は「ウォール街を占拠せよ（Occupy Wall Street）」やその世界中の代理人、そして「人類と生物圏のためのミレニアム同盟（Millennium Alliance for Humanity and the Biosphere: MAHB – http://mahb.stanford.edu/）」といった社会運動の成否によって左右されるでしょう。いずれの運動でも我々に求められるのは、一歩下がって「人は何のために存在するか」を自問自答し、これまで築いてきた社会が真に我々が欲するものか否かを考えることです。絶対的に前例のない緊急事態においては、文明の崩壊を防ぐ大きな行動を起こす以外に国際社会に残された選択肢はありません。人類が自らの道を修正するか、道が変えられるかのどちらかです。

参考文献

1. Solomon S, Plattner G-K, Knutti R, Friedlingstein P. 2009. Irreversible climate change due to carbon dioxide emissions. *Proceedings of the*

3　知られざる緊急事態

National Academy of Sciences 106: 1704–1709.
2. http://www.fao.org/docrep/006/Y5160E/y5160e15.htm
3. Klare MT. 2008. *Rising Powers, Shrinking Planet: The New Geopolitics of Energy*. New York, NY: Henry Holt and Company.
4. Homer-Dixon T, Boutwell J, Rathgens G. 1993. Environmental change and violent conflict. *Scientific American*: 38–45.
5. http://thepoliticalcarnival.net/2012/02/01/thank-you-citizens-united-for-the-outsized-influence-wealthy-individuals-are-having-on-the-2012-race-gop-super-pacs-way-ahead-of-dems/
6. Boulding KE. 1966. The economics of the coming Spaceship Earth. Pages 3–14 in Jarrett H, ed. *Environmental Quality in a Growing Economy*. Baltimore: Johns Hopkin University Press, p. 3.
7. Ehrlich PR, Holdren J. 1971. Impact of population growth. *Science* 171: 1212–1217.
8. Tainter JA. 1988. *The Collapse of Complex Societies*. Cambridge, UK: Cambridge University Press.
9. Oreskes N, Conway EM. 2010. *Merchants of Doubt: How a Handful of Scientists Obscured the Truth on Issues from Tobacco Smoke to Global Warming*. New York, NY: Bloomsbury Press.
10. Giddens A. 2011. *The Politics of Climate Change*. Cambridge, UK: Polity Press.
11. Antonio RJ, Brulle RJ. 2011. The unbearable lightness of politics. *The Sociological Quarterly* 52: 195–202.
12. Rees W. 2010. What's blocking sustainability? Human nature, cognition, and denial. Sustainability: *Science, Practice, & Policy* 6: 13–25.
13. http://www.iea.org/press/pressdetail.asp?PRESS_REL_ID=429
14. UN Department of Economic and Social Affairs. 2011. World Economic and Social Survey 2011: The Great Green Technological Transformation. New York, NY: United Nations.
15. Andrewartha HG, Birch LC. 1954. *The Distribution and Abundance of Animals*. Chicago: University of Chicago Press.
16. Spence M. 2011. *The Next Convergence: The Future of Economic Growth in a Multispeed World*. New York, NY: Farrar, Straus, and Giroux.

● Emergence of BRICS and Climate Change

4 BRICSの台頭と気候変動

●
ジョゼ・ゴールデンベルク
José Goldemberg

過去60年間の世界の経済成長の際立った特徴の1つとして、表1のようにOECD加盟国のGDP（国内総生産）シェア低下と非OECD加盟国、特にBRICS（ブラジル、ロシア、インド、中国、南アフリカ）の台頭が挙げられます。

表1　GDPの割合（%）

	1950年	1980年	2008年
OECD	57	53	41
BRICS	21	21	31.5

出典：BRICS Policy Center[1]

OECD諸国のGDPシェアは1950年から2008年の間に57％から41％に下がっている一方で、BRICSのシェアは21％から31.5％に上がっています。

BRICSは非OECD加盟国全体のGDPの半分を占めています。中国が2008年にBRICSのGDPにおいて占めた割合は60％でした（章末別表I）。

ギルピン[2]によれば、世界経済におけるBRICSの台頭は2つのプレッシャーの軋轢に起因します。1つは先進国の産業発展などの経済活動（「中心」）であり、もう1つはこれらの活動や富の、「中心」から「末端」（開発途上国）への普及です。

「末端」に対する「中心」の初期的な強みは技術的および組織的な卓越性でした。短期的に、イノベーションと効率化は収益増と加速的成長を「中心」にもたらします。しかし長期的に見ると、「中心」の成長は失速し、新たな経済活動は「末端」に移っていきます。そして「末端」はガーシェンクロン[3]の言う「後発の利益（advantages of latecomers）」を得ます。

図1
GDP

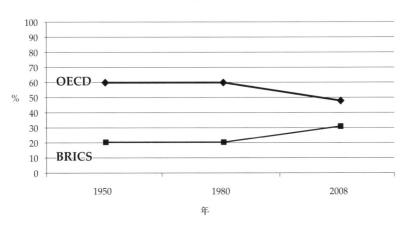

図2 GDP単位当たりのエネルギー消費量

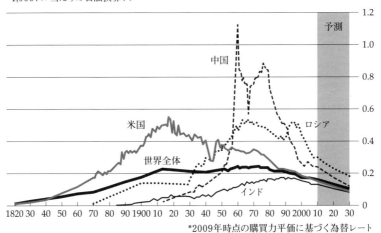

*2009年時点の購買力平価に基づく為替レート

出典：BP Energy Outlook 2030 London 2011[5]

このような国々は、先進国からの教訓を活かしながら自らの産業化プロセスをスタートさせます。したがって、開発のある段階を「リープフロッギング（飛び越えること）」できるのです[4]。

図3

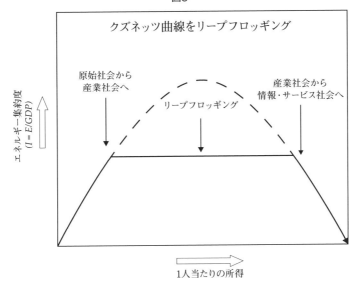

このような動きを、千ドル当たりの石油同等物のトン数で計測するGDP単位を作り出すために必要なエネルギー量を測る経済のエネルギー集約度（E/GDP）の進化によって図2に示しています。

米国をはじめとする先進国では、インフラや重工業の発展とともにエネルギー集約度が高まり、ピークに達した後に緩やかに下降線を辿っています。英国やドイツ、インドといった他の先進国の、産業化遅参者らのピークは先行者たちよりも後に、また低いエネルギー集約度で来ており、近代的かつエネルギー効率が高い産業プロセスと技術を早い段階で導入したことがうかがえます。図3は、このような進化を図示しています。

中国とロシアは効率性の低い技術をもとに、「力ずくの」パターンで前世紀に急速に産業化しました。

エネルギー集約度の高い国々に見られる下降の原因は、もっぱら化石燃料の利用において発生するエネルギー消費（E）と、エネルギー効率手段や上記の国々の経済構造移行（製造セクターからサービスへ）に起因するGDPとのデカップリング（分離）です。一例として、図4ではエネルギー

図4 OECDのエネルギー節約（1973〜1998年）

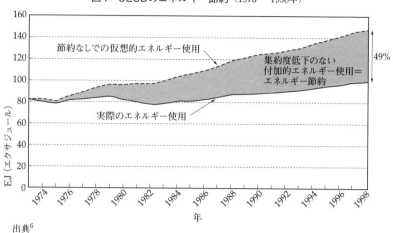

出典6

図5

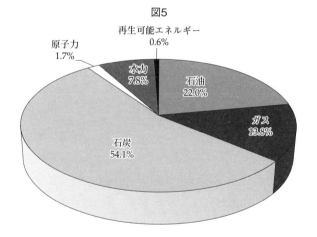

　効率の高い手段なしではエネルギー消費量が実際よりも49%高くなっていたことを1973年から1998年のOECDのエネルギー消費の進化が示しています。

　「1人当たりの」消費量が少なく、人口の大部分が多くの近代的サービスにアクセスを持たない開発途上国では、エネルギー効率化「自体」が欠乏をもたらす可能性があり、したがって容易には受け入れられません。この

表2 CO_2排出量の割合（％）

	1950年	1980年	2008年
OECD	70	48	32
BRICS	15	29	35

出典：BRICS Policy Center[1]

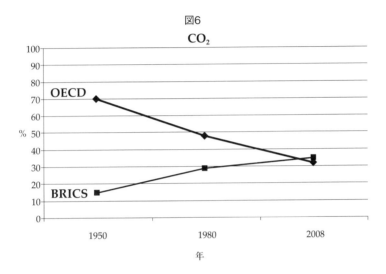

図6 CO_2

ような国々、特に中国、ロシアなどのBRICS諸国（ブラジルを除く）における急速な産業化は化石燃料、とりわけ石炭の利用を基盤としています。

図5は、BRICS諸国の現在のエネルギー源（2010年）を示しています。

化石燃料はBRICS諸国全体の90％を占めています。一方OECD加盟国で使われる化石燃料エネルギー源の占める割合は83％です。これは、OECD諸国で実質上30年間変わらない化石燃料の消費量よりもバイオマスや水力、風力、地熱、太陽エネルギーといった再生可能エネルギー源の合計のほうが速く伸びているためです。

したがって、BRICS諸国の経済成長面での浮上を、これらの国々の温室効果ガス（特にCO_2）排出量増加が反映していることも不思議ではありません（表2、別表Ⅱ）。

CO_2排出量のOECDシェアは1950年の70％から2008年には32％まで下降

図7 CO_2/GDPの購買力平価（PPP）
2000米ドル（PPP）当たりのkg CO_2

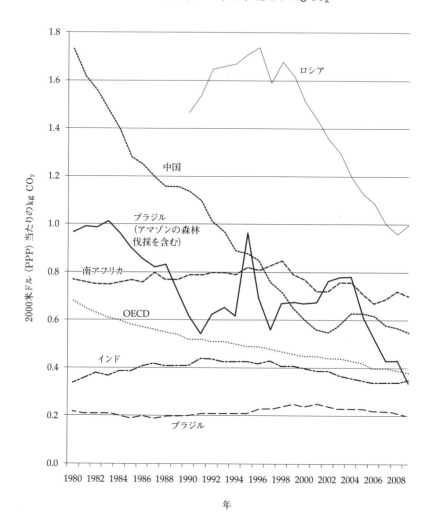

year

しています。一方でBRICSのシェアは15％から35％に上がっています（図6）。

しかし図7が示すとおり最近、BRICSのすべての国々はエネルギー集約

表3　累積CO_2排出量（%）

	1850〜1950年	1850〜2007年	1850〜2020年
BRICS	16	22	28
その他の地域	84	78	72

図8　温室効果ガス累積排出量

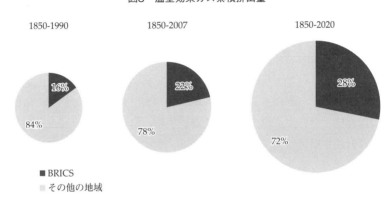

度と炭素集約度の削減に多大な努力をしています。

　石炭への依存度がきわめて高い中国とロシアは、OECD諸国よりは著しく高い状態ではあるものの、炭素集約度（CO_2/GDP）を急速に削減しています。南アフリカの進展はわずかな程度にとどまっています。インドは炭素集約度が低く、産業化の度合いも低いです。ブラジルはアマゾンの森林伐採を例外として炭素集約度がきわめて低くなっています。そのおもな理由は、ほぼすべての電気が水力発電所から産出されていることです。アマゾンの森林伐採に起因するCO_2排出への寄与を含めた場合、炭素集約度は大きく高まるものの近年では著しく低下しています。

　しかし近年のBRICS諸国の著しいCO_2排出量増加は、大気組成を一変させた19世紀以降の累積排出量の多くを占めてはいないという指摘もあります。

　これは、気候変動枠組条約や京都議定書において排出制限を拒むために開発途上国が使う最も強力な議論です。これから開発を進めようという段

階での排出制限の受容は、これらの国々を貧しく開発の乏しい状態に保つ政策の受容に等しいという議論があります。このような議論のもととなるのは、過去と同じ燃料と技術を使うことで開発途上国が成長・開発を遂げられるという誤った前提です。

1850年以降の累積排出量に対するBRICS諸国の寄与を表3と図8に示します。

BRICS諸国の寄与度は1850年から1990年にかけて16％、1850年から2007年にかけて22％高まり、2020年には28％を占めると予測されます。1世紀以上前のCO_2排出（おもに先進国によるもの）の一部はすでに海洋によって再吸収されていることを考えると、BRICS諸国からの近年の排出量は有意性を増します。これが2011年12月のダーバン（南アフリカ）での第17回締約国会議において、2015年までに締結予定の新たな交渉プロセス開始が決定された主要因です。このプロセスは、すべての国に対する温室効果ガス強制的削減の取り組みに至り、先進国だけにこのような強制的削減を課した京都議定書に取って代わるでしょう。

参考文献

1. BRICS Policy Center 2011—The evolution of the participation of the BRICS in the global GDP from 1950 to 2008 (in Portuguese) Catholic University, Rio de Janeiro, Brazil.
2. Gilpin, R.—*The Political Economy of International Relations*. Princeton University Press, Princeton, USA (1987).
3. Geischenkron, A.—*Economic Backwardness in Historical Perspective*. Cambridge, Becknap, UK (1962).
4. Goldemberg, J.—*Georgetown Journal International Affairs*, Winter/Spring 2011, pp. 135–141.
5. BP Energy Outlook 2030 London 2011.
6. Madison, A. Statistics on World Population, GDP and "per capita" GDP, 1 2008 AD (http://www.ggdc.net/MADISON/oriindex.htm

別表I

世界のGDP

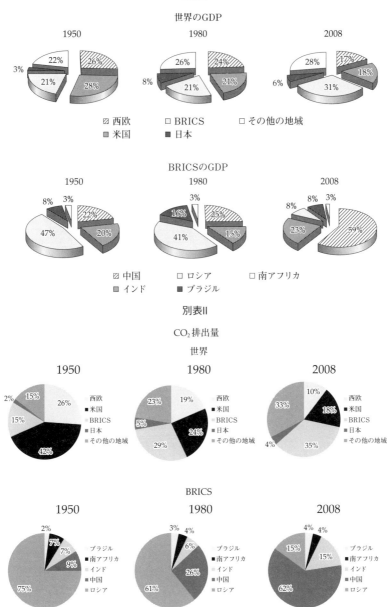

別表II

CO_2排出量

● Underlying Drivers of Change and their Inter-relationships

5 変化の動因としての人口動向

●
ロバート・メイ
Robert May

　ホモサピエンスの人口成長は単に「指数関数的」という表現では全く足りない状態です。地球に誕生してから約20万年間の大半において人類は狩猟採集民であり、その総人口は約500万～2000万であったと推測されます。

　約1万年前にいくつかの場所で定住農業が始まり、変化はスタートしました。町が成長し、有史が始まりました。この成長の最初の数千年において、後の数千年よりも急速な人口増加があったと推測されます。これは低密度人口の中では維持不可能な感染症が家畜から伝染し始めたためです。このような感染症のうち天然痘、麻疹などを含む約300は特定可能で、たとえば風土性の麻疹は30万以上の人口を必要とします。

　それに続く人口増加の大きな加速は主に西欧において17世紀初頭に始まりました。これは実験科学に基づき、自然世界の働きが系統的に理解され始めたためです。それでも、リバプールのような産業都市の1800年代半ばの死亡率は狩猟採集民と比べて大幅な改善はなく、約2人に1人が5歳未満で死亡していました。

　過去70年間は全く別です。感染症の伝染・治療に関する基本的な科学的知識が高まり、プライマリーヘルスケアというシンプルな手段に応用されているからです。また、このような利益はある程度公平に分配されてきました。手短かにいうと、50年前の世界の出生時平均寿命は46歳ですが、現在では約68歳です。この変化の主な要因として、50年前は先進国と開発途上国の寿命の差が26歳だったのが、現在では12歳に縮まっています。これでもまだ不名誉な数字です。それでも、啓蒙科学の結果、現在貧困国に生

まれる平均的な子供は、少なくとも寿命に関しては150年前に西欧の新興工業地域に生まれた子供を上回っています。

　まとめると、1830年に人類の総人口が約10億に達するまでは数十万年を要したのです。その数が1世紀で倍増し、わずか40年後の1970年までに40億に再び倍増しました。それから40年経ち、2011年の総人口は70億となっています。しかし最近、先進地域および開発途上地域両方の平均生活水準向上によって出生率はおおよそ人口置換水準まで下がりました。世界中で、平均的な女性は成人期まで生きる女児を約1人生みます。この「置換率」は非生存者を考慮すると合計特殊出生率（TFR）約2.3人（非生存者を考慮しなければ2.1人をわずかに下回る程度。男児のほうが女児よりもわずかに可能性が高い）に相当します。

　平均して、現在の女性は母親世代と比べ出産児数が半減しています。全体的に、TFRは女性1人当たりで1950年の4.9人から2011年には約2.5人（後発開発途上国では4.1人、それよりも開発の進んだ地域では1.65人）に減っており、2025年までには2.2人にまで落ち込む見込みです。このような傾向は、バングラデシュのような最貧国や最も抑圧の激しいイスラム国家でも認められます（イランの1988年のTFRは5.5人で、2000年には2.1人、2006年には1.9人と減っています。この1.9という数字の内訳は都市部の1.7人と農村部の2.1人）。

　1750年から2050年（現在の傾向が続くという前提での推測値）までの総人口と年間増加数の変化を図1に示します。前世紀の特異性は驚くべきものです。

　このような小家族化傾向はもちろん地域差があり、女性の教育や非強制的な受胎制限と高い相関関係があります。様々な開発途上国（ニジェール、グアテマラ、イエメン、ハイチ、ケニア、フィリピン）での最近の研究から、初等教育を終了している女性はそうでない女性よりも平均して1.5人分出産率が少ないことがわかっています。中等教育を終えている女性は出産率がさらに2.0人分減ります（教育を受けていない女性よりも3.5人分少ない）。最近数十年のイランでは高等教育を受ける女性が増え、晩婚化しています。それによって、子供を1人しか産まない確率は2.64倍増え、学

図1　世界の人口成長予測：1750-2050年（McDevitt 1999）.

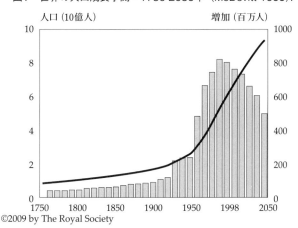

©2009 by The Royal Society

出典：Speidel, J. J. et al. Phil. Trans. R. Soc. B 2009;364:3049-3065.

歴も高卒レベルから大学に移行しています。さらに、性と生殖に関する健康と権利への投資は費用効果が高く、個々の生活を著しく改善するとともに人口成長を抑えます。しかし残念なことに、開発途上国では2億人を超える女性の家族計画のニーズがいまだに満たされていません。このニーズは増えているものの、資金提供は1995年から2008年までの間に30％減ったと推測されます（これは特に、米国の宗教右派による法的圧力の結果です）。教育とTFRの相関関係を考えた場合、図2は1970年、2010年、そして2050年（推測）の年齢および教育水準（無、初等、中等、高等）ごとの世界の男女比率として興味深いデータです。

　このように勇気づけられる傾向にもかかわらず、世界人口は「人口成長の勢い」に乗ってペースこそ衰えているものの、増え続けています。この勢いは、開発途上国の大半ではなくとも多くにおいて若年者の人口が年長者を大きく上回っていることに起因します。母親世代よりも出産率は減る見込みですが、若年者の数自体が人口増加の継続を意味しています。年齢構成が「ピラミッド型」から「長方形型」に代わらない限り人口は安定しません。2050年を見据え、また現在の出産傾向が続くと仮定した場合、人

図2

GETのシナリオに基づく(a)1970年, (b)2010年, (c)2050年(推測)の年齢, 性別, 4レベルの教育水準ごとの世界人口

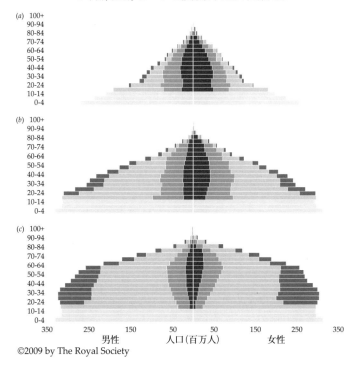

©2009 by The Royal Society

出典：Lutz, W. Phil. Trans. R. Soc. B 2009;364:3031-3047.

口は91億に増えるでしょう。女性ごとの出産人数が推測中央値よりも0.5人分少なければ人口は77億に、0.5人分多ければ106億となります。すでに減少した2005年の出産数が続くと仮定した場合、人口は117億に達すると推測されます。

　人口成長の問題のいくつか、おそらく多くは、人口「ビルドアウト（拡張）」の95％が開発途上国の都市部において起きるという事実によって悪化しています。1700年の都市部人口は世界人口の10％未満でした。1900年までにこの比率は25％となり、現在では50％、2050年までには67％に達する見込みです。1950年の時点で人口が百万人を超す都市の数は86でしたが、

現在では400を優に超し、2015年までには少なくとも550に達すると考えられます。

　この現状の、全く前例のない性質は、「何段にもなって我々の背後の幽霊を起こす（row upon row rise the phantoms behind us）」というウォルト・ホイットマンのフレーズを繙くことで説明できます。我々の現状を伝えるドラマチックな方法の1つは、「現在生きているファリンクス（集団）の後ろに我々の祖先が列をなしているのであれば、その列はどのくらい長いのか？」という問いかけです。人口統計学的な推測では、合計数は800億～1000億です。これは、アフリカで生まれた最初の人類に遡る影が背後におおよそ11～14しかないことを意味します。

　まとめると、過去150年にわたり人口は7倍増えています。同時に、日常活動を支える平均1人当たりのエネルギー量（専ら化石燃料燃焼によって得られる）も7倍増えています。したがって人間のエコロジカル・フットプリントは150年の間に約50倍拡大しています。このフットプリントは食糧、水、そして他の多くの資源の需要によって構成されます。WWFは、2009年の各国平均1人当たりのエコロジカル・フットプリントとともに、各国がその人口規模と資源をもって持続可能な形でサポートできるフットプリントを推定しました。ここで興味深い倫理的疑問が浮上します。たとえばバイオキャパシティが0.4の国でフットプリントの平均が1.7 ha（ヘクタール、ただしこれは比較上重要ではありません）のエジプト人とフットプリントが7.8ながらバイオキャパシティが推定15.4のオーストラリア人。より高潔なのはどちらでしょう？　平均的なエジプト人は地球を害する程度こそ少ないものの、国の持続可能なキャパシティを超えています。オーストラリア人は放蕩さで上回りますが、資源基盤が豊富なために、より持続可能な生活を送れます。

　概して、現在の人口増加によって必要とされる資源は需要に対して供給量が落ちています。食糧の増加は水と土地の増加を必要とします。しかし、水需要（70％が農業用途）は2040年頃には持続可能な供給量を超える見通しです。我々が食糧用途などで陸上生態系に与えるインパクトは、すでに化石記録の5大大量絶滅の5つめ（訳注：白亜紀／古第三紀境界（中生代／新

生代の境界）の6550万年前をさす）と同等のレベルにまで動植物の絶滅率を速めています。上記のような動植物絶滅のインパクトがいかに深刻かもわからないほど、生態系から与えられるサービスに対する我々の理解度は低い状態です（これらの問題の倫理的あるいは美観的側面は別として）。

　最も重要なのは、我々のエネルギー需要によって、隔離された炭素百万年分を大気中に毎年放出するペースで化石燃料が燃やされ、温室効果ガスを濃くし気候を変動させている事実です。もちろん、究極的にこの問題はかつてない人口増加とともに、大きなエコロジカル・フットプリントを踏み潰す人間1人ひとりの産物です。

● Global Warming and Water Resources

6 地球温暖化と水資源

●

真鍋淑郎
Syukuro Manabe

　地球温暖化を語る時に我々が大抵考えるのは気温です。しかし気温は蒸発と降雨によって、地球表面と大気間の水分交換に大きな影響をおよぼします。降雨量と蒸発の変化は河川流量と土壌水分の変化につながり、地表での水資源賦存量を侵します。このような変化に伴う様々なプロセスを詳しく説明していきましょう。

　熱力学の法則により、地球表面で気温が上昇するとほとんど指数関数的に空気の飽和蒸気圧も上がり、蒸発が起こります。したがって地球表面気温が高ければ高いほど、地球表面の飽和蒸気圧も高くなります。これが地球温暖化により蒸発が増える理由です。蒸発が増えることで降雨量が増え、大気圏中の水バランスを保ちます。蒸発と降雨量の両方が至る所で一様に、均等の規模で増加した場合、地表の水資源賦存量にほとんど影響はありません。しかし現実には大気中における以下に説明する水蒸気の水平輸送により、降雨量は蒸発量とは異なり降雨量が増える地域と減る地域に分かれます。

　たとえば中緯度の巨大熱帯サイクロンは北極・南極の方向に暖かく湿った空気を送り、赤道の方向に冷たく乾燥した空気を送り、亜熱帯から中・高緯度に水分を運んで雨を降らせます。これに対し、貿易風は湿った空気を亜熱帯から熱帯の降雨地帯に運びます。

　地球温暖化によって気温が上がると、空気の保水力（飽和蒸気圧など）の増加によって対流圏の絶対湿度が上がると予測されます。絶対湿度が上がると対流圏に運ばれる水蒸気の量が増えます。たとえば極方向への巨大熱帯サイクロンによる水蒸気の輸送が増えると、中・高緯度での降雨量が

増えます。一方、赤道方向への水蒸気も増え、熱帯地方での降雨量を増やします。これに対し、高緯度および低緯度地方への水分輸送の増加により海洋からの蒸発増加にもかかわらず亜熱帯で雨量が減ります。これが主な原因となり、地球温暖化に伴って中・高緯度地方のみならず熱帯地方でも河川流量増加が予測されます。これに対し、モデル研究が示すように、亜熱帯緯度では河川流量も土壌水分も世界の多くの半乾燥地域（アフリカやオーストラリア、北米南西部の草地など）において減少すると考えられます（たとえば, Wetherald and Manabe, 2002; Manabe et al., 2004a; Manabe et al., 2004b; Kundezewicz et al., 2007; Meehl et al., 2007; Manabe, 2013）。

　地球温暖化の多くのモデリング研究は、地球温暖化に伴い水資源賦存量が大規模に変化する可能性を示唆しています。すでに水量が豊かな地域で水量がより豊富になる一方で、乾燥度が高く水量が少ない地域および季節の水分ストレスはますます深刻化するでしょう。洪水や干ばつの頻度が世界で高まっている（高められている）ことが観察研究によって明らかになっています。周知のとおり我々はすでに世界の多くの半乾燥地域において、人口や1人当たりの水消費、人口移動などの急速な増加に起因する深刻な水不足を経験しています。残念ながら、この状況は地球温暖化によって悪化し、水が豊富な地域と水の乏しい地域との対比がますます強くなる見通しです。

　上述の水資源賦存量の大規模変化に対応するには、下記に列挙する手段によって水管理を強化する必要があります。

・海水脱塩
・ろ過／再生利用
・貯蔵（ダム、人造湖）
・保全
・パイプラインや運河を介した輸送
・農作業の変化
・バイオテクノロジーの農業への応用

参考文献

1. Kundzewicz, Z.W. et al., 2007: Freshwater resources and their management. Climate Change 2007: Impact, Adaptation and Vulnerability. Contribution of Working Group II to the Fourth Assessment Report of the IPCC, M.L. Parry et al. Eds., Cambridge University Press, Cambridge, UK, 173–210.
2. Manabe, S. and R.T. Wetherald, 1975: The effect of doubling CO_2 concentration on the climate of a general circulation model. *Journal of Atmospheric Sciences,* 32, 3-15.
3. Manabe, S. 2013: Global warming and "water" (in Japanese). *Transaction of Japan Academy*, 67, 51-60.
4. Manabe, S., R.T. Wetherald, P.C.D. Milly, T.L. Delworth, and R.J. Stouffer, 2004a: Century-scale change in water availability: CO_2-quadrupling experiment. *Climatic Change*, 64, 59–76.
5. Manabe, S. P.C.D. Milly, and R.T. Wetherald, 2004b: Simulated long-term changes in river discharge and soil moisture due to global warming. *Hydrological Sciences-Journal*, 49, 625–642.
6. Meehl, G.A. et al., 2007: Global Climate Projections. In: Climate Change 2007: The Physical Science Basis. Contribution of Working Group I to the Fourth Assessment Report of the IPCC [Solomon, S. et al. Eds.]. Cambridge University Press, Cambridge, Cambridge, UK, and New York, NY, USA.
7. Wetherald, R.T., and S. Manabe, 2002: Simulation of hydrologic changes associated with global warming. *Journal of Geophysical Research*, 107 (D19), 4379–4393.

● Agriculture and Food Security

7 農業と食糧安全保障

ロバート・ワトソン
Robert Watson

　地球環境が主として人間活動によって地域から世界まですべての尺度において大きく変化していることは疑いの余地がありません。気候は過去1万年間のどの時点よりも急速に温暖化しており、生物多様性は前例のない速さで失われ、漁業は世界中の海で衰退し、土壌と水は世界各地で劣化しています。この環境劣化の多くはエネルギー、水、食物などの生物資源の持続不可能な生産・利用に起因し、環境劣化は貧困緩和、貧者の生活、人間の健康、そして食糧、水、人間の安全保障を損ねています。

　情報に基づき、費用効果が高く、社会的に許容可能な政策、慣行、技術を局地、地域、世界的規模で開発・導入するには、上述の環境・開発上の諸問題の相関関係を理解しなければなりません。これらの環境・開発上の諸問題が密接に相関しあっている点を考えた場合、1つの問題に対処する政策やテクノロジーが、環境や人間の幸福の他の側面に負の影響を与えないようにしなければなりません。このような諸問題に対処する、費用効果が高く公正なアプローチは存在します。あるいは開発可能です。ただし、政治的意思と道徳的リーダーシップを要します。

　変化の大きな間接的要因はおもに人口学的、経済的、社会政治的、技術的、文化的なものです。これらの諸要因は明確に変化しています。世界人口と世界経済は成長し、世界の相互依存度は増し、ITや生命工学で大きな変化が遂げられています。人口や富が増大する一方で、食糧や水、エネルギーなどの生物資源の需要も増えています。

　食糧総生産は1960年以降ほぼ3倍増し、1人当たりの生産量は30％増加し、食物価格と栄養不良の人々の割合は低下しています。しかし、その利益の

分配は不平等であり、10億を超える人々が現在も毎晩空腹を覚えながら眠りにつく状態です。さらに食糧生産の集約化・広範化が環境劣化を招いています。

英国政府科学庁フォーサイト報告書「食糧と農業の未来」が指摘している、農業と食糧安全保障の主要課題は次のとおりです。(i) 持続可能な形で未来の需給バランスを保つ、(ii) 将来の食品システム不安定化の可能性に対処する、(iii) 飢餓撲滅、(iv) 低排出という世界の課題に対処する、(v) 世界中の人々の食を確保しつつ生物多様性と生態系サービスを保つ。

環境的に持続可能な形でのすべての人の食糧安全保障を達成するには、世界の食品システムの抜本的再設計が必要なことは明白です。現状維持（BAU）は通用しません。活動を起こさない、あるいは変革をしないという選択肢はありません。気候変動対策など、食品システム外の政策や意思決定も重要であることを改めて認識する必要があります。

価格変動性は大きな問題です。ここ数年、食品価格は大きく変動し、一部作物の価格は2倍まで上がる状態が続きました。このような、今後10年のうちに収まるとは考えづらい価格上昇には次のような様々な理由が考えられます。(a) 人為的気候変動との関連が考えられる天候の変わりやすさに起因する不作、(b) 備蓄食糧の少なさ、(c) バイオ燃料利用の増大、(d) 急速に成長する新興経済圏での需要の高まり、(e) 機械化と肥料のコストを上げるエネルギー価格の高騰、(f) 備蓄が少ない時期における一次産品市場での投機、(g) 国内供給を守るための、一部の主要輸出国からの輸出禁止。

農業は環境に影響を与えます。たとえば耕作や灌漑といった手法は塩類化につながります。土壌浸食、肥料、米生産、家畜は温室効果ガスを排出させ、農業が草原や森林に広がることによって、遺伝子、種、景観レベルで生物多様性の喪失を招きます。世界にとって大きな課題の1つは、農業生産性を増やすと同時に持続可能な集約化によって、そのエコロジカル・フットプリントを削減することです。前述のように、環境劣化は農業生産性を損ねます。

食糧需要は今後25〜50年で、主に開発途上国において倍増するでしょ

う。さらに、必要とされる食糧の種類と栄養品質も変わるでしょう。すなわち肉の需要が増えます。世界に食を与え、農村の生活を高め、経済成長を促進するために、農業セクターの持続的成長が必要です。しかし、このような需要が新たに生じているとき、世界は前述の課題に加え、疾病や農村−都会の人口移動による労働力の減少、他セクターとの競合による水不足、OECD加盟国の補助金に起因する通商政策の歪み、土地政策の衝突、遺伝子、種、生態系の生物多様性の喪失、大気や水汚染の悪化、そして人為的気候変動といった問題を抱えています。

手頃な価格で世界に食を与えつつ十分な収入を農業者に与えることは現在可能です。しかし、現状維持のやり方は通用しません。現在の飢餓問題の大半は現代のテクノロジー、特に農業生態学的作業（不耕起／低耕起栽培、統合型害虫管理、統合型天然資源管理）を適切に使うことで対処可能ですが、それにはポストハーベストロスを減らさなければなりません。

いま浮上している気候変動や新たな動植物の疫病といった諸問題は生産性向上の必要性を高め、未来の食糧需要に対応する遺伝子組み換えなどの先進的生命工学を必要とする可能性があります。ただし、このような技術のリスクと利益をケースバイケースで完全に理解しなければなりません。公共および民間の各セクターは研究開発、普及サービス、天候・市場情報に対する投資を増やすべきです。

農業者はあらゆる取り組みに対して中心的な役割を担わなければなりません。地域の、昔から受け継がれている知識は、大学や政府研究所で開発される農業知識、科学、技術と一体化しなければなりません。完全な食物連鎖に沿いすべての利害関係者を巻き込んだイノベーションが欠かせません。女性の持つ重要な役割を認識し、教育や財産権、融資を通じて女性に権利を与えなければなりません。

また世界規模の政策改革も必要です。これにはOECD加盟国の生産補助金と加工品への傾斜関税の両方を撤廃することや、非互恵的市場アクセスを通じて後発開発途上国特有のニーズを理解することが含まれるでしょう。EU共通農業政策の農業環境計画と同様の方式で、生態系サービスを維持・向上するために各国政府は農業者に金銭を支払うべきです。

気候変動

● Climate Change

8 気候変動
―― 生物多様性を守り、自然の気候解決策を利用する

●

ウィル・R・ターナー、ラッセル・A・ミッターマイヤー、
ジュリア・M・ルフェーブル、サイモン・N・スチュアート、ジェーン・スマート、
デビッド・G・ホール、エリザベス・R・セリグ
Will R. Turner et al.

　地球の気候は前例のない速さで変わり続けており、それに伴う世界的、地域的、局地的変化は特に開発途上世界の食糧安全保障と淡水の安全保障をますます弱体化させ、すべての生命を支える生態系に深刻な変化をもたらします。気候変動が危険なレベルに到達することによる生物多様性や自然生態系の喪失は、生態系サービスの消失を介して人間社会への重大な脅威の前兆となります。生態系は気候変動緩和に欠かせません。熱帯林、沿岸海洋生態系などは世界の生化学サイクルにおいて大きな役割を果たし、幅広く利用可能であり、新たなテクノロジーを待たずに大気中の温室効果ガス濃度削減に即展開可能です。森林減少・劣化に由来する温室効果ガス排出削減（REDD）の効果的なメカニズムの実施・融資とともに、伝統的に森林が多く森林伐採が少ない国々の役割への認識が必要です。地球の気候が変動する中で自然生態系は無数の方法で生命を救い、生活を支えます。健康で多様な生態系によって与えられるサービスは気候変動の中でますます重要になるでしょう。しかし、気候変動に対する国際社会の試みは不十分です。すでに世界のGDPの5％以上と推定される気候変動のコストは、何の措置も講じなければ世界の経済産出量をいずれ超えるでしょう。我々は、これらのインパクトの多くを削減もしくは回避する力があります。特に生物多様性は気候危機解決の基盤となります。保全によって気候変動が減速する一方で、人間と生態系の適応力が同様に高まるためです。自然の気候変動解決策の利用は不可欠で、その機会はすぐそこにありますが、また束の間のものでもあります。我々は今、行動を起こさなければなりませ

ん。

はじめに

地球の気候は前例のない速さで変わり続けています（Kiehl 2011）。化石燃料からの排出は過去10年間で加速し（Raupachら 2007）、2008～2009年の財政危機における一時的減少を経て急増し（Petersら 2012）、我々の地球は過去2000万年では前例のない高さの温室効果ガス大気中濃度へと確実に進んでいます（Beerling & Royer 2011）。気温、降雨パターン、海面上昇、氷床や氷河の消失などの世界的、地域的、局地的変化傾向、および異常気象の頻度が何を示唆するかは、2007年IPCC評価報告以降の期間を対象とする研究の評価によって浮き彫りになっています（Goodら 2010）。まさしく、地球の平均地上気温を2℃以下に維持するチャンスがほとんど、あるいは皆無であることが諸分析で現在示されています（Anderson & Bows 2011）。人間社会と、それを支える自然世界に対する2℃上昇のインパクトは深刻化かつ蔓延する可能性が大（Solomonら 2007）であり、この数値を超えることによるインパクトは恐ろしいものです（Newら 2011）。たとえ地球平均気温上昇が4℃を優に下回ったとしても、最大のリスクに挙げられるのはグリーンランド氷床の不可逆的溶解からアマゾン雨林の枝枯れまで、地球システムの転換点を1つ以上超えてしまう可能性です（Lenton 2011）。一方で遅発型の慢性変化も同様に奥深いインパクトをおよぼします。特に開発途上国における食糧安全保障（Lobellら 2008）や淡水安全保障（McDonaldら 2011）の減少が、同様に深刻な自然世界の変化によって、多くの種が絶滅に向かうと見込まれる状況（Thomasら 2004）から世界のサンゴ礁の多くが末期的衰退を迎える状況（Veronら 2009）へと増幅されます。このようなインパクトの規模と深刻さは、気候変動を緩和し、気候変動のインパクトに対する世界の適応を助ける動きを迅速かつ実質的に進める緊急的必要性を強調しています。

生物多様性や生態系サービスに対する気候変動のインパクト——気候変動が危険なレベルに到達することによる生物多様性や自然生態系の喪失は、

生態系サービスの消失を介して人間社会に重大な脅威の前兆となります。

　人為的気候変動は、個体から集団、そして生態系全体に至るまで組織のすべてのレベルにおいて生物多様性を大きく破壊する可能性があります。生物はすでに生物季節学（Parmesan 2006）、存在度（Moritzら 2008）、進化プロセス（Karellら 2011）の変化をはじめ、現代の気候変動に広範な反応を示しています。移動する気候ニッチを追うこれらの変化は種の範囲のシフトと並行します。まさしく、過去の気候変動の古生態記録からの証拠（Graham & Grimm 1990）は、種分布において最近実証された変化（Chenら 2011）や未来の範囲のシフトにならったシミュレーション（Holeら 2009）と相まって、今後数十年の気候変動に対する種の反応が現在の生物多様性パターンを大幅に変容させることを示しています。個々の分散能力といった諸要因や競争相手、捕食動物、獲物など相互作用しあう種の反応（Traillら 2010）によって、種の反応もきわめて個々に分かれます。さらに、地上（Loarieら 2009）および海洋（Burrowsら 2011）環境の推定気候変動率は、多くの種がそのシフト範囲についていけないほどの大きさになるでしょう。これはすでに明らかになりつつある結末です（Devictorら 2008）。結果的に、地域の群集構成や構造の変化や新たな種集団の出現が、過去にそうであったように未来を特徴づける可能性が高いのです（Williams & Jackson 2007）。生態系の分解と再構築は不可避な絶滅とともに、生態系機能やその結果生じるサービス提供に影響をおよぼします（Traillら 2010）。生物多様性とそれに依存する地域社会持続への地球規模の目標を実現しようとする私たちの能力に、この「不確実性」と「急速な変化」の時代は前例のない課題をつきつけるでしょう。

　概して、生態系サービスに対する気候変動のインパクトの特徴づけは依然として乏しい状態です。それは生態系を構成する相互作用種の複雑な網についての我々の理解が足りないためです。生態系のそれぞれが独自の形で気候変動に反応すると考えられます。しかし、気候変動が生態系サービス供給にもたらす影響が大きいことを、蓄積された証拠が示しています（Millennium Ecosystem Assessment 2005、Schroterら 2005、Traillら

2010)。気候変動のインパクトの影響を最も受けやすい生態系とは、持続的なサービス供給がリスクにさらされると予測されるものです。たとえば山地性雲霧林は気候変動に起因する雲底上昇に非常に敏感であり（Stillら 1999）、淡水サービスの将来的な下流供給に悪影響が生じます（Bruijnzeel 2004）。サービス供給変化の性質と規模は最大化する可能性を秘め、また気候変動の結果として生物相が分解し再構築される生態系では最も不確実となり、類似の共同体が形成される可能性はありません（Harborne & Mumby 2011、Hoegh-Guldberg & Bruno 2010）。生態系構造や機能のこのような変化のインパクトは、空間規模全体で人間社会へのサービス供給に対して重要な結果をもたらします（Millennium Ecosystem Assessment 2005）。たとえば局地的には、授粉媒介者の存在量・分布のシフトが授粉サービスに影響を与えるでしょう（Traillら 2010）。気候変動が生命の網を改造するにつれ、供給、調節、文化、支持という各サービス全体に幅広い負のインパクトが予測されます。

　気候変動は海洋に多様かつ大きな影響を与えます。海洋温度の上昇は白化によるサンゴ礁の個体激減蔓延につながり（Veronら 2009）、海の酸性化はサンゴの成長を妨げました（Lesser & Farrell 2004）。海洋酸性化、すなわち海のpH値の減少は、他の生態系や種にも同様に破壊的な結末をもたらすおそれがあります。多くの種は殻を作るために、特定量の海中化学物質を必要とします。この量が変化すると、種の各集団は自らのエネルギーと資源を生殖から個々の成長率維持にシフトさせなければなりません。これは集団の個体数の大幅な減少につながりかねないシフトです。今後数十年にかけて、海洋酸性化はサンゴやカニ、エビ、イガイ、ハマグリなど商業的価値を持つ多くの殻を作る魚介類に影響をおよぼすと予測されます。さらに、海面上昇はマングローブや藻場など幾つもの沿岸生態系の脅威となります。海面上昇時にこれらの生物が内陸に移動する力が開発によって制限される場所では特にそうなります。地域から世界的な規模まで、世界の潜在的漁獲量の大きな変化（正の変化と負の変化両方）が気候変動のもと推測されます（Cheungら 2010）。このような厳しい地球規模での気候変動のインパクトがすべて組み合わさって、比較的手付かずの海域を含む

世界のあらゆる海洋生態系に影響を与えるに至ります。

自然は気候変動緩和に不可欠——生態系は気候変動軽減に欠かせません。熱帯林、沿岸海洋生態系などは世界の生化学サイクルにおいて大きな役割を果たし、幅広く利用可能であり、新たなテクノロジーを待たずに大気中の温室効果ガス濃度削減に即展開可能です。森林減少・劣化に由来する温室効果ガス排出削減（REDD）の効果的なメカニズムの実施・融資とともに、伝統的に森林が多く森林伐採が少ない国々の役割への認識が必要です。

　自然生態系は地球温暖化を緩和するうえで大きな力です。第一に、森林、泥炭地、海洋などの生態系は炭素や他の生物地球化学循環において大きな役割を果たします。海洋は年間約2ギガトンの炭素を隔離します。一方で、森林伐採率と森林劣化率を半減させることで地球の排出量が年間約1ギガトン削減できます。これはすべての乗用車の排出量合計を大幅に上回る量です。耕作限界地や荒廃地を自然の生息環境に戻すことで、さらに年間0.65ギガトンを隔離できます（McKinsey & Company 2009）。第二に、自然の生息環境の維持と修復は、温室効果ガス濃度削減に利用できる最も費用効果が高く、広く手に入れやすいソリューションの部類に入ります。生態系修復（荒廃地での植林など）は今後数十年にわたり、すでに大気中にあるCO_2を除去する唯一の現実的かつ大規模なメカニズムとなる可能性があります（Hansenら 2008）。

生態系をベースとした適応——地球の気候が変動する中で自然生態系は無数の方法で生命を救い、生活を支えます。健康で多様な生態系によって与えられるサービスは気候変動の中でますます重要になるでしょう。なぜなら、これらのサービスによって私たちは水文学の変化、海面上昇、そして疾病媒介生物や害虫の範囲変化といったインパクトに対処できるからです。

　「手に負えない状態を避ける」ために世界が積極的に気候変動を緩和することが非常に重要である一方で、同様に重要なのはすでに我々が直面し

ているインパクト、すなわち「不可避な状態に対処する」ために我々が取り組んでいるインパクトへの対処です。気候変動への適応には、経験済みの、あるいは今後予測される気候変動への幅広い対策が含まれます。自然生態系の維持・修復は、人間に対する気候変動のインパクトを和らげるために我々が自由に利用できる最も安価・安全で実施しやすいソリューションの部類に入ることが明らかになりつつあります（Turnerら 2009）。生態系ベースの適応方法（EbA）は、生態系サービスの持続可能な提供によって気候変動の悪影響から人間社会を守る自然の力を利用します。これらは一般的に標的管理、保全、修復活動といった形で展開され、特定の生態系サービスを中心とする場合が多く、気候変動への曝露を軽減する可能性を秘めています。たとえば、マングローブ林と海岸湿地は高潮のエネルギーを海岸線沿いに放散させます（Costanzaら 2008、Das & Vincent 2009、Shepardら 2011）。したがってマングローブ生態系の修復あるいは保全は、気候変動から今後増えると予測される熱帯地方の激しい暴風から沿岸地域を守ります（Emanuel 2005）。気候変動の様々なインパクトに対する脆弱性を軽減するEbAの潜在的範囲は大きいのです。生態系は、多くの人間開発セクター全体で適応ニーズを満たすサービスを供給します（Andradeら 2010、World Bank 2009）。たとえば、災害リスク軽減（洪水制御や高潮対策など）、食糧安全保障（漁業から森林農業まで）、持続可能な水管理（水の浄化や流量調節）、生活多様化（資源活用の選択肢を増やす。あるいは観光業）が挙げられます。気候変動に対処するために人々が何千年も自然環境を使ってきた一方で、急速な人為的気候変動において脆弱性を軽減する、扱いやすく柔軟で費用効果が高い適応介入手段を早急に探る必要性から、自然インフラの適応サービス提供能力があらゆる方面から注目を集めています。

　生態系の気候問題解決策としての大きな利点は、一度に多くの役割を果たすことです。気候変動の緩和以外にも、健康で多様な生態系がもたらす気候適応サービスは気候変動において、ますます重要性を増すでしょう。なぜなら、淡水の流れの変化や海面上昇、疾病媒介生物や害虫のシフトといったインパクトに対処するうえで我々の助けになるからです。たとえば

マングローブは炭素を貯蔵し漁業をサポートし、多様な種の棲み処となり、暴風のインパクトを緩和します。また生態系は、気候変動が現在の所得や食糧の源泉を破壊する場合に、重要となる代替物を提供することで、生活を支えます。このような多様化はすべてのもの、特に最も脆弱な、すなわち気候変動に対処する力が最も少ない地域や国々にとって有益です。

気候変動とそのインパクトを軽減する自然の既知の価値は高いですが、未発見のものの中には、さらに大きな価値が秘められているかもしれません。数十年前、自然生態系に貯蔵される炭素が気候変動対策に必須になると想像した人はわずかでした。世界の様々な荒地に存在する、気候変動対策の未開発のイノベーション（生物多様性の「オプション価値」）とは、どのくらい幅広いものでしょうか？　農業は、この未開発のイノベーションが特に価値を示す可能性のある分野です。降雨量や気温のパターン変化が収穫の生理学的限界を試し始めている現在、農業者は新しい条件に適した野生同類種や斬新な栽培品種から大いに利益を得る可能性があります（Sheehyら 2005）。

気候変動のインパクト対策としての自然の利用と、行動しないことによる費用——気候変動に対する国際社会の試みは不十分です。すでに世界のGDPの5％以上と推定される気候変動のコストは、何の措置も講じなければ世界の経済産出量をいずれ超えるでしょう。生物多様性は気候危機解決の基盤となります。保全によって気候変動が減速する一方で人間と生態系の適応力が同様に高まるためです。自然の気候変動解決策の利用は不可欠で、その機会はすぐそこにあり、また束の間のものです。我々は今、行動を起こさなければなりません。

気候変動に対する国際社会の試みは今までのところ全く不十分です。地球平均気温の2℃以上の上昇（Anderson & Bows 2011）、すなわち2009年のコペンハーゲン合意が「危険な」気候変動回避に必要なリミットとして認定したいわゆる「ガードレール」を回避できる可能性は、このリミット自体が甘過ぎるという考えが高まっているにもかかわらず現在ほとんど皆

無です（Newら 2009）。事実、気候変動への曝露度や構成種の特異的耐性次第で、個々の生態系や地域が継続的気候変動への反応において高い変動性を示す可能性は高いのです。たとえば、ますます増大する海洋温度や海の酸性化などの環境インパクトのプレッシャーが相まって、もしCO_2値が450ppmを超えるとサンゴ礁は今世紀半ばまでに世界中で急速かつ終末的に減少します（Veronら 2009）。一方で南アジアやアジアの島々の湿った熱帯林など、他の生態系への影響は比較的少ない可能性があります（Zelazowskiら 2011）が、熱帯生物多様性が過去に予測された以上に気候変動に影響される可能性を示す証拠もあります（Tewksburyら 2008）。総じて、特に気候変動への曝露が最も大きく適応力が最も低くなる可能性の高い開発途上諸国では、人間や生態系に対する気候変動の直接のインパクトは大きく、また主として負のものになる可能性が大です（Parryら 2007）。たとえば、異常気象への曝露（干ばつ、洪水、暴風など）が増大すると同時に、多くの農産食物の産出量が減り（Lobellら 2008、Thorntonら 2011）、漁業生産性が下がる（Cheungら 2010）につれ食糧安全保障は開発途上世界の多くの地域で低下する可能性が高まります。

　組織的行動がなければ、気候変動のコストは世界のGDPの5％、おそらく20％を超えます（Stern 2007）。このまま何もせずに放置すれば、不吉な結末が待ち受けています。アフリカ西部のモンスーンのシフト、南極の西氷床の崩壊、アマゾンの森林の枯れ込み、大西洋の熱塩循環停止など、地球システムの1つ以上の「転換点」を超えてしまうリスクは気候変動とともに増大します。転換点の閾値は温暖化による0.5〜6℃の地球平均気温変化と推測されます（Lentonら 2008）。このような状況の中では、全体のコストは世界のGDPに近づき、これを超える可能性があります。実質的な緩和措置のない状況が続けば、適応のコストも大きくなるでしょう。現在推計される世界の適応ニーズは年間で490億〜1710億ドルですが、これは全くの過小評価と考えられています（Parryら 2009）。同様に、受動的な保全行動のコストは積極的行動のコストを大きく上回ります（Hannahら 2007）。すでにシステムに組み込まれている、気候変動適応に必要な行動とともに、強力な緩和措置をたとえ今講じたとしても、気候変動対策の

計画不十分や不適切さが生物多様性や人々にもたらす意図しない有害な結末を最小限に抑えるための措置が必要です（Turnerら 2010）。

　私たちが依存する地球の完全性へのさらなる損害を避けるのであれば、気候変動の解決策として私たちは自然を利用しなければなりません。海面上昇対策としての護岸や水不足に対応する脱塩施設建設といった工学的処置に対する行動を制限することはできません。人間の反応は多様なので、気候変動の脅威に対処するには保全や開発など様々なセクター全体を調整しなければなりません。生態系と、それが人々にもたらす利益を中心に、私たちは回復力を高め、人間や他の種を今後何世代も存続させることができます。私たちは主要な手付かずの生態系とそれがもたらす気候サービスを積極的に特定・確保し、失われた、あるいは退化した気候サービスを修復し、将来的な損失を抑えなければなりません。これらのすべてには、このような気候サービスを最も必要とする地域との協力が必要です。

　自然と人間の両方にとって、気候変動緩和と適応はもはや別々の問題ではありません。これらは単独では解決できないからです。気候変動に対する人間の適応によって森林などの生態系が損なわれれば、この損失は気候変動を加速させます。同様に、たとえば単独種による森林再生を介した気候変動適応策は、生物多様性の減少につながります。自然の種の集合体を森林再生活動に利用することが重要です。これらの損失は、たとえ我々の適応受容力が衰えても、適応の必要性を高めます。統合型のアプローチによって、この循環が良好になります。生物多様性を保全することで、我々は気候変動を減速させる一方で人間と生態系の適応力を同時に高めます。このような統合型のアプローチを実現するにはいくつかの課題があります。人類の広範な利害は強力かつ短期的な政治・経済の利害に直面しています。しかし、これらは我々が克服しなければならない難題です。自然の気候変動解決策の利用は不可欠で、その機会はすぐそこにあり、また束の間のものです。我々は今、行動を起こさなければなりません。

参考文献

1. Anderson, K., and A. Bows. 2011. Beyond 'dangerous' climate change: Emission scenarios for a new world. *Philosophical Transactions of the Royal Society a-Mathematical Physical and Engineering Sciences* 369:20–44.
2. Andrade, A. P., B. F. Herrera, and R. G. Cazzolla, editors. 2010. *Building Resilience to Climate Change: Ecosystem-based adaptation and lessons from the field*. IUCN, Gland, Switzerland.
3. Beerling, D. J., and D. L. Royer. 2011. Convergent Cenozoic CO(2) history. *Nature Geoscience* 4:418–420.
4. Bruijnzeel, L. A. 2004. Hydrological function of tropical forests: not seeing the soil for the trees? *Agriculture, Ecosystems and Environment* 104:185–228.
5. Burrows, M. T., D. S. Schoeman, L. B. Buckley, et al. 2011. The Pace of Shifting Climate in Marine and Terrestrial Ecosystems. *Science* 334:652–655.
6. Chen, I. C., J. K. Hill, R. Ohlemueller, D. B. Roy, and C. D. Thomas. 2011. Rapid Range Shifts of Species Associated with High Levels of Climate Warming. *Science* 333:1024–1026.
7. Cheung, W. W. L., V. W. Y. Lam, J. L. Sarmiento, K. Kearney, R. Watson, D. Zeller, and D. Pauly. 2010. Large-scale redistribution of maximum fisheries catch potential in the global ocean under climate change. *Global Change Biology* 16:24–35.
8. Costanza, R., O. Pérez-Maqueo, M. L. Martinez, P. Sutton, S. J. Anderson, and K. Mulder. 2008. The value of coastal wetlands for hurricane protection. *Ambio* 37:241–248.
9. Das, S., and J. R. Vincent. 2009. Mangroves protected villages and reduced death toll during Indian super cyclone. *Proc. Natl. Acad. Sci. U.S.A.* 106:7357–7360.
11. Devictor, V., R. Julliard, D. Couvet, and F. Jiguet. 2008. Birds are tracking climate warming, but not fast enough. *Proceedings of the Royal Society B-Biological Sciences* 275:2743–2748.
12. Emanuel, K. 2005. Increasing destructiveness of tropical cyclones over the past 30 years. *Nature* 436:686–688.
13. Good, P., S. N. Gosling, D. Bernie, J. Caesar, R. Warren, N. W. Arnell, and J. A. Lowe. 2010. *An updated review of developments in climate science research since the IPCC Fourth Assessment Report*. Page 177. Met Office Hadley Center, Exeter, UK, Walker Institute, University of Reading, UK, Tyndall Center, University of East Anglia, Norwich, UK.
14. Graham, R. W., and E. C. Grimm. 1990. Effects of global climate change

on the patterns of terrestrial biological communities. *Trends in Ecology & Evolution* 5:289–292.
15. Hannah, L., G. Midgley, S. Andelman, M. Araújo, G. Hughes, E. Martinez-Meyer, R. Pearson, and P. Williams. 2007. Protected area needs in a changing climate. *Front. Ecol. Environ.* 5:131–138.
16. Hansen, J., M. Sato, P. Kharecha, et al. 2008. Target atmospheric CO_2: Where should humanity aim? *The Open Atmospheric Science Journal* 2:217–231.
17. Harborne, A. R., and P. J. Mumby. 2011. Novel Ecosystems: Altering Fish Assemblages in Warming Waters. *Current Biology* 21:R822–R824.
18. Hoegh-Guldberg, O., and J. F. Bruno. 2010. The impact of climate change on the world's marine ecosystems. *Science* 328:1523–1528.
19. Hole, D. G., S. G. Willis, D. J. Pain, L. D. Fishpool, S. H. M. Butchart, Y. C. Collingham, C. Rahbek, and B. Huntley. 2009. Projected impacts of climate change on a continent-wide protected area network. *Ecology Letters* 12:420–431.
20. Karell, P., K. Ahola, T. Karstinen, J. Valkama, and J. E. Brommer. 2011. Climate change drives microevolution in a wild bird. *Nature Communications* 2:1–7.
21. Kiehl, J. 2011. Lessons from Earth's Past. *Science* 331:158–159.
22. Lenton, T. M. 2011. Early warning of climate tipping points. *Nature Climate Change* 1:201–209.
23. Lenton, T. M., H. Held, E. Kriegler, J. W. Hall, W. Lucht, S. Rahmstorf, and H. J. Schellnhuber. 2008. Tipping elements in the Earth's climate system. *Proceedings of the National Academy of Sciences of the United States of America* 105:1786–1793.
24. Lesser, M. P., and J. H. Farrell. 2004. Exposure to solar radiation increases damage to both host tissues and algal symbionts of corals during thermal stress. *Coral Reefs* 23:367–377.
25. Loarie, S. R., P. B. Duffy, H. Hamilton, G. P. Asner, C. B. Field, and D. D. Ackerly. 2009. The velocity of climate change. *Nature* 462:1052–1055.
26. Lobell, D. B., M. B. Burke, C. Tebaldi, M. D. Mastrandrea, W. P. Falcon, and R. L. Naylor. 2008. Prioritizing climate change adaptation needs for food security in 2030. *Science* 319:607–610.
27. McDonald, R. I., P. Green, D. Balk, B. M. Fekete, C. Revenga, M. Todd, and M. Montgomery. 2011. Urban growth, climate change, and freshwater availability. *Proceedings of the National Academy of Sciences of the United States of America* 108:6312–6317.
28. McKinsey & Company 2009. Pathways to a Low-Carbon Economy: Version 2 of the Global Greenhouse Gas Abatement Cost Curve.
29. Millennium Ecosystem Assessment 2005. *Ecosystems and Human Well-*

being: Synthesis. Island Press, Washington, D.C..
30. Moritz, C., J. L. Patton, C. J. Conroy, J. L. Parra, G. C. White, and S. R. Beissinger. 2008. Impact of a century of climate change on small-mammal communities in Yosemite National Park, USA. *Science* 322:261–264.
31. New, M., D. Liverman, and K. Anderson. 2009. Mind the gap. *Nature Reports Clim. Change* 3:143–144.
32. New, M., D. Liverman, H. Schroder, and K. Anderson. 2011. Four degrees and beyond: The potential for a global temperature increase of four degrees and its implications. *Phil. Trans. R. Soc. A* 369:6–10.
33. Parmesan, C. 2006. Ecological and evolutionary responses to recent climate change. Pages 637–669. Annual Review of Ecology Evolution and Systematics.
34. Parry, M., N. Arnell, P. Berry, et al. 2009. Assessing the Costs of Adaptation to Climate Change: A Review of the UNFCCC and Other Recent Estimates, London, UK.
35. Parry, M., O. Canziani, J. Palutikof, P. van der Linden, and C. Hanson. 2007. Climate Change 2007: Impacts, Adaptation and Vulnerability. Contribution of Working Group II to the Fourth Assessment Report of the Intergovernmental Panel on Climate Change, Cambridge, UK.
36. Peters, G. P., G. Marland, C. Le Quere et al., T. Boden, J. G. Canadell, and M. R. Raupach. 2012. Rapid growth in CO_2 emissions after the 2008-2009 global financial crisis. *Nature Climate Change* 2:2–4.
37. Raupach, M. R., G. Marland, P. Ciais, C. Le Quere, J. G. Canadell, G. Klepper, and C. B. Field. 2007. Global and regional drivers of accelerating CO_2 emissions. *Proceedings of the National Academy of Sciences of the United States of America* 104:10288–10293.
38. Schroter, D., W. Cramer, R. Leemans, et al. 2005. Ecosystem service supply and vulnerability to global change in Europe. *Science* 310:1333–1337.
39. Sheehy, J., A. Elmido, C. Centeno, and P. Pablico. 2005. Searching for new plants for climate change. *J. Agric. Meteorol.* 60:463–468.
40. Shepard, C. C., C. M. Crain, and M. W. Beck. 2011. The Protective Role of Coastal Marshes: A Systematic Review and Meta-analysis. *PloS one* 6:e27374.
41. Solomon, S., D. Qin, M. Manning, M. Marquis, K. Averyt, M. M. B. Tignor, H. L. Miller, and C. Z. 2007. Climate Change 2007: The Physical Science Basis. Contribution of Working Group I to the Fourth Assessment Report of the Intergovernmental Panel on Climate Change.
42. Stern, N. 2007. *The Economics of Climate Change: The Stern Review*. Cambridge University Press, Cambridge.

43. Still, C. J., P. N. Foster, and S. H. Schneider. 1999. Simulating the effects of climate change on tropical montane cloud forests. *Nature* 398:608–610.
44. Tewksbury, J. J., R. B. Huey, and C. A. Deutsch. 2008. Putting the heat on tropical animals. *Science* 320:1296–1297.
45. Thomas, C. D., A. Cameron, R. E. Green, et al. 2004. Extinction risk from climate change. *Nature* 427:145–148.
46. Thornton, P. K., P. G. Jones, P. J. Ericksen, and A. J. Challinor. 2011. Agriculture and food systems in sub-Saharan Africa in a 4 degrees C+ world. *Philosophical Transactions of the Royal Society a-Mathematical Physical and Engineering Sciences* 369:117–136.
47. Traill, L. W., M. L. M. Lim, N. S. Sodhi, and C. J. A. Bradshaw. 2010. Mechanisms driving change: Altered species interactions and ecosystem function through global warming. *Journal of Animal Ecology* 79:937–947.
48. Turner, W. R., B. A. Bradley, L. D. Estes, D. G. Hole, M. Oppenheimer, and D. S. Wilcove. 2010. Climate change: Helping Nature survive the human response. *Conservation Letters* 3:304–312.
49. Turner, W. R., M. Oppenheimer, and D. S. Wilcove. 2009. A force to fight global warming. *Nature* 462:278–279.
50. Veron, J. E. N., O. Hoegh-Guldberg, T. M. Lenton, et al. 2009. The coral reef crisis: The critical importance of < 350 ppm CO_2. *Marine Pollution Bulletin* 58:1428–1436.
51. Williams, J. W., and S. T. Jackson. 2007. Novel climates, no-analog communities, and ecological surprises. *Frontiers in Ecology and the Environment* 5:475–482.
52. World Bank 2009. Convenient Solutions to an Inconvenient Truth: Ecosystem-based Approaches to Climate Change. World Bank, Washington, D.C..
53. Zelazowski, P., Y. Malhi, C. Huntingford, S. Sitch, and J. B. Fisher. 2011. Changes in the potential distribution of humid tropical forests on a warmer planet. *Philosophical Transactions of the Royal Society a-Mathematical Physical and Engineering Sciences* 369:137–160.

● Seawater-based Carbon Sequestration

9 海水を利用した炭素隔離——気候変動軽減と順応への鍵

●

ゴードン・ヒサシ・サトウ、サミュエル・N・ウェルデルファエル

Gordon H. Sato and Samuel N. Welderufael

　CO_2の問題解決につながる唯一の望みは、海水を利用できる光合成生物の活用です。海水は窒素、リン、鉄を除き、ザルック（Zarrouk）藻類培地のすべての要素を含有します。ザルック藻類培地の諸要素は藻類、様々な海草類、さらに巨大なセコイアの木を含むすべての植物の成長に必要です。植物は、ザルック藻類培地に含まれないいかなる要素も必要としません。この例外は、極端かつ希少な環境に生存する植物を除き稀です。したがって海水に窒素、リン、鉄を加えることで、海中で成長可能な植物を育てられます。マングローブの木は、海水に窒素、リン、鉄を補った灌漑によって、サハラ砂漠で成育します。

　最長わずか4年で完全に成長する成熟したマングローブの森林は、年間でヘクタール当たり最大10トンのCO_2を固定します。サハラ砂漠全体にマングローブを植林した場合、人間活動で産出されるすべてのCO_2を固定可能です。マングローブの木を育てられる砂漠はサウジアラビア、イラク、イラン、メキシコなどに多くあります。

　沿岸水域全体の海底を肥やすことで世界の貧困を劇的に軽減できるとも我々は考えています。沿岸水域を肥やす際に難しいのは、有毒藻類の富栄養化や成長が促進される点です。したがって、人類は沿岸水域を肥やすことを控えてきました。アマモや昆布など、沿岸水域に有益な植物は赤潮藻類と同様の栄養要件があります。藻類ではなく有益な植物の成長を刺激する施肥方法を我々は考案してきました。石こうのレンガ（玉）や少量のセメントに、尿素とリン酸2アンモニウムを取り入れています。また、鉄の

破片を土にまきます。これらは泥に沈む玉から沿岸水域の土に広がり、土に埋め込まれたこれらの肥料に植物がアクセスします。こうして、アマモと昆布の大きな増加が確認されている一方で、藻類は目に見える形で成長していません。これらの手法は、海草といった失われた海中植物の再生とともに容易にアクセスできる環境の向上に使われます。容易にアクセスできる浅い大陸棚の大きさを考えた場合、気候変動緩和や適応にあたって、そのような取り組みの効果は想像に難くありません。こうして沿岸諸国の富を大幅に増やせると我々は確信しています。

不毛な沿岸砂漠地帯の海水灌漑は、バイオ燃料を使った代替再生可能エネルギー資源の追求によって、さらに悪化している世界的食糧安全保障の課題解決にも寄与します。従来型のバイオ燃料が収穫物を基にし、食糧、土地利用と競合し、淡水や雨林などの資源に圧力を加え、そして場合によっては政治的不安定性をもたらすのに対し、海洋藻類や海水灌漑によって栽培可能なアッケシソウのような塩生植物は、より持続可能なバイオ燃料資源です。

同様に、劣化したマングローブ林と藻場にマングローブ林や海草の復旧を推進し、新しい用地に植林することでCO_2削減が促進でき、既存の炭素市場メカニズムのなかでポジティブな生態・持続可能性の効果が生まれます。

● Irreversibility of Climate Change because of Anthropogenic Carbon Dioxide Increases

10 人為的な二酸化炭素増加に起因する気候変動の不可逆性

●

スーザン・ソロモン
Susan Solomon

　リオ会議20周年にあたって国連気候変動枠組条約（UNFCCC）の次の段階を考えるとき、科学的進歩からのインプットの幅広さ、深さ、役割を考慮するべきです。同条約では第2条に「気候系に対して危険な人為的干渉を及ぼすこととならない水準において大気中の温室効果ガスの濃度を安定化させることを究極的な目的とする」という条文があります。「危険」の定義や、それがどのように科学、政策、経済などの交わりを表すかについて多くのことが書かれてきました。同条約の第3条では、締約国は「深刻な又は回復不可能な損害のおそれ」を含む諸要因によって導かれるべきと書かれています。

　何が回復不可能になりそうなものかの特定は、純粋に科学的な問題であり、第2条の複雑性とは全く別です。本章において私は、人為的な二酸化炭素増加に起因する気候変動の不可逆性に対する科学的理解がここ数年の研究から大幅に向上した点を強調したいと思っています。ここでは注目点を地球の気候システムに限定します。気候システムを「地球工学的に操作」し、未来の温暖化を軽減するために提案される人間行動は考慮しません。

　二酸化炭素が増えるにつれ、地球のエネルギー収支は地球温暖化の方向で変容しています。仮に二酸化炭素排出が完全に止まったとしても、温暖化は最短でも千年という時間尺度でほぼ不可逆的（約±0.5℃の範囲内）です。まず、これは複雑さが中程度の一モデルで発見され（Matthews & Caldeira 2008）、その後、複雑さが中程度の様々なモデルで確認され

(Plattnerら 2008；Solomonら 2009)、現在では数多くの、より詳細な海洋大気大循環モデルでもシミュレーションが行われています（Loweら 2009；Gillettら 2011）。この広範囲の研究によって、人為的二酸化炭素増加に起因する温暖化の不可逆性は気候システムの基本性質であることが証明されています。

　温暖化は概して、海洋熱の取り込みによって持続します（Solomonら 2010）。深海は、地球全体を長いあいだ温める「風呂」と考えることができます。したがって、深海に運ばれる人工排熱の量は重要です。さらに、二酸化炭素はユニークなガスであり、時間が経っても大気中での特定の減衰プロセスがありません。二酸化炭素の人的排出が止まった場合、大気中の二酸化炭素の人的増加が様々な時間尺度において衰えるでしょう。また、加わった炭素の中には数十年という時間尺度で海洋表面によって除去されるものがあれば、やはり深海のスローな時間尺度によって何千年も大気に残るものもあるでしょう（Archerら 1997）。炭素除去と深海からの温暖化の時間尺度が組み合わさり、二酸化炭素が誘発する温暖化をほぼ不可逆にします。長期間の温暖化持続は、海洋の熱膨張による海面上昇など幅広い気候影響につながります。また、持続する温暖化はグリーンランドあるいは南極の大量の氷床を徐々に浸食するおそれがあります。ほぼ不可逆的な温暖化であるために、21世紀に大気に加わる人為的二酸化炭素から、たとえ排出が止まったとしても、今後千年間で予測される海水面のレベルが設定できます。したがって、今回の会議で下される決定は、地球の遠い未来において低地地域が存続し続けるかを含む、地球の気候システムの変容程度を定めるうえできわめて重要です。

参考文献

1. Archer, D., H. Kheshgi, and E. Maier-Reimer, Multiple timescales for neutralization of fossil fuel CO_2. *Geophys. Res. Lett.*, 24 (4), 405–408, 1997.
2. Gillett, N. P., V. J. Arora, K. Zickfeld, S. J. Marshall, and W. J. Merryfield, Ongoing climate change following a complete cessation of carbon di-

oxide emissions. *Nature Geosci.* 4, 83–87, 2011.
3. Lowe, J. A., C. Huntingford, S. C. B. Raper, C. D. Jones, S. K. Liddicoat, and L. K. Gohar, How difficult is it to recover from dangerous levels of global warming?, *Env. Res. Lett.*, 4, 014,012, 2009.
4. Matthews, H. D., and K. Caldeira, Stabilizing climate requires near-zero emissions, *Geophys. Res. Lett.*, 35, L04,705, 2008.
5. Plattner, G.-K., et al., Long-term climate commitments projected with climate-carbon cycle models, *J. Clim.*, 21, 2721–2751, 2008.
6. Solomon, S., G. Kasper Plattner, R. Knutti, and P. Friedlingstein, Irreversible climate change due to carbon dioxide emissions, *Proc. Natl. Acad. Sci.*, 106, 1704–1709, 2009.
7. Solomon S et al., Persistence of climate changes due to a range of greenhouse gases, *Proc. Natl. Acad. Sci.*, 107,18354–18359, doi: 10.1073/pnas.1006282107, 2010.

● Adapting to Climate Change

11 気候変動への適応

●
サリーム・ハク
Saleemul Huq

　気候変動の影響はすでに発生しており、さらなる影響が避けられない状況です。気候変動は一部地域で短期的な利益をもたらすと考えられる一方で、その影響の大半は、特にアジアやアフリカ、ラテンアメリカの貧しい国や地域に被害を与えます。

　先進国と開発途上国両方を含めすべての国が、今後数十年間のうちに気候変動の影響に適応しなければならないでしょう。しかし、国や地域が効果的に適応できる方法には限界があります。気温が2℃超上がれば、適応はますます難しくなります。これは大きな懸念材料です。世界は産業革命以前よりも3〜5℃暖かくなる道を歩みつつあるからです。

　朗報もあります。後発開発途上国を皮切りに、多くの国々が気候変動への適応を計画し、それを開発計画の主流に取り入れるよう行動を始めています。たとえばバングラデシュは長期的な気候変動対策戦略と行動計画を策定し、すでに実施に至っています。

　豊かな国、貧しい国を含めすべての国々が自らの国家的適応計画を策定する必要があります。適応のための行動の多くが特定の国や場所に固有のものである一方で、南-南および南-北と国境を越えて教訓を学ぶ機会があります。

　特に、適応に伴う物理面、財政面、技術面、行動面での大きな限界を考慮した場合、最も効果的な適応戦略は、気候変動の規模を制限するための緩和策です。

適応は不可欠

　今後20年あるいは30年間で、人為的気候変動に起因する約1℃の気温上昇が避けられない状況です。これは温室効果ガスの過去の排出と大気系との時間差が原因です。この気温上昇は現在不可避であり、温室効果ガス排出をいかに削減しても防げません。したがって世界は気候変動のある程度の影響を想定できます。すべての国々がそれに対処しなければなりません。有益な影響を享受する地域もありますが、影響の大半は不都合なものであり、貧しい国々や（すべての国々の）貧しい地域に不均等にのしかかるでしょう。

　したがって開発途上国でも先進国でも、またグローバルなレベルにおいて、気候変動への適応はあらゆる国家開発計画の一部分とならなければなりません。現在の気候影響にすでにてこずっている貧しい国々は、気候変動がもたらす更なる負担への適応を可能にするために財政面および技術面での支援を受ける必要があります。

　適応措置のほとんどが地域および国家レベルで行われるでしょう。その一方で、国境を越えて展開されるものがいくつかあります。このような措置については世界的なソリューションを作り出さなければなりません。これには（枯渇する可能性のある）越境水道システムや、居住地の環境劣化に起因する人口の越境移動が含まれます。

適応の限界

　気候変動への適応が避けられない現在、我々が適応できる程度には限界があります。気候変動を避ける（温室効果ガス1トン分の不排出は、1トン分の影響がゼロに軽減されたことを意味します）緩和と違い、適応では影響を量的に下げることはできても、完全にゼロにすることはありません。適応の後もある程度の影響が常に残ります。

　さらに、気温上昇がセ氏2℃から3℃、さらには4℃を超えるにつれ、残りの影響は大きくなります。言い換えれば、高温における適応の効果には限界があります。したがって、緩和策こそが適応の最良の形であり、気候変動対策において第一の戦略でなければなりません。

これは大きな意味を示しています。現在の排出状況が続くと、地球の気温上昇がセ氏3.5～4℃になるからです。

後発開発途上国が主導

すでに多くの国々が気候変動適応の計画・実施に向け行動を始めているのは朗報です。国別適応行動計画（NAPA）を最初に実行したのは48の後発開発途上国（LDC）でした。これらの活動によって、気候変動の影響を受けやすいセクターや地域が特定され、緊急かつ即時的な適応措置の優先順位がつけられました。これらの多くが適応措置実施に至っています。

上記のうち数ヶ国がNAPAの枠を超えて長期戦略的気候変動計画を策定しています。このような国の1つであるバングラデシュはNAPAを策定した最初のLDCの1つでもあり、それを超えて長期的気候変動戦略と行動計画を策定しました。現在バングラデシュ政府はこれらの戦略・計画を実施しながら気候変動信託基金として自ら3億米ドルを投入しています。

もう1つの例はネパールです。この国はNAPAを最後に完了したLDCの1つですが、他のLDCの経験から学びました。同国が策定した適応計画は、すべての気候変動資源の80％を最も影響の受けやすい地域に割り当て、地方行動適応計画（LAPAs）を通して利用させました。

適応における国際協力

適応計画や適応措置の大半が特定の場所や国に固有のものとなる一方、各国で共有できる教訓が数多くあります。LDC約50ヶ国によってNAPAから派生した適応計画の最初の教訓の1つは「適応とは技術的介入よりも、環境変化に対応する社会的および制度的能力」に関することであるということでした。開発のレベルにかかわらず、上記の制度的問題はすべての国々において同様です。したがって、最貧国からの教訓は豊かな国にも適用可能です。

すなわち、気候変動適応において、国際協力と国境を越えた教訓共有は「南から南」そして「南から北」という形で生まれる可能性が最も高いのです。

最も影響を受けやすい国々や地域を中心に

　気候変動の影響は遅かれ早かれすべての国々におよびますが、最初に影響を被るのは最も貧しい国や地域です。したがって、世界的レベルでの財政・技術支援は最貧国および最も貧しい地域の努力に向けられなければなりません。

　それには貧しい地域と協力し、これらの地域の適応力を高めるとともに、自ら適応する力を与えることが必要です。すなわち、地域ベースの気候変動適応をすでに実行している世界中の多くの地域をサポートするということです。

結　論

　特に適応に伴う大きな物理、財政、技術、行動面での限界を考えた場合、結局最も効果的な適応戦略は気候変動の規模を抑えるための「緩和策」となります。

生物多様性と生態系サービス

● Biodiversity

12 生物多様性──持続可能な開発の基礎を守る

ウィル・R・ターナー、ラッセル・A・ミッターマイヤー、
ジュリア・M・ルフェーブル、サイモン・N・スチュアート、
ジェーン・スマート、ジョゼフィン・M・ラングリー、
フランク・W・ラーセン、エリザベス・R・セリグ
Will R. Turner et al.

　生物多様性（地球上の生命を構成する種、遺伝子、生態系、生態学的過程の多様性）はあらゆる世界の文化の仕組みにとって不可欠です。生物多様性は生態系サービスを支え、人類を存続させ、地球上の生命の回復力の基盤となります。さらに生物多様性は人間の生命や生活、共同体、経済を支える、往々にして計り知れない利益の源です。生物多様性の経済的価値は多大ですが、私たちは生物多様性の多くを、さらにそれが人類にもたらす利益を失う危険に瀕しています。人類のエコロジカル・フットプリントが膨れ上がるにつれ、土地や海洋、淡水資源の持続不可能な利用によって、生息環境消失や侵入生物種から人為的気候変動に至るまで地球の異常変化が生じています。陸地および水中の生物多様性への脅威は多様かつ持続的であり、増大しているケースもあります。行動が不可欠です。行動しなければ、すでに生態系サービス消失が2/3に達しており、それが利益損失に換算して間もなく年間推定5000億ドルに達する一方で、現在の高い種消失率が地球史上6度目の大量絶滅事象を進行させると推測されます。しかし幸いにして行動は可能です。適切なデータに基づく組織的なプランニング、管理の行き届いた保護地域ネットワーク、そして経済発展において、自然資本の役割をより重んじる公共および民間セクターの変容的シフトがあれば、生物多様性の喪失を抑止・逆転できるのです。

序──生物多様性、すなわち生物間や生態系間の変異性は地球上の生命の回復力の基盤となります。

生物多様性条約（CBD）の定義によれば、生物多様性は「種の中の、また異なる種と種の、そして生態系の多様性を含む、生物間の変異性」です*。多くの場合、生物多様性は生物系の健康の尺度となります。生物系の中の、また異なる生物系の間の組成と相互作用によって、生態系は互いに識別されます。健康な生物、種あるいは生態系は攪乱や脅威から回復でき、摂食・採餌や成長、生殖の十分な機会をもたらします。種の消失や生物の個体数やサイズの減少、種間の動態変化は、生物系の健康が損なわれている状態を意味します。種の中で、遺伝的多様性は脅威に対応する能力や環境変化への適応能力、長期変動の中で進化する能力に影響をおよぼします。

生物多様性の利点——生物多様性は生態系サービスを支え、人類を持続させます。その経済的価値は多大です。生物多様性はグリーンな経済発展の最も根本的な要素です。

生物多様性は、人間が自然から得る利益すなわち生態系サービスの源です。これは自然資本の基本要素であり、生産資本や人的資本とともに人間の共同体と経済を支えます。たとえば魚は最も重要な食糧源の部類に入り（FAO：漁業養殖事業局 2010）、漁業は世界経済に年間2250億～2400億米ドル貢献しています（Dyck & Sumaila 2010）。虫や鳥などの授粉媒介動物による植物授粉は世界中の食用作物の約1/3において不可欠です（Daily & Ellison 2002）。種は遺伝物質の宝庫であり、すべての市販薬の半分以上（開発途上国ではさらにそれ以上）の生産に使われ（Chivian & Bernstein 2008）、癌やマラリア、あるいは今後現れる感染症に対し未発見の治療法を秘めている可能性があります。自然のパターンやプロセスは多くの斬新な物質やエネルギー源、技術的デバイスなどのイノベーションを刺激します（Benyus 2009）。生物多様性の喪失は、世界中の図書館を焼き尽くして所蔵文庫のうち90％が不明になる状態に例えられます。種が減びると、我々の作物を生み出す源も減り、農業回復力の改善に使う遺伝子も減り、生産物のインスピレーションもなくなり、人間社会や地球上のすべての生命を支える生態系の構造・機能も減びます（McNeelyら 2009）。物質的な

---

* http://www.cbd.int/doc/legal/cbd-en.pdf

品物や生活以外にも、生物多様性は安全保障や回復力、選択や行動の自由に寄与します（Millennium Ecosystem Assessment 2005）。種の絶滅は文化、精神、道徳の各側面で犠牲を強います。これはおそらく直接の経済的犠牲よりも有形性は低いでしょうが、重要性は劣りません。どの社会も動植物そのものに価値を置きます。野生の種は世界のすべての文化の仕組みに欠かせません（Wilson 1984）。

脅　威——生物多様性は驚くべきペースで消失しています。地上および水中の生物多様性への脅威は多様かつ持続性で、増大しているケースもあります。

　地球上の種と、それらが人類に与える利益は苦境に陥っています。人口が1000年前の数億から2011年には70億まで膨れ上がり、先進国の持続不可能な消費と開発途上国の極度の貧困が相まって自然世界を破壊しています。農業拡張、都市化、産業開発は荒野に大きく広がり、過剰開発によって人口の生存能力が脅かされ、侵入種は生態系の構造を退化・変質させ、化学汚染は土壌、空気、水の生化学的プロセスを害し、疾病の急速な蔓延は「命の木」のすべての枝を危険にさらしています（Millennium Ecosystem Assessment 2005、Vitousekら 1997、Wake & Vredenburg 2008）。ある地域の人口密度が高まると、食糧や燃料を生み出し、水を清潔にし、廃棄物を分解し、疾病拡大を抑える生態系に歪みを与えます。

　不可逆的な「絶滅」は、生物多様性の危機の最も重大な結末です。人間活動によって種の絶滅速度は背景率の1000倍以上に上がっています（Pimmら 1995）。気候変動の時代でも依然として生物多様性の大きな脅威となる（Salaら 2000）生息地破壊は世界中で種の絶滅を推進しています（Brooksら 2002）。降雨量や気温の変質、海面上昇、気候誘発型の生息地消失が多くの種を絶滅の危機にさらし（Thomasら 2004）、人類をさらなる絶望的な環境破壊に導く（Turnerら 2010）につれ、気候変動のインパクト増大を世界中が実感するでしょう。その他の脅威は、拡大の範囲こそ及びませんが、特定地域を大いに悩ませています。猫やネズミなどの侵略的捕食動物がいない中で種が進化した島の生物多様性は、捕食動物が入っ

たことで破壊されています (Steadman 1995)。外来植物は多くの生態系、特に地中海の植生を持つ生態系において水文学や生物多様性に多大なインパクトを与えています (Groves & di Castri 1991)。たとえば医療、ペット取引用の主要栄養素・微量栄養素 (野生動物の肉など) の乱獲は、サハラ以南アフリカや東南アジアをはじめ多くの地域の種を脅かします (van Dijkら 2000)。真菌病であるツボカビ症は世界中の両生類の減少・絶滅を大きく促進するものとして知られています (Stuartら 2004、Wake & Vredenburg 2008)。

　生態系、種、遺伝子という、生物多様性の3大要素すべてにおいて、生物多様性の継続的減少を示す複数の徴候があります。Millennium Ecosystem Assessment (2005) によれば、土地や淡水、海洋資源の持続不可能な利用を主要因として過去50年で世界中の生態系サービスの60%が退化しています。ほとんどの主要な生息地は現在減少しており、種レベルでは、IUCN絶滅危惧動物のレッドリスト (IUCN 2008) によれば世界中の哺乳類の22%、両生類の約1/3、鳥類の1/8、針葉樹の28%が絶滅の危機にさらされています。

　海洋の生態系と種も過去数十年で大きく減少し (Butchartら 2010)、搾取された海洋種の存在量も平均84%減少しています (Lotze & Worm 2009)。地球規模では、マングローブ面積の35% (Valielaら 2001)、海草面積の15%が失われ (Waycottら 2009)、推定32%のサンゴが絶滅の危機に瀕しています (Carpenterら 2008)。基本的な種あるいはトップレベルの捕食動物の消失によって「生産性の高い生態系」が「複雑でなくなり、生態系サービスが減少した生態系」に移行するおそれがあります (Estesら 2011、Springerら 2003)。現在、人間活動は海洋のあらゆる部分を脅かし、海洋の41%が複合的な人間活動 (Halpernら 2008) によって大きなインパクトを被っています。海洋生態系に現在最大の累積インパクトを与えているのは気候関連の脅威 (Halpernら 2008) であり、海洋温度は上がり、海は酸性化し、海面は上昇し、紫外線放射は増え、暴風も頻度・程度ともに増し (Harleyら 2006、IPCC 2007)、種の範囲や海洋生産性、種の組成、個体群動態の変化をもたらしています (Hoegh-Guldberg & Bruno

2010)。外洋や沿岸部も漁獲によって大きなインパクトを受けます。新たに広大な海域が商業漁業に開放され（Swartzら 2010）、テクノロジーによって前例のない乱獲が促進され、いくつかの主要漁業が崩壊しています（Myers & Worm 2003）。陸上活動は生息地破壊を直接引き起こし、敏感な沿岸生息地に堆積物や栄養素を流出させています（Mccullochら 2003）。人口の密度と成長は世界中の沿岸部において非常に高く、全人類の約半分が海岸から200km以内に住んでいます。結果的に、世界で最も大きなインパクトを被る海洋地域は、あらゆる種類の沿岸性および外洋性脅威に襲われる沿岸部となります（Halpernら 2008）。一部の大きな海域、特に北極・南極付近は比較的影響を受けていないものの、気候変動が現在のペースで進み、違法・無報告・無規制漁業が野放しに続いた場合、このような海域も将来的には危険にさらされます。

対 応――生物多様性喪失の抑止は十分なデータ、効果的なプランニング、管理の行き届いた保護地域ネットワーク、グリーンな経済発展への公共および民間セクターの変容的シフトに大きく依存します。CBDは生物多様性を守る国際的な「傘」の役割を果たし、2020年の愛知ターゲット、特に11と12の目標（訳注：目標11：2020年までに、少なくとも陸域及び内陸水域の17％、また沿岸域及び海域の10％、特に、生物多様性と生態系サービスに特別に重要な地域が、効果的、衡平に管理され、かつ生態学的に代表的な良く連結された保護地域システムやその他の効果的な地域をベースとする手段を通じて保全され、また、より広域の陸上景観又は海洋景観に統合される。目標12：2020年までに、既知の絶滅危惧種の絶滅及び減少が防止され、また 特に減少している種に対する保全状況の維持や改善が達成される。）はきわめて重要です。

　地球の生物多様性喪失を止めるには限られた資源を、それを最も必要とする地域での保全やグリーンな経済発展へと導くことが必要です。生物多様性は地球上に均等に分布しているわけではなく、一部地域に集中しています。このような地域には他のどこにも見られない固有種が異常に高い密度で存在し、これらの地域の多く（すべてではない）が重大な人為的イン

パクトによって消失の最大の危機に瀕しています。たとえば生物多様性のホットスポットは固有性が高い35の地域であり、合計すると元々の生息地範囲の85％超を失っています（Mittermeierら 2011、Myers 1988、Myersら 2000）。これらの地域に残された自然植生は、合計しても世界の土地面積の2.3％足らずを占めるに過ぎないものの（340万km^2）、ここには固有種としてすべての植物種の50％超、すべての陸生脊椎動物の43％が存在します。絶滅危惧種、すなわちIUCN絶滅危惧動物のレッドリスト（IUCN 2008）が絶滅危惧1A類、1B類あるいは2類と評価するものだけを考慮した場合、絶滅が危惧される哺乳類の60％、鳥類の63％、両生類の79％がホットスポットにのみ存在します。これらの地域は地球の中でも非常に狭く、きわめて絶滅の危機に瀕した部分において、替えがきかない密度の生物多様性を持っています。継続的な脅威、情報量の乏しさ、地域経済力の限界によって保全活動が困難になる一方で、これらの地域での行動は不可欠です。たとえ他のすべての地域で成功したとしても、ホットスポットでの失敗はまさにすべての陸生種の約半分の喪失につながります。また言うまでもなく、ホットスポットの人口が最終的に依存する生態系サービスの喪失は、ほぼ想像不可能な規模の温室効果ガス排出や広範な人的被害に寄与するでしょう。アマゾンの生物多様性の高い原生自然地域やコンゴ、ニューギニアなど、多様性が高く概ね手付かずのままの地域がいくつかあります（Mittermeierら 2003）。さらに、約18の「メガダイバーシティ（莫大な生物多様性）」諸国（Mittermeierら 1997）がすべての生物多様性（陸、淡水、海洋）の2/3超を占めます。メガダイバーシティは、生物多様性が豊富なCBD諸国同士のグループ結成に至ったコンセプトです。

　生物多様性保全の自然および人的な側面を理解するには優れたデータが必要です。哺乳類の絶滅危惧度合い評価（Schipperら 2008）とその関連した取り組みから種の状況・分布に関する最新のデータが得られる一方で、人口、貧困などのデータは重要な社会経済環境を提供します。保全を成功させるには生物多様性そして人類の脅威と利益に関する、精密な尺度の正確かつタイムリーなデータが必要です。海洋地域のデータは陸上系の情報に比べると少なく（Sala & Knowlton 2006）、淡水系についての我々の知

識の欠如はさらに顕著です。しかし、水生生物多様性の知識については大きな進展があります。例として挙げられるのは国際淡水生物多様性評価（Darwallら 2005）や、造礁サンゴを対象に実施された包括的状態評価（Carpenterら 2008）を含む世界海洋種評価、その他何千もの種で進行中の同様の取り組みです。

包括的保護地域の設定と効果的な管理（Brunerら 2001）は、生物多様性喪失を止める取り組みの基盤であり続けなければなりません。このような地域は国立公園や厳重な生物保護区域が考えられ、状況次第では在来の保護地や民間の保護地域、地域の保全協定など、他にも様々な形態が考えられます。すでに保護されている地域の長期的持続性と公正な管理の確保を中心とした取り組みが必要です。さらには保護地域ネットワーク間のギャップを探る系統的努力が示した、最も優先順位が高く手付かずの非保護生息地を、新たな保護地域として戦略的に加える取り組みが必要です（Rodriguesら 2004など）。

気候変動における生物多様性回復力の維持は、計画策定や政策にとってもう1つの大きな課題です。気温・降雨量の変化によって種は自らが選ぶ環境条件にしたがわざるを得ない状況が始まっていますが、このような動きは多くの場合、種にとっては実行しづらく、研究者にとっては予測しづらいでしょう（Loarieら 2009、Tewksburyら 2008）。さらなる気候変動によって、空間を移動する気候、消える気候、全く新しい気候という複雑なモザイクが生まれるでしょう（Williamsら 2007）。このように、保全計画を成功させるには空間・時間の両面で行動を系統的に計画し始めなければなりません。種が現存するサイト、とりわけ種が最大のリスクにさらされている主要生物多様性地域（Ekenら 2004）や絶滅ゼロ同盟サイト（最も脅威にさらされている種が唯一残っているサイト）（Rickettsら 2005）などを守ることは不可欠です。今これらのサイトを失ってしまえば、そこに含まれる種を救うチャンスは2度と巡ってきません。しかし、これはほんの始まりです。私たちは未来の種の居場所となる生息地を守り、そしてこの新たな領域に対する活動の「足掛かり」も守らなければなりません。このようなニーズを予見し計画を立てる生物学者の能力は高まっています

(Hannahら 2007)。気候変動において環境を保全するには、生息地破壊をできるだけ早く終わらせることが大変重要です。

2002年、世界の指導者たちは生物多様性条約（CBD）を通じて、当時の生物多様性消失率を2010年までに大幅に削減するよう取り組みました（Balmford & Bond 2005）。この目標は達成されていません。生物多様性の指標（個体数の傾向、絶滅のリスクなど）のほとんどが低下し、最近でも数値の大きな減少はみられていません。一方で、生物多様性に対するプレッシャーの指標（資源消費、特定外来生物、気候変動のインパクトなど）は増えています（Butchartら 2010、CBD 2010b）。2010年10月、日本の名古屋で開催された生物多様性条約締約国会議（COP10）に出席した世界の指導者たちは、生物多様性の戦略的計画および20の生物多様性目標、いわゆる2011 ～ 2020年の「（生物多様性の）愛知ターゲット」を採択しました。愛知ターゲット（CBD 2010a）は現在、地球の生命維持システムを守るためにやらなければならないことの多くを示しています。愛知ターゲットでは、2020年までに陸地の17％および海洋の10％を世界的に保護地域とすることで各国が合意しました。現在、保護地域（PAs）の世界的ネットワークは地球の地表の12.9％（IUCN & UNEP-WCMC 2010）、海洋面積全体の約1.17％（CBD 2010b）にとどまっています。陸地では、このグローバル目標の達成にはPAsが2020年までに地球全体で約4％の拡大が予測される一方で、海洋の合意目標値は現在保護されている地域の10倍超です。CBD締約国そして世界は、設定した目標値達成のための投資・行動に必要な変化を起こすために、切迫感と熱意を持ち続ける必要があります。

にもかかわらず、PAsを2020年までに世界全体の17％にするというCBD政策目標の合意は、地球の健康を持続させるPAニーズの科学的理解ではなく政治的実現可能性の考え方に基づいています。「生物多様性消失を防ぎ、重要な生態系サービスを確保するには、どれだけの自然を保護しなければならないか」という問題は非常に重要であり、数多くの難題を伴います。第一に、地球の生物多様性についてほとんど知られていません。既知の種のうち、その保存状況が研究されたのはわずか2.5％であり（Stuartら 2010）、種の推定総数のうち科学によって説明されているのはほんのわず

かです。第二に、生態系サービスの生態基盤といった様々な重要問題について生態系サービスの理解はまだ乏しい状態です (Kremen & Ostfeld 2005)。さらに、生態系の転換点に関する知識も限られており、生物多様性や生態系サービスに対する気候変動などの人為的プレッシャーの潜在的閾値効果を我々はまだ予測できません。

気候変動に関して影響力の大きいIPCCを模範とした生物多様性及び生態系サービスに関する政府間科学政策プラットフォーム (IPBES、www.ipbes.net) は現在、設立段階にあります。IPBESは科学界と政策立案者との橋渡し役となり、生物多様性と生態系サービス、その相関関係に関する知識の評価を定期的かつタイムリーに実施する予定です (Perringsら 2011)。IPBESは生物多様性や生態系サービス保護の科学的目標設定の努力に触媒作用を与え、自然生態系への社会的依存に関する必要な知識を意思決定者たちに理解させなければなりません。

ミレニアム開発目標 (MDGs) は、人々の生活改善、すなわち極度の貧困を半減させる努力を刺激するために2015年までに達成するべき目標を定めています[**]。生物多様性保護による利益を最も必要とするのは世界の貧者であり、このような人々は重要なサービス (清潔な水など)、生計、厳しい時期に対する保険において不均衡に自然に依存し、生物多様性の保全と開発は2つの関連し合った課題となっています (Sachsら 2009、TEEB 2009、Turnerら 2012)。この互いに関連する2つの問題に有意義な形で対応するために、開発と環境持続可能性の課題を一体化する必要があります。今後予定されている2012年国連持続可能な開発会議 (リオ＋20) は国際社会にとって、この問題に対処する機会となるでしょう。

参考文献

1. Balmford, A., and W. Bond. 2005. Trends in the state of nature and their implications for human well-being. *Ecology Letters* 8:1218–1234.
2. Benyus, J. 2009. Borrowing nature's blueprints: Biomimicry in J. A. McNeely, R. A. Mittermeier, T. M. Brooks, F. Boltz, and N. Ash, editors.

[**] www.un.org/millenniumgoals

The Wealth of Nature: Ecosystem Services, Biodiversity, and Human Well-Being. CEMEX, Mexico City.
3. Brooks, T. M., R. A. Mittermeier, C. G. Mittermeier, G. A. B. da Fonseca, A. B. Rylands, W. R. Konstant, P. Flick, J. D. Pilgrim, S. Oldfield, G. Magin, and C. Hilton-Taylor. 2002. Habitat loss and extinction in the hotspots of biodiversity. *Conservation Biology* 16:909–923.
4. Bruner, A. G., R. E. Gullison, R. E. Rice, and G. A. B. da Fonseca. 2001. Effectiveness of parks in protecting biological diversity. *Science* 291:125–128.
5. Butchart, S. H. M., M. Walpole, B. Collen, et al. 2010. Global biodiversity: Indicators of recent declines. *Science* 328:1164–1168.
6. Carpenter, K. E., M. Abrar, G. Aeby, et al. 2008. One-third of reef-building corals face elevated extinction risk from climate change and local impacts. *Science* 321:560–563.
7. CBD 2010a. Decision X/2. The Strategic Plan for Biodiversity 2011-2020 and the Aichi Biodiversity Targets. Convention on Biological Diversity, Montreal.
8. CBD 2010b. Global Biodiversity Outlook 3. Convention on Biological Diversity, Montreal.
9. Chivian, E., and A. Bernstein, editors. 2008. *Sustaining Life: How Human Health Depends on Biodiversity*. Oxford University Press, New York.
10. Daily, G. C., and K. Ellison 2002. *The New Economy of Nature: The Quest to Make Conservation Profitable*. Island Press, Washington, DC.
11. Darwall, W., K. Smith, T. Lowe, and J.-C. Vié 2005. *The Status and Distribution of Freshwater Biodiversity in Eastern Africa*. IUCN, Gland, Switzerland.
12. Dyck, A. J., and U. R. Sumaila. 2010. Economic impact of ocean fish populations in the global fishery. *J. Bioeconomics* 12:227–243.
13. Eken, G., L. Bennun, T. M. Brooks, et al. 2004. Key biodiversity areas as site conservation targets. *BioScience* 54:1110–1118.
14. Estes, J. A., J. Terborgh, J. S. Brashares, et al. 2011. Trophic downgrading of planet Earth. *Science* 333:301–306.
15. FAO Fisheries and Aquaculture Department 2010. The State of World Fisheries and Aquaculture. Food and Agriculture Organization, Rome.
16. Groves, R. H., and F. di Castri 1991. *Biogeography of Mediterranean Invasions*. Cambridge University Press, Cambridge.
17. Halpern, B. S., S. Walbridge, K. A. Selkoe, et al. 2008. A global map of human impact on marine ecosystems. *Science* 319:948–952.
18. Hannah, L., G. Midgley, S. Andelman, M. Araújo, G. Hughes, E. Martinez-Meyer, R. Pearson, and P. Williams. 2007. Protected area needs in a changing climate. *Front. Ecol. Environ.* 5:131–138.

19. Harley, C. D. G., A. R. Hughes, K. M. Hultgren, B. G. Miner, C. J. B. Sorte, C. S. Thornber, L. F. Rodriguez, L. Tomanek, and S. L. Williams. 2006. The impacts of climate change in coastal marine ecosystems. *Ecology Letters* 9:228–241.
20. Hoegh-Guldberg, O., and J. F. Bruno. 2010. The impact of climate change on the world's marine ecosystems. *Science* 328:1523–1528.
21. IPCC 2007. *Climate Change 2007: The Fourth Assessment Report of the Intergovernmental Panel on Climate Change*. IPCC, Geneva, Switzerland.
22. IUCN 2008. 2008 IUCN Red List of Threatened Species. <www.iucnredlist.org>. Downloaded on 10 Sep 2009.
23. IUCN and UNEP-WCMC 2010. The World Database on Protected Areas (WDPA). UNEP-WCMC, Cambridge, UK.
24. Kremen, C., and R. S. Ostfeld. 2005. A call to ecologists: measuring, analyzing, and managing ecosystem services. *Frontiers in Ecology and the Environment* 3:540–548.
25. Loarie, S. R., P. B. Duffy, H. Hamilton, G. P. Asner, C. B. Field, and D. D. Ackerly. 2009. The velocity of climate change. *Nature* 462:1052–1055.
26. Lotze, H. K., and B. Worm. 2009. Historical baselines for large marine animals. *Trends in Ecology & Evolution* 24:254–262.
27. Mcculloch, M., S. Fallon, T. Wyndham, E. Hendy, J. Lough, and D. Barnes. 2003. Coral record of increased sediment flux to the intter Great Barrier Reef since European settlement. *Nature* 421:727–730.
28. McNeely, J. A., R. A. Mittermeier, T. M. Brooks, F. Boltz, and N. Ash 2009. *The Wealth of Nature: Ecosystem Services, Biodiversity, and Human Well-Being*. CEMEX, Mexico City.
29. Millennium Ecosystem Assessment 2005. *Ecosystems and Human Wellbeing: Synthesis*. Island Press, Washington, DC.
30. Mittermeier, R. A., C. G. Mittermeier, T. M. Brooks, J. D. Pilgrim, W. R. Konstant, G. A. B. da Fonseca, and C. Kormos. 2003. Wilderness and biodiversity conservation. *Proc. Natl. Acad. Sci. U.S.A.* 100:10309–10313.
31. Mittermeier, R. A., P. Robles Gil, and C. G. Mittermeier 1997. *Megadiversity*. CEMEX, Mexico.
32. Mittermeier, R. A., W. R. Turner, F. W. Larsen, T. M. Brooks, and C. Gascon. 2011. Global biodiversity conservation: The critical role of hotspots. Pages 3–22 in F. E. Zachos, and J. C. Habel, editors. *Biodiversity Hotspots*. Springer, Berlin Heidelberg.
33. Myers, N. 1988. Threatened biotas: 'Hotspots' in tropical forests. *Environmentalist* 1988:187–208.
34. Myers, N., R. A. Mittermeier, C. G. Mittermeier, G. A. B. da Fonseca,

and J. Kent. 2000. Biodiversity hotspots for conservation priorities. *Nature* 403:853–858.
35. Myers, R. A., and B. Worm. 2003. Rapid worldwide depletion of predatory fish communities. *Nature* 423:280–283.
36. Perrings, C., A. K. Duraiappah, A. Larigauderie, and H. Mooney. 2011. The Biodiversity and Ecosystem Services Science-Policy Interface. *Science* 331:1139–1140.
37. Pimm, S. L., G. J. Russell, J. L. Gittleman, and T. M. Brooks. 1995. The future of biodiversity. *Science* 269:347.
38. Ricketts, T. H., E. Dinerstein, T. Boucher, et al. 2005. Pinpointing and preventing imminent extinctions. *Proc. Natl. Acad. Sci. U.S.A.* 102:18497–18501.
39. Rodrigues, A. S. L., H. R. Akcakaya, S. J. Andelman, et al. 2004. Global Gap Analysis: Priority Regions for Expanding the Global Protected-Area Network. *BioScience* 54:1092–1100.
40. Sachs, J. D., J. E. M. Baillie, W. J. Sutherland, et al. 2009. Biodiversity conservation and the Millennium Development Goals. *Science* 325:1502–1503.
41. Sala, E., and N. Knowlton. 2006. Global Marine Biodiversity Trends. *Annual Review of Environment and Resources* 31:93–122.
42. Sala, O. E., F. S. Chapin, III, J. J. Armesto, et al. 2000. Global biodiversity scenarios for the year 2100. *Science* 287:1770–1774.
43. Schipper, J., J. S. Chanson, F. Chiozza, et al. 2008. The status of the world's land and marine mammals: Diversity, threat, and knowledge. *Science* 322:225–230.
44. Springer, A. M., J. A. Estes, G. B. v. Vliet, T. M. Williams, D. F. Doak, E. M. Danner, K. A. Forney, and B. Pfister. 2003. Sequential megafaunal collapse in the North Pacific Ocean: An ongoing legacy of industrial whaling? *Proceedings of the National Academy of Sciences of the United States of America* 100:12223–12228.
45. Steadman, D. W. 1995. Prehistoric extinctions of Pacific island birds: Biodiversity meets zooarchaeology. *Science* 267:1123–1131.
46. Stuart, S. N., J. S. Chanson, N. A. Cox, B. E. Young, A. S. L. Rodrigues, D. L. Fischman, and R. W. Waller. 2004. Status and trends of amphibian declines and extinctions worldwide. *Science* 306:1783–1786.
47. Stuart, S. N., E. O. Wilson, J. A. McNeely, R. A. Mittermeier, and J. P. Rodriguez. 2010. The barometer of life. *Science* 9:177.
48. Swartz, W., E. Sala, S. Tracey, R. Watson, and D. Pauly. 2010. The spatial expansion and ecological footprint of fisheries (1950 to present). *PLoS One* 5:e15143.
49. TEEB 2009. The Economics of Ecosystems and Biodiversity for National and International Policy Makers. UNEP, Bonn.

50. Tewksbury, J. J., R. B. Huey, and C. A. Deutsch. 2008. Putting the heat on tropical animals. *Science* 320:1296–1297.
51. Thomas, C. D., A. Cameron, R. E. Green, et al. 2004. Extinction risk from climate change. *Nature* 427:145–148.
52. Turner, W. R., B. A. Bradley, L. D. Estes, D. G. Hole, M. Oppenheimer, and D. S. Wilcove. 2010. Climate change: Helping Nature survive the human response. *Conservation Letters* 3:304–312.
53. Turner, W. R., K. Brandon, T. M. Brooks, C. Gascon, H. K. Gibbs, K. Lawrence, R. A. Mittermeier, and E. R. Selig. 2012. Global biodiversity conservation and the alleviation of poverty. *BioScience* 62:85–92.
54. Valiela, I., J. L. Bowen, and J. K. York. 2001. Mangrove forests: One of the world's threatened major tropical environments. *BioScience* 51:807–815.
55. van Dijk, P. P., B. L. Stuart, and A. G. J. Rhodin. 2000. Asian turtle trade. *Chelonian Research Monographs* 2:1–164.
56. Vitousek, P. M., H. A. Mooney, J. Lubchenco, and J. M. Melillo. 1997. Human domination of earth's ecosystems. *Science* 277:494–499.
57. Wake, D. B., and V. T. Vredenburg. 2008. Are we in the midst of the sixth mass extinction? A view from the world of amphibians. *Proc. Natl. Acad. Sci. U.S.A.* 105:11466–11473.
58. Waycott, M., C. M. Duarte, J. B. Carruthers, et al. 2009. Accelerating loss of seagrasses across the globe threatens coastal ecosystems. *Proc. Natl. Acad. Sci. U.S.A.* 106:12377–12381.
59. Williams, J. W., S. T. Jackson, and J. E. Kutzbach. 2007. Projected distributions of novel and disappearing climates by 2100 AD. *Proc. Natl. Acad. Sci. U.S.A.* 104:5738–5742.
60. Wilson, E. O. 1984. *Biophilia*. Harvard University Press, Boston.

◉ The Ecosystem Approach for Understanding and Resolving Environmental Problems

13 環境問題を理解し解決する生態系アプローチ

◉
ジーン・E・ライケンズ
Gene E. Likens

　複雑性と包括性を避けずに受け入れる生態系アプローチは、多面的な環境問題を識別・説明し、それに対応する重要な生態学的「ツール」を提供します（Likens 1998、2001など）。生態系アプローチに求められる包括性を利用することで、特に生態系の各プロセスに社会的および経済的考察を加えた場合に新しい環境問題を見つける、あるいは既存の問題を再構成しその複雑さに対応するための強力な骨組みが得られます（Currie 2011など）。今後数十年で我々は数多くの既存の環境問題に対処しなければなりません。しかし、新たな問題が生まれると、新たな知識が必要となりあらゆる意識レベルにおいてこれらの問題に対する新しい、より革新的な解決策が必要となるでしょう（Likens 2001; http://ecohusky.uconn.edu/docs/news - Sustainability Newsletter Fall-Winter 2011-2012.pdfなどを参照）。我々はまさに「動く的に向かって射撃をしている状態」（Wiens 2011）であり、未来を見据えて問題や「サプライズ」を予測しなければ（Lindenmayer, Likens, KrebsとHobbs 2010）、成功の可能性は薄いのです。包括的かつ統合的な生態系アプローチによって、それを可能にする重要な窓が開けます。生態系科学者らは、問題発見の発端から地球システムへのインパクトについて大規模かつ現実的な問題を提起することで、環境劣化の悪影響の理解に寄与してきました。これは、マネジメント関連の科学的結果を探るうえで欠かせないやり方です。世界中の環境問題の大きさと、その拡大ゆえに、Hobbsら（2011）は「人類が生態系に介入して生態系サービスと生物多様性を取り戻す」必要性を訴えています。しかし、この介

入は回復だけを目的とするのではなく、積極的かつ倫理的で、情報に基づき、規模が幅広く、また包括的でなければなりません。

　環境変化は人為的環境変化（Human-Accelerated Environmental Change）と呼ばれる、強力な因子が複雑に入り混じった現象の結果です（Likens 1991）。人為的環境変化には気候変化、成層圏オゾンの損失、種の消失、外来種の侵入、生物圏の被毒、感染病、そして人間が引き起こし加速させる土地利用変化といった諸問題が含まれます（図1）。さらに重要なのは、様々な人為的環境変化の間の連関とフィードバック、それに伴う重大かつばらばらな後遺症です（Likensなど 1994、2001、2004）。生態系生態学は、複数の問題に人類を巻き込む最善の方法の1つです。生態系レベルの問題を解決する行動に向かって人類が団結しなければ、努力は常に断片的なものにとどまり、最終的には効果がありません。たとえ1つの問題に取り組むことを選んだとしても、より大きな視野から見てその問題がどのように収まるかが明確に見えていなければなりません。それをどのようにまとめるかの確認は、環境問題を解決する唯一の道です。生態系の複雑さは途方もありませんが、それは環境問題解決の全体像をまとめるうえで何が重要かを知る唯一の方法です。

図1　人為的環境変動の概念モデル

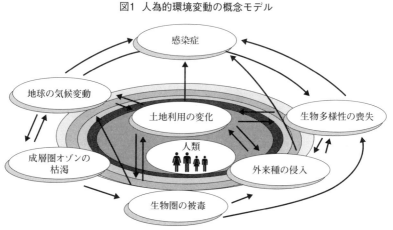

出典：Likens 2003 より

現在、生態系管理というコンセプトから誤った表現と喧伝が連想されるものの、生態系全体の総体的な検討と管理は、環境問題への対応を進展させ続けるうえで非常に貴重な目標です。この点において生態系インプットとアウトプットの評価は、汚染作用の定義づけと削減、生息地と生物多様性の保全、林業や農業のような攪乱あるいは人的開発の流域生態系への作用の量的評価、景観あるいは地域の賢明な管理（Likensなど 1998）にとってきわめて重要な手段です。気候変動のような要因によって生態系がいかに変化しているかを理解するためだけでなく、気候変動と元素循環の間のフィードバックを受けてこのような変化に対処するためにも、大規模な生物地球化学的サイクルの量的解決は重要です（Mitchell & Likens 2011、Mitchellら 2011、Likensら 2011、図1）。

　生態系境界線の設定は、生態系インプットとアウトプットのフラックス（流量）の定量測定にとって重要です（Bormann & Likens 1967、Likens 1998）。フラックスの定量測定のために、生態系境界線は近隣生態系の既知の機能的断絶に基づくのではなく、研究者の便宜上設定されるのが通常です。これは一部方面で批判を受けました（Fitzsimmons 1996、Currie 2011など）。しかし、境界線確立の理論的および方法論的制約はBormann & Likens（1967）、Likens（1972、1975、1992）、Bormann & Likens（1979）、Likens & Bormann（1985）、Wiensら（1985）の各研究において提示されています。境界線は定量測定に必要であり（Likens 1998、pp. 264-265などを参照）、このような境界線設定は通常、物質収支のような必要な生態系定量分析において強力な利点をもたらします。個々の生態系のインプットとアウトプットは地球上のすべての生態系の機能的つながりであり、地球のいわば「脈」を構成し、環境問題解決において管理面で大きく関連します。生態系生態学は比較的歴史の浅い科学ですが（Tansley 1935、Odum 1959）、この生態系アプローチは酸性雨や富栄養化といった複雑な環境問題を解明する強力な一体型ツールとなっています。大きなデータセットの利用可能性拡大、地域および地球レベルの主要変化の研究機会［実験］、長期的研究・監視への長期的な財政支援、そして同位体や分子的／遺伝子学的アプローチのような新しい強力なツールなど既存の変化

の多くは、多様な生態系を構成する計り知れない複雑性を解明し、さらには厄介な環境問題への管理ソリューションを導くことを可能にしてくれます（Pace & Groffman 1998も参照）。

酸性雨の環境問題は、問題発見から包括的研究・分析、マネジメント介入までの全体の流れにおいて生態系アプローチの効果の明確な一例を示しています（Likens 2010を参照）。この環境問題は依然として、水界および陸上生態系への長期的な人的影響に関連する最も切迫した環境問題の部類に入ります（Likensら 2011）。

酸性雨の問題はその生態学的重要性にかかわらず、実験的な対処がきわめて困難です。とりわけ小さな空間規模では、また硫黄酸化物や窒素酸化物の排出・輸送に関して地域的および国際的な越境要素をもってしてはなおさらです。短期的な観察や実験は比較的容易ですが、気候変動の複雑な作用といった他の動因との相互作用は大規模（生態系）な長期的観察・実験でなければ理解・解決できません。気候変動間の相互作用、そして全球フラックスや窒素循環の大きな攪乱といった標的とする環境問題に対する他の人的影響（Gallowayら 2008、Vitousekら 1997、Tae-Wook Kim 2011、Bernalら 2012など）の発見・解釈は、依然として非常に難しい状況です。米国ニューハンプシャー州のハバードブルック実験林（HBEF）（降雨量と河川水の量、化学に関する、約50年間の現存する最も完全かつ組織的な記録（Likens 2004））のような流域生態系からの長期的データがあれば、複雑な生態系の仕組みを新たに知ることが可能です（Lindenmayer、Likensら 2010）。

すでに論じられたように（Likens 2001）、これほどまでに生態系生態学者が創造的、革新的、前向きかつ積極的に今後50年の環境問題に直面しなければならない時は過去にありません（Lubchenco 1998、Ayensuら 1999、Vörösmarty 2000、Estesら 2011、Tae-Wook Kim 2011など）。同様に、総体的かつ包括的な生態系アプローチ（より生物中心的な進化生態学からの、生態学全体の情報を非生物中心的な生物地球化学に取り入れる）が環境問題の対処にこれほどまでに必要とされる時もありませんでした。求められるのは総体的な生態系思考であり、複雑過ぎて扱いづらい総体的なモ

デリングでは必ずしもありません。にもかかわらず生態系アプローチは、その統合的かつ包括的な性質ゆえに、2011年3月に日本で起きた地震と津波による海洋酸性化や汚染拡大のような現在および未来の大規模な環境問題への対応に希望を与えます（www.telegraph.co.uk/news/pictureのギャラリーを参照）。これらの問題は被災地の人々にとって壊滅的かつ深刻であるのみならず、（放射性物質の大気輸送だけではなく）空中や陸、水中と莫大な規模で汚染と汚染物の相互作用を伴います。

ますます規模と複雑さが増す未来の環境問題の解決に我々が苦しむ中で、「生態系思考」（LikensとFranklin 2009）が最重要パラダイムとなることが期待されます。河川の環境問題に対応しながらその手法を河川の大気分水界や排水域、河口の管理と一体化させないような、過去の断片的なやり方では、この密集した地球にはもはや適切ではなくなります。エコロジカル・フットプリントを評価し削減するには生態系思考と包括的・統合的な生態系アプローチが不可欠です。

参考文献

1. Ayensu, E., D. van R. Claasen, M. Collins, A. Dearing, L. Fresco, M. Gadgil, H. Gitay, G. Glaser, C. Juma, J. Krebs, R. Lenton, J. Lubchenco, J. McNeeley, H. Mooney, P. Pinstrup-Andersen, M. Ramos, P. Raven, W. Reid, C. Samper, J. Sarukhán, P. Schei, J. Galizia Tundisi, R. Watson, Xu Guanhua and A. Zakri. 1999. International Ecosystem Assessment. *Science* 286:685–686.
2. Bernal, S., L. O. Hedin, G. E. Likens, S. Gerber and D. C. Buso. 2012. Complex response of the forest nitrogen cycle to climate change. *Proc. National Academy Sci.* doi/10.1073/pnas.1121448109
3. Bormann, F. H. and G. E. Likens. 1967. Nutrient cycling. *Science* 155(3761):424–429.
4. Bormann, F. H. and G. E. Likens. 1979. *Pattern and Process in a Forested Ecosystem*. Springer-Verlag New York Inc., pp. 253.
5. Currie, W. S. 2011. Units of nature or processes across scales? The ecosystem concept at age 75. *New Phytologist* 190:21–34.
6. Estes, J. A. et al. 2011. Trophic downgrading of planet Earth. *Science* 333:301–306.

7. Fitzsimmons, A. K. 1996. Sound policy or smoke and mirrors: does ecosystem management make sense? *Water Resources Bulletin* 32(2):217–227.
8. Galloway, J. N., A. R. Townsend, J. W. Erisman, M. Bekunda, Z. Cai, J. R. Freney, L. A. Martinelli, S. P. Seitzinger and M. A. Sutton. 2008. Transformation of the nitrogen cycle: recent trends, questions, and potential solutions. *Science* 320:889–892.
9. Hobbs, R. J., L. M. Hallett, P. R. Ehrlich and H. A. Mooney. 2011. Intervention Ecology: Applying ecological science in the Twenty-First Century. *BioScience* 61(6):442–450.
10. Likens, G. E. 1975. Nutrient flux and cycling in freshwater ecosystems. pp. 314–348. In: F. G. Howell, J. B. Gentry and M. H. Smith (eds.). *Mineral Cycling in Southeastern Ecosystems*. ERDA Symp. Series CONF-740513. May 1974, Augusta, Georgia.
11. Likens, G. E. 1991. Human-accelerated environmental change. *BioScience* 41(3):130.
12. Likens, G. E. 1992. The Ecosystem Approach: Its Use and Abuse. Excellence in Ecology, Vol. 3. Ecology Institute, Oldendorf/Luhe, Germany. 167 pp.
13. Likens, G. E. 1994. Human-Accelerated Environmental Change–An Ecologist's View. 1994 Australia Prize Winner Presentation. Murdoch University, Perth, Australia. 16 pp.
14. Likens, G. E. 1998. Limitations to intellectual progress in ecosystem science. pp. 247–271. In: M. L. Pace and P. M. Groffman (eds.)., Successes, Limitations and Frontiers in Ecosystem Science. 7th Cary Conference, Institute of Ecosystem Studies, Millbrook, New York. Springer-Verlag New York Inc.
15. Likens, G. E. 2001. Ecosystems: Energetics and Biogeochemistry. pp. 53–88. In: W. J. Kress and G. Barrett (eds.). *A New Century of Biology*. Smithsonian Institution Press, Washington and London.
16. Likens, G. E. 2003. Use of long-term data, mass balances and stable isotopes in watershed biogeochemistry: The Hubbard Brook model. *Gayana Botanica* 60(1):3–7.
17. Likens, G. E. 2004. Some perspectives on long-term biogeochemical research from the Hubbard Brook Ecosystem Study. *Ecology* 85(9):2355–2362.
18. Likens, G. E. 2010. The role of science in decision making: does evidence-based science drive environmental policy? *Frontiers of Ecology and the Environment* 8(6):e1-e8. doi:10.1890/090132
19. Likens, G. E. and F. H. Bormann. 1972. Nutrient cycling in ecosystems. pp. 25–67. In: J. Wiens (ed.). *Ecosystem Structure and Function*. Oregon State University Press, Corvallis.

20. Likens, G. E. and F. H. Bormann. 1985. An ecosystem approach. *pp. 1-8. In:* G. E. Likens (ed.). *An Ecosystem Approach to Aquatic Ecology: Mirror Lake and its Environment.* Springer-Verlag New York Inc.
21. Likens, G. E. and J. F. Franklin. 2009. Ecosystem Thinking in the Northern Forest–and Beyond. *BioScience* 59(6):511–513.
22. Likens, G. E., T. J. Butler and M. A. Rury. 2011. Acid rain. *Encyclopedia of Global Studies.*
23. Lindenmayer, D. B., G. E. Likens, C. J. Krebs and R. J. Hobbs. 2010. Improved probability of detection of ecological "surprises." *Proc. National Acad. Sci.* 107(51):21957–21962. doi: 10.1073/pnas.1015696107.
24. Lubchenco, J. 1998. Entering the century of the environment : a new social contract with science. *Science* 279:491–497.
25. Mitchell, M. J. and G. E. Likens. 2011. Watershed sulfur biogeochemistry: shift from atmospheric deposition dominance to climatic regulation. *Environ. Sci. Tech.* 45:5267–5271. dx.doi.org/10.1021/es200844n
26. Mitchell, M. J., G. Lovett, S. Bailey, F. Beall, D. Burns, D. Buso, T. A. Clair, F. Courchesne, L. Duchesne, C. Eimers, I. Fernandez, D. Houle, D. S. Jeffries, G. E. Likens, M. D. Moran, C. Rogers, D. Schwede, J. Shanley, K. C. Weathers and R. Vet. 2011. Comparisons of watershed sulfur budgets in southeast Canada and northeast US: new approaches and implications. *Biogeochemistry* 103:181–207, doi:10.1007/s10533-010-9455-0.
27. Odum, E.P. 1959. (second edition). *Fundamentals of Ecology.* W.B. Saunders, Philadelphia, pp 546.
28. Pace, M. L. and P. M. Groffman (eds.). 1998. *Successes, Limitations, and Frontiers in Ecosystem Science.* Springer-Verlag New York, Inc. 499 pp.
29. Tae-Wook Kim, Kitack Lee, R. G. Najjar, Hee-Dong Jeong and Hae Jin Jeong. 2011. Increasing N abundance in the Northwestern Pacific Ocean due to atmospheric nitrogen deposition. *Science* 334:505–509.
30. Tansley, A. G. 1935. The use and abuse of vegetational concepts and terms. *Ecology* 16(3):284–307.
31. Vitousek, P.M., J. D. Aber, R. W. Howarth, G. E. Likens, P. A. Matson, D. W. Schindler, W. H. Schlesinger and D. G. Tilman. 1997. Human alteration of the global nitrogen cycle: sources and consequences. *Ecological Applications* 7(3):737–750.
32. Vörösmarty, C. J. 2000. Global water resources : vulnerability from climate change and population growth. *Science* 289:284–288.
33. Wiens, J. A., C. S. Crawford and J. R. Gosz. 1985. Boundary dynamics: a conceptual framework for studying landscape ecosystems. *Oikos* 45:421–427.
34. Wiens, J. 2011. Essay: Shooting at a moving target. *The Bulletin, British*

Ecol. Soc. (December) 42(4):55–56.

● Ecosystem Services

14 生態系サービス——自然が人類にもたらす利益

●

ウィル・R・ターナー、ラッセル・A・ミッターマイヤー、
レイチェル・ニューガーテン、ジュリア・M・ルフェーブル、
サイモン・N・スチュアート、ジェーン・スマート
Will R. Turner et al.

　生態系サービス、すなわち生態系が人間の幸福に与える利益は、昔から無償で提供されていたものです。生態系サービスの需要は高まっています。生物多様性を基盤として、生態系サービスは生命の木のすべての枝、および地球上の様々な生息地の種によって直接的・間接的に与えられます。生態系サービスは波及するものであり、さまざまな社会経済条件で、実質上すべての経済セクターで、そして多様な空間規模で現在および未来において人々に利益をもたらします。生態系サービスのグローバルな経済価値は測定不可能ですが、世界のGDP総計に匹敵する、あるいはそれを超えることはほぼ確実であり、生態系の利益は往々にして生態系保全のコストを上回ります。しかし、従来の経済寄りの意思決定では環境的利益が考慮されることは稀で、コストと利益は多くの場合、同じ地域で、あるいは同じ時間や場所では生まれません。このように、様々な生態系サービスが急速に消えており、人間の現在および未来の幸福に多大な事態を招いています。生物多様性喪失を食い止め、人類が依存するサービスを維持するには、生態系サービスや自然資本の価値を社会のすべてのセクターで国家の会計や意思決定プロセスに組み入れ、生態系の利益へのアクセスと生態系保全のコストを公平に共有し、生物多様性と生態系サービスを「グリーンな経済発展の最も根本的な要素」として認識しなければなりません。

序——生態系サービスは、生態系が人間の幸福に与える利益です。

生態系サービスは「人間が生態系から得る利益」(Millennium Ecosystem Assessment 2005) もしくは「人間の幸福に対する生態系の直接および間接的寄与」(TEEB 2009) です。根本的に人間は食糧供給、水の浄化、廃棄物や栄養の循環、気候安定化、娯楽的・精神的充足などのニーズにおいて、生態系サービスの流れに依存します。経済的な面では、生態系は生命と生活の両方を持続させるため、入念な評価や投資に値する資本資産と考えるべきです (Turner & Daily 2007)。この「自然資本」は人的資本や生産資本とともに、社会や経済の基盤の1つに数えられます。自然資本は人間社会を支えるうえで大きな役割を、また農村の貧者を支えるうえで大き過ぎるほどの役割を果たします。

1960年から2000年にかけて世界人口が60億に倍増し、世界経済が6倍超に増大する中で生態系サービスの需要は大きく高まりました。この需要を満たすために、食糧生産量は約2.5倍、水の使用量は2倍、パルプや紙生産用の木材収穫量は3倍、水力発電設備の能力は2倍、木材の生産量は半分超増えています (Millennium Ecosystem Assessment 2005)。

生物多様性と生態系サービス——生物多様性は、人類が依存する生態系サービスの基盤です。これらの生態系サービスは生命の木のすべての枝、および地球上の様々な生息地によって直接的・間接的に与えられます。

生態系サービスは生命の木（地球に生息する植物、昆虫、微生物、哺乳類の数多くの種）のすべての枝から生まれます。たとえば、魚は世界人口の大部分にとって最も重要な食物源に挙げられます。漁業は世界経済に年間で2250億～2400億米ドル貢献しています (Dyck & Sumaila 2010)。沿岸および島の地域社会では、サンゴをベースとした資源が3000万人にとって主要な収入源および食物源です (TEEB 2010)。

その他にも、人類に価値あるサービスをもたらす種は数多く存在します。鳥類は授粉媒介者、清掃動物、種の分散者、種の捕食者、生態系エンジニアとして機能し (Whelanら 2008)、重要な食物源を提供するとともに「自

然志向の観光旅行」という形で娯楽・経済面でも大きな価値をもたらします。

　哺乳類は野生・家畜の両方とも、世界人口の大きな食物源となり、狩猟や野生生物の観光、ペット取引といった形で娯楽的価値も持ちます。コウモリなど多くの哺乳類が種子の散布や授粉、害虫防除、肥沃化といったサービスを提供します（Kunzら 2011）。昆虫、鳥、コウモリは害虫に起因する農産物損失や殺虫剤利用のコストを削減します。これは世界的に540億～1兆ドルと推測されるサービスです（Kunzら 2011）。移動性の哺乳類、鳥類、魚類も生態系間でエネルギーや栄養素を運びます（de Grootら 2002）。

　両生類も栄養素の循環を助け（VanCompernolleら 2005）、多くの哺乳類、鳥類、魚類の種と同様に文化的シンボルとして働きます。たとえば、ブリティッシュ・コロンビアのウィツウィテン民族はカエル、ビーバー、狼、ファイアウィードに分けられます。

　昆虫やクルマエビ、カニといった無脊椎動物は栄養素循環において重要な役割を果たすとともに廃棄物を分解し、それを食糧あるいは土壌中の栄養素として直接利用可能にします。また無脊椎動物は作物に授粉し、害虫を駆除し、魚や野生動物に餌を与えます。世界の食用作物の約1/3を生産するうえで授粉媒介者は必要です（Daily & Ellison 2002）。野生の昆虫がもたらすサービスは米国内だけでも年間で最低570億米ドルに値すると推測されます（Losey & Vaughan 2006）。スイスでは商業養蜂は年間2.13億米ドルの収益を生みます（TEEB 2010）。また無脊椎動物も多くの医薬品の原料となります。たとえば、イモガイといった軟体動物から得られる化学物質から強力な鎮痛剤が開発されています（Becker & Terlau 2008）。

　木の種の多くは木材や薪の生産に使われます。また森林も洪水や地滑りからの保護や侵食制御、気候安定化、食用作物、野生生物の生息地を提供します。全世界で、森林は生態系サービス全体で4.7兆米ドルをもたらすと推測されます（Costanzaら 1997）。生きている木の価値はいくつかの都市において認識されています。たとえばオーストラリアのキャンベラでは、都会の大気質の改善や空調のエネルギーコスト削減、炭素の隔離・貯蔵、

微気候の制御を目的に40万本の木が植えられました。総計して、これらのサービスはキャンベラ市にとって、2008～2012年に、2000万～6700万米ドルの価値を提供あるいは費用を節約したと推測されます（TEEB 2010）。また木がもたらす美的、レクリエーション的、文化的価値も大きい。外の質素な木立を見ていた病院の患者は、視界に建物の壁しかない患者よりも回復状況がはるかに良好でした（Daily & Ellison 2002）。その他の顕花・隠花植物は世界の食用作物でも大きな部分を占め、水を清潔にし、栄養素を循環させ、土壌浸食を防ぎ、大気中の温室効果ガスなどの汚染物質を吸収します。動物と同様に、植物も生命を救う薬品の源になります。たとえば、顕花植物の絶滅危惧種である日々草（Madagascar periwinkle）から得られる物質は白血病の治療に使われます。

　群を抜いて最も豊富に存在する生命体である微生物は無数のサービスを提供します。地下水を浄化し、廃棄物を解毒・分解し、気候を調整し、土壌の肥沃度を高めます（Lavelleら 2006）。

　海は食糧供給、娯楽や観光の機会、沿岸部の保護、気候調整、生活の糧など、様々な重要な生態系サービスを提供します。海洋生態系はあらゆる生態系サービスの価値の大半をもたらしてくれます（Costanzaら 1997）。15億超の人々が、動物性タンパク質の20％を海に依存します（FAO：漁業養殖業省 2010）。漁獲以外にも、世界の海は地球の気候変動調節に重要な役割を果たします（Levitusら 2005、Turnerら 2009）。海洋の植生生息環境（マングローブ、海草、塩沼）は陸生植物のバイオマス全体のわずか0.05％にとどまりますが、年間の炭素貯蔵量は不釣り合いなほどの多さです。したがって、これらは地球上でも最も効率的な炭素吸収源の部類に入ります（Laffoley & Grimsditch 2009）。

　種の中の、あるいは種の間の変異性自体は多くの場合、生態系サービスを支えます。遺伝子多様性の高い農作物は環境条件変化への適応性が高く、害虫や病原体の発生や気候変動を切り抜ける可能性も高くなります。森林生態系の機能、すなわち炭素を隔離・貯蔵する能力は、果物を食べて種子を撒く動物の多様性に影響されます（Brodie & Gibbs 2009、Howe & Smallwood 1982、Koneら 2008）。栄養素循環、炭素隔離などのサービス

も、植物種の豊かさに影響されます（Maestreら 2012）。

サービスの幅広さ——生態系サービスは様々な社会経済条件で、実質上すべての経済セクターで、様々な空間規模で現在および未来において人々に利益をもたらします。

　Millennium Ecosystem Assessment（2005）は生態系サービスを①食糧、水、木材、繊維を生産する供給サービス、②気候や洪水を緩和し、水を浄化し、廃棄物を処理する調整サービス、③光合成、栄養素循環、土壌形成を支える基盤サービス、④精神的、美的、娯楽的利益などの文化的サービスという4つのカテゴリーに分類しました。

　植物や藻類あるいは細菌のような生物がエネルギーや二酸化炭素をバイオマスに変えるプロセスである一次生産は、最も根本的な基盤サービスと考えられています（McNeelyら 2009）。炭素、窒素、リン、硫黄の栄養素循環も重要な基盤サービスです。生態系生産性を維持するとともに、生態や人間の健康の脅威となる栄養素の危険な蓄積を抑えるからです。

　生態系が提供する重要な調整サービスに含まれるのは、二酸化炭素やメタンといった温室効果ガス、そして気候変動を起こし大気質に影響をおよぼす二酸化硫黄などの汚染物質の隔離・循環です。これらの汚染物質は化石燃料燃焼、作物栽培や家畜の飼育、森林伐採などの人間活動によって放出され、生態系と人間の健康に負のインパクトを与えます。また生態系は水の処理や土壌・水の品質保護にも資します。手付かずの、機能的な生態系は洪水、熱帯暴風雨、地滑りといった自然災害に起因する頻度、強度、損害を軽減する力もあります。自然の生息環境は人間や動物を自然災害や人為的災害から避難させ、非常時の食糧や水、住まい、燃料を提供します。授粉や昆虫・害虫の抑制という形で、数多くの種が調整サービスを提供します。これは食糧生産や疾病蔓延に直接影響をおよぼします。

　供給サービスは自然から得られる最も直接的な利益であり、具体的には漁獲、狩猟、採集からの直接的な食用収穫物や木材、燃料、繊維の収穫物が含まれます。薪や木炭、バイオマス燃料、穀物のエタノールあるいは動物の糞からの燃料・エネルギー生産と同様に、家畜放牧や作物栽培も供給

サービスによって支えられます。天然産物は薬品、生物模倣、遺伝資源にも使われます。自然は医薬品、工業製品、農産物用途に価値を持つ遺伝物質の「ライブラリー」です（Daily & Ellison 2002）。現在使われている薬品の少なくとも半分は天然成分を含有しています（Chivian & Bernstein 2008）。重要な薬物を提供あるいは刺激する遺伝資源は爬虫類、顕花植物、微生物という多様な分類群から生まれます。たとえばアメリカドクトカゲの唾液から得られる薬物は糖尿病の治療に使います（Triplitt & Chiquette 2006）。また日々草から得られる化学物質は癌治療に使われます（Gentry 1993）。

　生物多様性は娯楽、観光、美的・精神的価値、文化的アイデンティティ、教育や科学研究の機会など数多くの非物質的利益を人類にもたらしてくれます。これらの価値を数値化するのは難しいですが、多くの場合において文化的サービスの価値は生態系の変換あるいは開発の市場価値を上回り、人間の幸福を支える生物多様性保全の最も説得力ある論拠となります。

　上述の生態系サービスはすべて、地球上の生命の多様性（遺伝子、種、個体群、生態系）によって直接的あるいは間接的に支えられています。多様な生命体は食物や薬品生産用の基本的材料、害虫・病原体の生物学的抑制、作物や治癒用の遺伝物質、身体や心の癒しをもたらします。生物多様性の既知の利益に伴う価値と同様に、我々がまだ未発見のものにも、さらに大きな価値が存在する可能性があります。食糧や水の供給といった基本的なサービスで常にそうであったように、気候変動（Turnerら 2009）や多剤耐性病原体（ボルネオ内陸部の細菌から得られる強力な抗生物質であるバンコマイシンなど、Moellering 2006）といった21世紀型の問題解決において、人類はあらゆる点で自然に依存したままです。これらや他の多くの例が示すように（McNeelyら 2009）、生物多様性は私たちが予期しない難題に対する解決策を繰り返し提供してくれます。生物多様性を保護する際、現在の市場において値をつけられるもの以外を無視した場合、我々は失敗するでしょう。我々の失敗を測る尺度には、自然の本質的価値やそれに対する我々の倫理的責任や自然の「存在価値」だけではなく、地域社会のアイデンティティや自然の存続から（直接的なものか否かを問わず）

利益を得る世界中の人々に対する価値も含まれます。即価格をつけられるもの以外の生物多様性も守ることを怠れば、長期的に我々は人間に幸福をもたらす自然の利益も維持できなくなるでしょう。このように、生物多様性と人間の幸福の間の「トレードオフ」に関するあらゆる議論は偽りの選択を示します。真のトレードオフが存在するのは、限られた人々への短期的利益と人類の長期的幸福の間です。

自然の価値——生態系サービスのグローバルな経済価値は測定不可能ですが、世界のGDP総計に匹敵する、あるいはそれを超えることはほぼ確実であり、生態系の利益は往々にして生態系保全のコストを上回ります。

　1997年までに、生態系サービスの世界的経済価値はトータルで年間33兆米ドルと推定されました（Costanzaら 1997）。これは世界のGDP総計のほぼ2倍です。

　世界保護地域ネットワークは、人間全体の自然資本を保存する我々の努力に欠かせない核となります。たとえば世界最大級の都市の約3割（105都市のうち33）が保護地域から多くの飲料水を直接得ています（Dudley & Stolton 2003）。自然生態系とその広範なサービスを維持することの価値は、これら限られた供給サービスに転換する価値を往々にして大きく上回り、世界の便益・費用推定比は3：1（Turnerら 2012）から100：1（Balmfordら 2002）までおよびます。

「壊れた経済コンパス」と、行動しない場合の犠牲——従来の経済寄りの意思決定では環境的利益が考慮されることは稀で、コストと利益は多くの場合、同じ地域で、あるいは同じ時間や場所では生まれません。このように、様々な生態系サービスが急速に消えており、人間の現在および未来の幸福に多大な事態を招いています。

　生態系は大きな利益をもたらしますが、生態系サービスの価値や自然資本は経済の意思決定において滅多に考慮されません。結果的に政府、銀行、企業などの諸機関の行動は経済学者パヴァン・スクデフが言うところの「壊れた経済コンパス」によって導かれます（Sukhdev 2011）。従来の意

思決定では、生態系サービスの価値とそれを失うことの犠牲は他所事として扱われるままです。

　このような食い違いの結果として、生態系とそのサービスの急速な消失が続きます。淡水、漁業、害虫駆除、大気・水の浄化、気候調整、自然災害と、Millennium Ecosystem Assessment (2005) の研究対象となったサービスの半分以上が劣化するか、あるいは持続不可能なレベルで利用されていました。過度に汲み取られた帯水層の水は、世界の穀物の多くの生産に使われます（Brown 2001）。世界では毎年900万ヘクタール超の森林が伐採されています。地球のサンゴ礁の約1/5が消失し、さらに1/5が過去数十年で退化しています。海洋漁業の2/3が持続生産量に等しい、あるいはそれを超える量を漁獲しています（Millennium Ecosystem Assessment 2005）。海洋生物多様性の消失は、海の食糧供給力と水質維持力に影響をおよぼします（Wormら 2006）。海洋多様性の低下は安定性の低下、資源崩壊率の増大、回復能力の減少を伴いました。世界の哺乳類や鳥類、両生類の10～30％が絶滅の危機に瀕しています（Millennium Ecosystem Assessment 2005）。化石燃料の燃焼や森林伐採など土地利用の変化によって、大気中の炭素量は約3割増えています（産業革命前は280ppmが、2003年には376ppm）。

　生態系の範囲、機能あるいは種の豊富さの変化は、重要なサービスの供給に大きなインパクトを与えます。人口成長は今世紀半ばに鈍化し横ばい状態になると予測されます。にもかかわらず、世界GDPは3～6倍に増え、高まり続ける生態系サービスの需要をさらに喚起すると予測されています（Millennium Ecosystem Assessment 2005）。

　生態系サービス消失あるいは劣化のコストは数値化し難いものの、このようなコストは大きく、また増えているとする証拠があります。最大のコストは、未来の機会損失と思われます。地球上の種のうちすでに記述されているものは10％に満たず、わずか1％しかない可能性もあります。まして研究されてはいません（Novotnyら 2002）。食糧や薬物の新たな源から学ぶ、あるいはこれらを楽しんだり発見したりする機会は、種が消滅する毎に減ります。多くの種の間の相互作用の複雑さゆえに、わずか1種の絶

減でも、人間にとって重要な他の種や、数多くのサービスをもたらす生態系機能に雪だるま式の波及的影響がおよびます。

　種の搾取や生態系破壊は人間の幸福に深刻な影響をもたらします。沿岸湿地やマングローブ林が破壊されることで、人間の死亡率や熱帯低気圧の経済的ダメージが増大します（Costanzaら 2008、Das & Vincent 2009）。人間による消費を目的とした野生生物取引は2003年の東アジアの重症急性呼吸器症候群（SARS）のような疾病蔓延につながります（Guanら 2003）。アフリカでは放牧地の退化から家畜生産が減少し、年間で推定70億ドルの損失となりました。これはエチオピアのGDPとほぼ同じ額です（Brown 2001）。1980年から2000年にかけて、土壌の肥沃度低下と侵食からカザフスタンの耕作地のほぼ半分が放棄され、小麦の収穫高が落ちて年間の経済損失が9億ドルに達しました。

　1990年代の初め、ニューファンドランドのタラ漁業が乱獲のために崩壊し、何万もの雇用が失われ、20億ドル以上の所得補助金給付と再訓練に至りました（Millennium Ecosystem Assessment 2005）。世界中で、漁業収益の落ち込みは年間500億米ドルと推定されます（TEEB 2010）。過去十年間の陸生生物多様性の消失によって世界経済が失った金額は年間で5000億ドルと推測されます（TEEB 2009）。2003年の自然災害（火事、洪水、暴風雨、干ばつ、地震）による経済的損失は総計約700億ドルで、1950年代から10倍増えています（Millennium Ecosystem Assessment 2005）。今後数十年で、自然災害の頻度・強度の増大など気候変動の影響は、種や生態系から与えられるサービスの重要性と需要を高めるでしょう（Turnerら 2009）。

　生態系喪失のコストは不均衡な形で貧者にのしかかります。食糧や水、住まい、エネルギー、暮らしにおいて、自然への直接の依存度がより高いのが貧者です。このように、生態系破壊は既存の不平等を悪化させ、結果として貧困と紛争が増大します（Millennium Ecosystem Assessment 2005）。これによって、2000年に国連総会が合意したミレニアム開発目標を達成するための国際的取り組みといった、人間の幸福を高める努力が難しくなります。

壊れた経済コンパスの修理──生態系サービスや自然資本の価値を社会の全てのセクターで国家の会計や意思決定プロセスに組み入れ、生物多様性と生態系サービスを「グリーンな経済発展の最も根本的な要素」として認識し、生態系の利益へのアクセスと生態系保全のコストを公平に共有しなければなりません。

　生態系の利益を受ける者と生態系保全の費用を負担する者との一連の食い違いから、自然の価値を意思決定に採り入れることが難しくなります。たいていの場合、生態系保全の費用は近隣の人々が負担しますが、たとえば水の供給や気候調整、娯楽では、多くの利益が広い距離的範囲において生まれます。また一時的な食い違いもあります。負担する費用の大きさは即時に、また鋭敏に実感できる一方で、その利益に気づくには時間がかかることが多いものです。さらにサービスの重要性は、それを享受する人や地域、機関によってまちまちです（Kremenら 2000）。

　このような食い違いは放っておいて解決するものではなく、これらを理解することによって解決への道が示せます。解決策として挙げられるものの中に「生態系サービスへの支払い」があります。これはサービス受益者から資源管財人または生態系確保のために自らの行動を改めなければならない人への資金転送です（Wunderら 2008）。

　生態系サービスへの支払いといったメカニズムはサービスを保全あるいは促進するインセンティブをもたらします。場合によっては、何らかのサービス（炭素隔離など）を保全することで相乗的に他のサービスが生まれます（たとえば淡水などの生物多様性の利益、Larsenら 2011）。また、このようなメカニズムは慎重に計画・実施すれば、貧困緩和や持続可能な開発の促進にもつながります（Turnerら 2012）。各サービス間の相乗効果とトレードオフを理解するには、サービスの価値と位置を知らなければなりません。世界的（TEEB 2010）、国家的（Moilanenら 2011、世界銀行「富の算出と生態系サービスの評価」など）、局地的（Beierら 2008、O'Farrellら 2010）な規模で、生態系サービスのコストと利益を地図に描く努力が始まっています。生態系サービスへの支払いや森林減少・劣化に

起因する温室効果ガス排出削減（REDD）などのメカニズムにより、サービスのコストと利益の食い違い解消や、過去に未評価のサービスに対する市場や制度の開発、さらに公正な利益共有が始まっています。それでも、「壊れたコンパス」を修理し生態系退化を食い止めると同時に今後数十年におけるサービス需要増大に対応するには政策、制度、慣行の抜本的改革が必要です。

参考文献

1. Balmford, A., A. Bruner, P. Cooper, et al. 2002. Economic reasons for conserving wild nature. *Science* 297:950–953.
2. Becker, S., and H. Terlau. 2008. Toxins from cone snails: Properties, applications and biotechnological production. *Applied Microbiology and Biotechnology* 79:1–9.
3. Beier, C. M., T. M. Patterson, and F. S. Chapin. 2008. Ecosystem services and emergent vulnerability in managed ecosystems: A geospatial decision-support tool. *Ecosystems* 11:923–938.
4. Brodie, J. F., and H. K. Gibbs. 2009. Bushmeat hunting as climate threat. *Science* 326:364–365.
5. Brown, L. R. 2001. *Eco-economy: Building an Economy for the Earth.* W. W. Norton & Co., New York.
6. Chivian, E., and A. Bernstein, editors. 2008. *Sustaining Life: How Human Health Depends on Biodiversity.* Oxford University Press, New York.
7. Costanza, R., R. dArge, R. deGroot, et al. 1997. The value of the world's ecosystem services and natural capital. *Nature* 387:253–260.
8. Costanza, R., O. Pérez-Maqueo, M. L. Martinez, P. Sutton, S. J. Anderson, and K. Mulder. 2008. The value of coastal wetlands for hurricane protection. *Ambio* 37:241–248.
9. Daily, G. C., and K. Ellison 2002. *The New Economy of Nature: The Quest to Make Conservation Profitable.* Island Press, Washington, D.C..
10. Das, S., and J. R. Vincent. 2009. Mangroves protected villages and reduced death toll during Indian super cyclone. *Proc. Natl. Acad. Sci. U.S.A.* 106:7357–7360.
11. de Groot, R. S., M. A. Wilson, and R. M. J. Boumans. 2002. A typology for the classification, description, and valuation of ecosystem functions, goods and services. *Ecological Economics* 41:393–408.
12. Dudley, N., and S. Stolton 2003. *Running pure: The importance of forest protected areas to drinking water.* World Bank and WWF, Washington, D.C..

13. Dyck, A. J., and U. R. Sumaila. 2010. Economic impact of ocean fish populations in the global fishery. *J. Bioeconomics* 12:227–243.
14. FAO Fisheries and Aquaculture Department 2010. *The State of World Fisheries and Aquaculture*. Food and Agriculture Organization, Rome.
15. Gentry, A. 1993. Tropical forest biodiversity and the potential for new medicinal plants in A. D. Kinghorn, and M. F. Balandrin, editors. *Human Medicinal Agents from Plants*. American Chemical Society, Washington, D.C..
16. Guan, Y., B. J. Zheng, Y. Q. He, et al. 2003. Isolation and characterization of viruses related to the SARS coronavirus from animals in Southern China. *Science* 302:276–278.
17. Howe, H. F., and J. Smallwood. 1982. Ecology of seed dispersal. *Ann Rev. Ecol. Syst.* 13:201–228.
18. Kone, I., J. E. Lambert, J. Refisch, and A. Bakayoko. 2008. Primate seed dispersal and its potential role in maintaining useful tree species in the Taï region, Côte-d'Ivoire: Implications for the conservation of forest fragments. *Tropical Conservation Science* 1:293–306.
19. Kremen, C., J. O. Niles, M. G. Dalton, G. C. Daily, P. R. Ehrlich, J. P. Fay, D. Grewal, and R. P. Guillery. 2000. Economic incentives for rain forest conservation across scales. *Science* 288:1828–1832.
20. Kunz, T. H., E. B. de Torrez, D. Bauer, T. Lobova, and T. H. Fleming. 2011. Ecosystem services provided by bats. *Annals of the New York Academy of Sciences* 1223:1–38.
21. Laffoley, D., and G. Grimsditch 2009. The Management of Natural Coastal Carbon Sinks. International Union for Conservation of Nature, Gland, Switzerland.
22. Larsen, F. W., M. C. Londoño-Murcia, and W. R. Turner. 2011. Global priorities for threatened species, carbon storage, and freshwater services: Scope for synergy? *Conservation Letters* 4:355–363.
23. Lavelle, P., T. Decaëns, M. Aubert, S. Barot, M. Blouin, F. Bureau, P. Margerie, P. Mora, and J.-P. Rossi. 2006. Soil invertebrates and ecosystem services. *European Journal of Soil Biology* 42:S3–S15.
24. Levitus, S., J. Antonov, and T. Boyer. 2005. Warming of the world ocean, 1955–2003. *Geophys. Res. Lett.* 32:L02604.
25. Losey, J. E., and M. Vaughan. 2006. The economic value of ecological services provided by insects. *BioScience* 56:311–323.
26. Maestre, F. T., J. L. Quero, N. J. Gotelli, et al. 2012. Plant species richness and ecosystem multifunctionality in global drylands. *Science* 335:6065.
27. McNeely, J. A., R. A. Mittermeier, T. M. Brooks, F. Boltz, and N. Ash 2009. *The Wealth of Nature: Ecosystem Services, Biodiversity, and Human Well-Being*. CEMEX, Mexico City.

28. Millennium Ecosystem Assessment 2005. *Ecosystems and Human Wellbeing: Synthesis*. Island Press, Washington, D.C..
29. Moellering, R. C. 2006. Vancomycin: A 50-year reassessment. Clinical Infectious Diseases 42 (Supplement 1):S3–S4.
30. Moilanen, A., B. J. Anderson, F. Eigenbrod, A. Heinemeyer, D. B. Roy, S. Gillings, P. R. Armsworth, K. J. Gaston, and C. D. Thomas. 2011. Balancing alternative land uses in conservation prioritization. *Ecological Applications* 21:1419–1426.
31. Novotny, V., Y. Bassett, S. E. Miller, G. D. GWeiblen, B. Bremer, L. Cizek, and P. Drozd. 2002. Low host specificity of herbivorous insects in a tropical forest. *Nature* 416:841–844.
32. O'Farrell, P. J., B. Reyers, D. C. Maitre, et al. 2010. Multi-functional landscapes in semi arid environments: Implications for biodiversity and ecosystem services. *Landscape Ecology* 1231–1246.
33. Sukhdev, P. 2011. Focusing on GDP growth fails to account for the value of nature, July 2011 blog post. *The Guardian*, London.
34. TEEB 2009. The Economics of Ecosystems and Biodiversity for National and International Policy Makers. UNEP, Bonn.
35. TEEB 2010. The Economics of Ecosystems and Biodiversity: Mainstreaming the Economics of Nature: A Synthesis of the Approach, Conclusions and Recommendations of TEEB. UNEP, Bonn.
36. Triplitt, C., and E. Chiquette. 2006. Exenatide: From the Gila monster to the pharmacy. *Journal of the American Pharmacists Association* 46:44–52.
37. Turner, R. K., and G. C. Daily. 2007. The ecosystem services framework and natural capital conservation. *Environmental and Resource Economics* 39:25–35.
38. Turner, W. R., K. Brandon, T. M. Brooks, C. Gascon, H. K. Gibbs, K. Lawrence, R. A. Mittermeier, and E. R. Selig. 2012. Global biodiversity conservation and the alleviation of poverty. *BioScience* 62:85–92.
39. Turner, W. R., M. Oppenheimer, and D. S. Wilcove. 2009. A force to fight global warming. *Nature* 462:278–279.
40. VanCompernolle, S. E., R. J. Taylor, K. Oswald-Richter, J. Jiang, B. E. Youree, J. H. Bowie, M. J. Tyler, and e. al. 2005. Antimicrobial peptides from amphibian skin potently inhibit human immunodeficiency virus infection and transfer of virus from dendritic cells to T cells. *J. Virology* 79:11598–11606.
41. Whelan, C. J., D. G. Wenny, and R. J. Marquis. 2008. Ecosystem services provided by birds. *Annals of the New York Academy of Sciences* 1134:25–60.
42. Worm, B., E. Barbier, N. Beaumont, et al. 2006. Impacts of biodiversity loss on ocean ecosystem services. *Science* 314:787–790.

43. Wunder, S., S. Engel, and S. Pagiola. 2008. Taking stock: A comparative analysis of payments for environmental services programs in developed and developing countries. *Ecological Economics* 65:834–852.

● Ecosystem Services —— Protecting our Heritage and Life Support System

15 我々の遺産と生命維持システムの保護

●
ハロルド・ムーニー
Harold Mooney

　生態系サービスという概念が、すべてのレベル、すなわち国際協定から公共・民間を問わず各機関の国家・地方的優先事項において、研究課題と政策決定に深く浸透するまでに、比較的時間はかかりませんでした。「生態系サービス」という用語が大衆紙に現れ始めています。その理由は何でしょうか？　単純に、このコンセプトは社会の多くのセクターと共鳴します。なぜなら生態系サービスは人々に利益を与えるからです。社会に奉仕する政治家は、このような利益を守り、高めることに関心を持ちます。自然保護活動家がこのコンセプトに惹かれる理由は、生態系サービスが生息環境の多様な生物を基盤とし、生物多様性の保全を訴えかける点です。企業の関心を呼ぶ理由は、生態系サービスには農業者と同様、企業にとっても欠かせないものが含まれるためです。開発省庁がこのコンセプトを受け入れる理由は、生態系サービスの供給と貧困緩和との強い関連性ゆえです（Barrett、Travisら 2011）。社会のあらゆる部門が、植生流域からもたらされる自然と清潔な水のインスピレーションから利益を得ます。我々はみな、このようなサービスの受益者であり、我々の生命は生態系サービスにまさしく依存しているのです。

　我々にできることは何でしょう？　生態系のコンセプトは多くのセクターに浸透していますが、社会の意識向上のためにさらなる運動が求められます。生態系のコンセプトを中等教育に導入することは、一般社会への啓発運動とともに、上記の目的達成の良い方法でしょう。

自然がもたらす多くの生態系サービスは豊富で、またすべての人間が無料で享受できます。これには良い面と悪い面があります。無料かつ豊富であるがゆえに、このような資源の保護に関心が向きませんでした。英国の著名な生物学者トマス・ハクスリーが、1883年にロンドンで開催された漁業展の開会時に次のような発言をしています（Huxley 1883）。「タラ漁業、ニシン漁業、イワシ漁業、サバ漁業、そしてすべての大海漁業は無尽蔵だと思います。これは何をやっても魚の数に大して影響しないということです。このような漁業を規制するいかなる試みも結局、問題の本質を考えると無益に思えます。」
　人類史上さほど昔ではないこの楽観的な発言以降、漁獲過多によって多くの漁業が崩壊してきました。その漁獲過多を可能にしたのは漁獲技術の進歩であり、この「無料の」資源収穫に対する規制枠組みの欠如です。より一般的に言うと「専らこの半世紀の間に、生態系サービスの60％超が社会への利用可能性において下降している」というのが、千人以上の科学者を対象とした世界的調査の結論です（MA 2005）。

　我々にできることは何でしょうか？　生態系サービス供給さらには変化の生物物理学的および社会的動因を含む供給システムを定期的に評価する「生物多様性及び生態系に関する政府間プラットフォーム（IPBES）」を支援する必要があります。
　地球上には膨大な数の生物が存在します。その数は間違いなく何百万単位です。しかし、このように数が豊富でも生物学的遺産の真の豊かさはつかめません。事実上すべての種の個体それぞれが程度こそ違え遺伝子的に独特であり、同じ種の生物や他の相互作用種との明確な相互関係を決める特徴を個々として、またはまとまった形で持ちます（Whitham、Gehringら 2012）。とはいえ、生態系の機能に支配的な影響をおよぼす中枢種として機能する種があります。それは木の種であったり、微生物であることも考えられます（Power、Tilmanら 1996）。しかし、これらの中枢種の生存は他の種に依存します。自然の中には最高捕食者のように、共同体あるいは食物連鎖全体の性質をコントロールする頂点の種が存在します。歴史を

通して、人類はこのような頂点の種を陸上でも海洋でも狩猟してきました。これらの絶滅によって生態系全体が変容、時には崩壊し、人類にとって好ましくない事態を迎えます（Estes、Terborghら 2011）。

大陸間の種移動に対する昔ながらの障壁が崩れ、生息環境において個体数を制限してきた共存種のない新たな環境へと種は移動しています。このような制限がなければ侵入者が爆発的に増え、気候限度において占める割合がもとの環境にいた時よりも大きくなります。多くの場合、このような侵入者は利益をもたらしません。むしろ、侵された生態系や、そこから社会によって派生するはずの利益を大いに害します。例として挙げられるのは、収穫物や森林の多くを破壊し、人間の健康をも直接冒す疾病です。これらは水資源賦存量に悪影響をおよぼし、生態系の可燃性を高めます。国際貿易の拡大と同時に、侵入種の数はすべての大陸において増えています（Mooney、Mackら 2005）。船や飛行機で、おおむね不注意によって輸送される好ましくない侵入種が増えています。急速な気候変動の生態系破壊が原因で、この問題はさらに悪化するでしょう（MooneyとHobbs 2000）。

Perringsら（Perrings、Mooneyら 2010）は、国際保健規則（IHR）や世界貿易機関（WTO）の衛生および植物衛生協定（SPS）といった国際協定に適合するうえで対処可能な多くの問題を指摘しています。国際貿易促進というWTOの使命は、国際通商の負の潜在的影響に対する配慮と対応がより一層求められます。輸入に伴う潜在的有害生物からの境界線保護にかかるコストは、かつての侵入種制限で設定されたコストよりも低いのは明らかです。世界の国境検問能力は不均一であり、国境検問能力がなければ侵入種の問題は拡大し続けるでしょう。

我々にできることは何でしょうか？　国際通商を規制する政策手段を均一に揃え、国境検問能力を高めることです。

人類は、自らの幸福に不可欠な生態系サービスの保護、管理、デザインにおいて大きな試練に直面しています。多種多様な生物の多重要素と生態系サービスの関係に関する我々の知識の一般的特徴や、そこから生まれる広範な結果ははっきりしている（MA 2005）（Leadley、Pereiraら 2010）

ものの、種の多様性と生態系機能とサービス供給の関係詳細についてはいまだに初歩的なままです。特定のシステムや場所について我々はかなりの知識を持っていますが、これは広範囲な実験を基盤としてさらに広げていかなければならない知識です。このような知識は、より一般的に活用可能です。このような情報は資源最適利用のための管理だけでなく、気候など生態系に付きものの地球の多重変化の可変的性質に対応するうえでも非常に貴重です。いかなる場所でも生態系の構造と機能が将来的にその性格を変えることは間違いありません。我々は新たな気候状況の進展、そして現在我々が見ているものの破壊、さらに新たな環境と新たな種類の生態系の発展を目の当たりにすることになります（Hobbs、Higgsら 2009）。いま我々の手元にあるものを管理し、未来を予期して、過去の状態への回帰に対する介入の課題・機会を経営者や政策立案者たちに伝えるためには、より基本的な情報が必要です。

　我々にできることは何でしょうか？　それは現在の、および将来予期される環境において多様性や生態系プロセス、サービスの性質を探り、我々の未来のシナリオ開発能力を高める、世界的および包括的実験ネットワークを構築することです。
　近年、生態系サービスの経済評価が立て続けに研究されています。このような努力によって意思決定者たちは、特定の開発決定の経済的因果関係を究明するうえで必要な情報を得ます。多くの政策的枠組みはプランニングに費用便益分析を要します。かつては生態系サービスの金銭的価値に対する理解が乏しかったため、生物多様性や関連する生態系サービスの経済価値は、このプロセスには含まれませんでした。ミレニアム生態系評価（MA 2005）は、そのような分析に刺激を与えたものの、2000年代初頭に同研究が実施されていた当時は情報基盤がわずかでした。この欠落状態を改善するため、UNEPは「生態系と生物多様性の経済学」（TEEB）（TEEB 2010）を立ち上げ、各国は評価作業を実行または促進しました。あるいはそれを行う能力を構築しました（EPA 2009、UK 2011）。各大学とNGOの合弁事業体が率いる自然資本プロジェクトは、所定のランドスケープにお

けるサービスの空間明示評価開発に使える数多くのソフトウェアツールを生み出しています。この情報をもとに、特定の開発シナリオの全面的な経済的因果関係を知ることができます（Kareiva、Tallisら 2011）。

経済評価に適さないサービスが数多くあります。これらの多くは、局所的に重要な文化的サービスです。最終の意思決定に重要な役割を果たすため、このような非経済的サービスは非常に重要で、評価が必要です。

我々にできることは何でしょうか？　土地利用の意思決定において、複数の空間規模で生態系サービスを選ぶうえでトレードオフの平衡を保つ手段を意思決定者に与えることです。これには経済評価と非経済評価の両方が含まれます。

生態系サービスの経済評価は進展しているものの、そのサービスの市場は、すべての生態系サービスでの総合的発展になかなか至りません。食料や繊維、燃料といった供給サービスの市場は確立されています。また炭素隔離や、程度こそ限られますが生物多様性の市場も発展しているところです。しかし、これよりもはるかに多くのものが早急に必要とされています。Kinzigら（Kinzig、Perringsら 2011）が述べたように、我々は「支払った分の見返りを得る」ことで、生態系サービス供給において世界的に見られた損失がおもに市場にないサービス（主に流域保護、害虫規制、気候・侵食制御といった公共財）で生じていると例証します。

より包括的な市場構築への緊急性の一例を挙げるならば、自然的および文化的多様性両方の宝庫である世界の多目的利用あるいは「ワーキング・ランドスケープ」に進展が見られます。ワーキング・ランドスケープは、最近の生物多様性条約SATOYAMAイニシアティブの採択で注目を集めました。人口が都市部に移動するにつれ、かつて複数のサービスを提供できる形で使われていたランドスケープは放棄されています。あるいは大規模の産業的農業へと開発されています。1つ例を挙げると、カリフォルニア州のオーク森林地帯は昔から牛の放牧に使われています。このようなランドスケープにおける放牧作業は実際、数多くの種が生息するオークの木々を保全することで生物多様性を直接的および間接的に高めます。牧場

経営者らは景観美や生物多様性、炭素貯蔵や流域保護の守護者となっています。これらのサービス保護・維持への支払いという形で牧場経営者は報酬を得ません。放牧活動に対する経済的利益は乏しいものの、先祖たちが享受してきた伝統的な生き方という快適性価格を得ます。土地の損失によって、さらに現在の主要開発経路としての産業的農業あるいは分散型住宅事業への転換によって、相続税が発生します。生態系サービス計画に対する全額支払いは、伝統的なシステムや、そこから提供される生態系文化的および生物的サービスの重要な供給源の維持に役立ちます。

　国の規模では、「GDPのような測定基準は、人間の幸福や国家の富を測るうえで完全ではない」(Dasgupta 2002) と述べられています。昔ながらの測定基準において富を得ていると思われる国々は実際、自国の自然資本とその枯渇を考慮しないために富を失っている可能性があります。人工資本や人的資本だけでなく自然資本をも包含する包括的な富の測定基準を活用する取り組みが現在なされています (World Bank 2006)。本質的に欠陥のある、あるいは少なくとも不完全な会計システムによって我々が失っているサービスの価値に対する社会的認識を正すうえで、この取り組みは非常に大きな一歩になるでしょう。

参考文献

1. Barrett, C. B., A. J. Travis, et al. (2011). "On biodiversity conservation and poverty traps." *Proceedings of the National Academy of Sciences of the United States of America* 108(34): 13907–13912.
2. Dasgupta, P. (2002). *Human Well-Being and the Natural Environment*. Oxford, Oxford University Press.
3. EPA (2009). Valuing the Protection of Ecological Systems and Services. A Report of the EPA Science Advisory Board. Washington, D.C., US Environmental Protection Agency.
4. Estes, J. A., J. Terborgh, et al. (2011). "Trophic Downgrading of Planet Earth." *Science* 333(6040): 301–306.
5. Hobbs, R. J., E. Higgs, et al. (2009). "Novel ecosystems: implications for conservation and restoration." *Trends in Ecology & Evolution* 24(11): 599–605.

15 我々の遺産と生命維持システムの保護

6. Huxley, T. H. (1883) *Inagural Address*. International Fisheries Exhibition, London.
7. Kareiva, P., H. Tallis, et al., Eds. (2011). *Natural Capital. Theory and Practice of Mapping Ecosystem Services*. Oxford, Oxford University Press.
8. Kinzig, A. P., C. Perrings, et al. (2011). "Paying for Ecosystem Services-Promise and Peril." *Science* 334(6056): 603–604.
9. Leadley, P., H. M. Pereira, et al. (2010). Biodiversity Scenarios: Projections of 21st century change in biodiversity and associated ecosystem services. Montreal, Canada, Secretariat of the Convention on Biological Diversity.
10. MA (2005). *Ecosystems and Human Well-being:Synthesis*. Washington, DC, Island Press.
11. Mooney, H. A. and R. J. Hobbs, Eds. (2000). *Invasive Species in a Changing World*. Washington, D.C., Island Press.
12. Mooney, H. A., R. N. Mack, et al., Eds. (2005). *Invasive Alien Species: A New Synthesis*. Washington, D.C., Island Press.
13. Perrings, C., H. Mooney, et al., Eds. (2010). *Bioinvasions and Globalization. Ecology, Economics, and Policy*. Oxford, Oxford University Press.
14. Power, M. E., D. Tilman, et al. (1996). "Challenges in the quest for keystones." *Bioscience* 46(8): 609–620.
15. TEEB (2010). *The Economics of Ecosystems and Biodiversity: Mainstreaming the Economics of Nature: A synthesis of the approach, conclusions and recommendations of TEEB*. Nairobi, United Nations Environmental Report.
16. UK, N. (2011). *The UK National Ecosystem Assessment Technical Report*. Cambridge, UNEP-WCMC.
17. Whitham, T. G., C. A. Gehring, et al. (2012). "Community specificity: life and afterlife effects of genes." *Trends in Plant Science*. r7(5): 271-281.
18. World Bank (2006). *Where is the Wealth of Nations: Measuring Capital for the 21st Century*. Washington, D.C., World Bank.

政策と経済社会との連携

● Environment and Development Challenges——Imperative of a Carbon Fee and Dividend

16 炭素排出料と配当の必要性

●
ジェームス・E・ハンセン
James E. Hansen

　大半の政府は人為的な気候変動がおよぼす脅威にほとんど関心を払っていません。195ヶ国の政府が気候への「危険な人為的干渉」の回避に合意した気候変動枠組条約[1]などによって、気候変動の存在を認識しています。しかしながら、枠組条約の実施手段すなわち京都議定書は効果に乏しく、1997年の採択以来世界の化石燃料のCO_2排出量は約3％/年増加しています。京都議定書以前の数十年間の増加率はわずか1.5％/年でした［http://www.columbia.edu/~mhs119/Emissions/[2]のグラフの更新版を参照］。

　文明が開化した時のような地球（すなわち、海岸線の継続的後退という経済的破滅や地球上の多くの種を絶滅に追いやった道徳面の悪夢を回避する世界）を維持しようと望むなら、上述のような無責任な道のりは長続きしません。科学の答えは明確です。化石燃料の大半を燃やすことで、上に述べたような結末を招きます[3]。

　少なくとも、気候変動の危険地帯へのある程度の突入は現在不可避ですが、迅速な行動で10年以内に方向転換をすることで、幸いにも人類や自然への影響を緩和できます。化石燃料排出の急速な段階的廃止に必要な政策は国民、特に効果的政策を早期導入する利点を認識する国々に幅広い利益をもたらすでしょう。したがって、効果的な政策実施に必要な政治的意思が結集できると楽観視する根拠が幾分残されています。

　とはいえ、これを実現するには、京都議定書を挫折させた根本的な誤りを次のアプローチで繰り返さないことが不可欠です。効果のないアプローチに15年を費やしてしまったら、現在の若者や未来の世代に対する壊滅的な結末を避けられなくなります。したがって気候科学の観点から、京都議

定書のアプローチにおける主な欠陥を明確にすることが重要です。

京都議定書

　京都議定書のアプローチの根本的欠陥は、「キャップ（上限）」のメカニズムに基づいている点です。このアプローチは2つの問題を不可避にします。まず、国家間で公平で、かつ気候安定に必要な速度で炭素排出を削減する排出キャップの方程式が見つけられなくなりました。さらに、排出量削減を導く企業、個人、国家に報酬を与える明確な価格シグナルが提示されていません。

　上記の1つめの問題の妥当性は、過去の累積排出量と比例する国家の気候変動責任[4, 5]を比較することで立証可能です。英国、米国、ドイツの1人当たりの責任は中国やインドの責任をほぼ10倍上回ります[4]。英国や米国、ドイツが明日排出を止めたとしても、中国やインドなどの途上国がそれに匹敵する気候変動責任に達する時までには世界は何らかの気候的惨劇に向かっているでしょう。

主なポイント：炭素排出料と配当が不可欠な理由

1. 若者や自然にとって受け入れがたい悲劇的かつ非道徳的な結末を招かずに大気中に放出できる化石燃料の二酸化炭素には限界があります。
2. 我々はまもなく、炭素排出量の限界に達することが明らかです。なぜなら、化石燃料のエネルギーインフラをカーボンニュートラルか二酸化炭素収支がマイナスなエネルギーに代えるには何十年もかかるためです。
3. 人為的な大気組成変動への全面的な気候対応を遅らせる気候システムの慣性は我々にとって味方でも敵でもあります。この遅れによって、持続可能な炭素荷重のある程度の超過が許容されますが、人類の手に負えない壊滅的な事象を引き起こす不可逆的な気候ポイントを通過する危険も伴います。
4. 炭素排出を支配する、以前の非効果的なパラダイムではなく、化

石燃料が国内市場に入る場所（国内の鉱山あるいは通関手続地）において化石燃料会社から一律逓増式に炭素排出料を徴集するパラダイムが求められます。
5. 化石燃料会社から徴収されるすべての資金は国民に分配されます。これは国民が炭素価格の大幅かつ継続的高騰を支持し、エネルギー利用の選択に必要な変化を段階的に導入する手段を各個人に与えるうえで必要です。

「キャップ」方式をグローバルに、あるいはそれに近くできるという考えは非現実的です。世界の気候的苦境に責任がより少ない国々は、先進国レベルのCO_2排出キャップ（ましてや徐々に縮小するキャップ）を受け入れるべきではないと考えており、それを正当化する相当な理由を持っています。同時に、米国を含む一部の先進国は、途上国に課されるよりも厳しいキャップに縛りつけられることを拒みます。この行き詰まりはキャップ方式では解決不可能です。キャップ方式で現在までに採択された数値目標は、気候安定化に求められる削減量と比べると微々たるものです。

京都議定書の2つめの欠陥はより重要です。それは「オフセット」の導入です。各国は植林や非CO_2温室効果ガス（メタン、クロロフルオロカーボンなど）の排出削減といった代替措置によって化石燃料排出削減を制限できます。しかし、これらのオフセットは化石燃料排出と同等ではありません。なぜなら、化石燃料の炭素は何千年もの間、表面炭素貯留層（大気、海洋、土壌、生物圏）に残るためです。気候安定化のために求められる化石燃料排出の迅速な段階的廃止は、オフセットによる漏れが許されるとすれば実現できなくなります。料金・配当方式での化石燃料に対する均一かつ一律の炭素排出料によって漏れを避けることができます。非CO_2温室効果ガス削減へのインセンティブは有用でしょうが、このような計画は化石燃料によるCO_2排出の段階的廃止という根本的な要件に干渉してはなりません。

炭素排出料と配当

料金・配当制度[5]は、あらゆる化石燃料の国内販売を扱う化石燃料会社から徴収する均一料金（CO_2のトン数当たりのドルにおいて指定される単数）によるものです。徴収地点が国内鉱山での最初の販売時と輸入化石燃料の通関手続地のみと非常に少ないため、徴収コストは微々たるものです。徴収された全額は毎月、平等の1人当たりの額でその国の合法居住者に電子的に（銀行口座またはデビットカードへ）分配されます。したがって、平均的な化石燃料の使用量を下回る（現在のエネルギー使用分布にて国民の60％超）人々は、支払い分の増額よりも受け取る配当金の月額のほうが多くなります。しかし良い財政状態を保つ、あるいは自らの地位を向上させるためのカーボン・フットプリント削減の強力なインセンティブをすべての人々が得ます。

炭素排出料は小額からスタートし、経済刺激の利益の種をまきつつ突然の変化による経済的破壊を抑えたレートで増額されます。化石燃料の価格が、その社会に対するコストと釣り合うレベルまで上がることが経済効率によって求められます。化石燃料が現在有力なエネルギーである唯一の理由は、環境および社会的コストが価格に内部化されるのではなく、全体として社会に外部化されていることです[6]。化石燃料の採掘・燃焼による空気や水の汚染に起因する人間の健康維持費は推定100〜1000ドル/t CO_2[7]で、気候変動コストと同様、国民が負担しています。

国際的実施

気候的脅威の現実と結末が明らかになった今、すべての国家が行動を共にして非効果的なオフセット付きキャップ・アンド・トレード方式を撤廃する必要性を国際社会は認識するべきです。京都議定書に提示された代替措置も手ぬるいのが現実です[5]。これによって化石燃料の積極的な開発が世界中で続いています。オフセットや適応に対する十分な支払いが行われている場合、開発途上国は黙認します。これは現在の先進国および開発途上国の年長者にとっては好都合ですが、若者や未来の世代に対する侵害が

明らかになっている以上、そのような侵害は終わらせなければなりません。

　根本的に、補助金や社会的費用を支払わないことによって化石燃料が安価であり続ける限り、化石燃料の燃焼は続きます。表面的には成功してきたキャップさえも大きな効果はありません。これらは単に燃料需要を抑えるだけで、燃料価格を下げるとともにどこかで誰かが化石燃料を燃やすインセンティブを生み出します。エネルギー効率の向上、そして再生可能エネルギーや原子力といった炭素を含まないエネルギー源を代替物とし、化石燃料を経済効率的に段階的に撤廃させるアプローチが必要です。

　炭素排出に対する均一（一律）な逓増料金（税金）が必要です。エネルギー使用国が国内の鉱山や通関手続地で徴収するそのような均一料金をもってすれば、炭素許可証やそれに基づいた金融派生商品の取引は不要です。炭素取引に本質的に伴う価格変動は価格シグナルをかき消します。化石燃料の迅速な段階的撤廃と代替物の段階的導入には、料金逓増が続くと企業や消費者が確信することが必要です。取引のもう1つの欠陥は、大銀行を関与させる点、また銀行の全利益がエネルギー価格増額によって国民から取り出されてしまう点です。

　炭素排出料（税）方式はキャップ・アンド・トレード[8]よりも世界的展開が容易です。たとえば、大きな経済圏（欧州と米国あるいは欧州と中国）が炭素税に合意したとします。同等の炭素税が課されていない国からの輸入品については、生産に使う化石燃料の標準的概算に基づいて、国境税が課されます。このような国境税は、「生産の際の化石燃料使用量が基準よりも少ないと書類で立証できる輸出者は適切に調整された国境税を割り当てられる」という条件が付いた世界貿易機関のルールによって可能になります。国境税は、炭素税課税の強いインセンティブを輸出国に与えます。したがって、これらの国々は輸入国に徴収してもらうのではなく、自ら資金を徴収できます。

　炭素価格増額が不可避と認識されれば、料金・配当制の早期導入者であることの経済的利点によって制度実施を促進できます。これには正直なエネルギー価格設定の経済効率化とエネルギー効率が高い低炭素製品開発のスタートが含まれます。カーボン・フットプリントを抑える中・低所得者

層への経済的利益の可能性は、拡大する富の格差に対する多くの国の人々の苛立ちを和らげます。国民の化石燃料依存から甚大な利益を引き出すごく一部の化石燃料長者を除いて、上流階級に対する炭素価格の影響は小さく脅威にならない点に着目してみましょう。料金・配当制のさらなる社会的利益は、不法移民へのインパクトです。合法移民になる強い経済的インセンティブを移民に与えることで、国境のパトロールよりも効果的に不法移民を和らげ、減らしさえもします。

国家的実施

ほとんどの国において化石燃料依存解決への最大の障壁は、政治家やメディアに対する化石燃料産業の影響力の大きさと政治家の短期的な視点です。技術・科学面の経験豊富な指導者を持ち、長期的に物事を見る歴史を誇る中国[9]では、持続可能なエネルギー政策に世界を動かすリーダーシップが生まれる可能性があります。中国のCO_2排出量が他国と比べて飛躍的に上がっているものの、中国は現実的なスピードで化石燃料から撤退できる理由があります。海抜25メートル以内に数億人が住む中国は地球温暖化の深刻化に伴い干ばつや洪水、嵐が起こる国です[3, 5, 10]。また中国は米国に比べると化石燃料依存を回避する利点を認識しています。このように、中国はエネルギー効率、再生可能エネルギー、原子力の開発においてすでに世界的リーダーです。

二流の経済への転落という差し迫る脅威が米国を行動に駆り立てる可能性もあります。しかしその行動には以前のキャップ・アンド・トレードの失敗の（大銀行、公益事業、石炭、石油への投売りでいっぱいの）残骸が含まれてはなりません。料金逓増が一定で、徴収される収益が1人当たりベースで合法居住者に100％分配されるシンプルで明確なアプローチが必要です。

料金・配当制度によって市場はテクノロジーの勝者を選ぶことができます。政府はお気に入りを選ぶべきではありません。すなわち、化石燃料だけでなくすべてのエネルギーについて補助金を撤廃するべきです。このやり方は、価格シグナルが国民にエネルギー効率やクリーンエネルギーの導

入を促す中でイノベーションを促進し、経済を刺激します。すべての材料とサービスは化石燃料のコストを自然に包含します。たとえば、近隣農場で収穫された持続可能な食品のほうが、地球の裏側で収穫され肥料をたくさん使った製品よりも有利になるでしょう。

炭素価格は少額からスタートし、国民が収益の100％受領を確信しだい増額するべきです。料金が15ドル/t CO_2でスタートし毎年10ドル増額する場合、10年後のレートはガソリン1ガロンにつき約1ドルに相当します。現在の米国における化石燃料使用状況を考えても、その税率で年に約6000億ドル捻出でき、成人の合法居住者1人につき約2000ドル、2人以上の子供を持つ家庭は年間約6000ドルの配当金が出ます（1家族につき最多2人の子供それぞれに半分のシェア）。

収益をすべて国民に分配する形で、化石燃料会社から徴収する炭素排出料金を徐々に上げるという提案は、米国では共和党系環境保護組織[11]の政策担当部長が次のように賞賛しています。「透明で、市場本位で、政府拡大を伴わない。エネルギー関連の意志決定を個々の選択に任せている……保守派の気候計画のようです。」

草の根運動団体Citizens Climate Lobby[12]は料金・配当制度の促進を目的に米国とカナダで結成されました。この団体に対する私のアドバイスは、「100％目的達成か、さもなければ戦うか」というモットーの導入です。政治家たちは、このような大きな収益の流れを確実に利用しようとするからです。収益の一部を「国債の支払い」に使うべきとする提言がすでにあります。国が使う税金を増やすための婉曲表現です。化石燃料の現状維持派に対抗するのであれば、若者や気候安定化の支持者らは、あの「ティーパーティー」運動の決意と規律をもって臨むべきです。

世界の戦略的状況

欧州は、化石燃料排出抑止の緊急性を最も認識している国民と政治指導者が集まる地域です。米国のエネルギー政策における化石燃料産業の支配力を考えれば、欧州にリーダーシップを求めるのは当然です。しかし、オフセット付きキャップ・アンド・トレードの散々な経験にもかかわらず、

欧州はこの無益なやり方をプッシュし続けています。おそらくは官僚主義的な慣性と個々の既得権利が絡むためでしょう。オフセットが中国にとって金の成る木と証明された現在、少なくとも短期的には中国は喜んでそのような枠組みを継続するでしょう。

最善の意志をもって設定されたオフセット付きキャップ・アンド・トレードの枠組みは化石燃料のコストを社会に還元できず、化石燃料依存を継続させ、見つかる限りすべての化石燃料を抽出する「掘って掘りまくる」政策を奨励しています。特殊な金銭的利害を見透かし、若者や地球のために明るい未来を築くうえで必要な行動を理解する世界的な政治指導者が切望されています。そのような指導者はおそらく存在するでしょう。さほど難しい問題ではありません。

謝辞　有益な批評と提言を頂いたShi-Ling Hsu氏とCharles Komanoff氏に謝意を表します。

参考文献

1. United Nations Framework Convention on Climate Change (FCCC), 1992: United Nations, http://www.unfccc.int.
2. Hansen, J. and Sato, M., 2001: Trends of measured climate forcing agents. *Proc Nat Acad Sci USA*, 98, 14778–14783.
3. Hansen, J., et al., 2012 (submitted): Scientific case for avoiding dangerous climate change to protect young people and nature. *Proc Natl Acad Sci USA*.
4. Hansen, J., et al., 2007: Dangerous human-made interference with climate: a GISS modelE study. *Atmos Chem Phys*, 7, 2287–2312.
5. Hansen, J., 2009: *Storms of My Grandchildren. Bloomsbury*, New York, 304 pp.
6. G20 Summit Team, 2010: Analysis of the Scope of Energy Subsidies and Suggestions for the G-20 Initiative.
7. Ackerman, F., DeCanio, S., Howarth, R., and Sheeran, K., 2009: Limitations of integrated assessment models of climate change. *Climatic Change*, 95, 297–315.
8. Hsu, S.-L., 2011: The Case for a Carbon Tax. Island Press, Washington.
9. Hansen, J.E., 2010: China and the Barbarians: Part 1: http://www.

columbia.edu/~jeh1/mailings/20101124_ChinaBarbarians1.pdf accessed
10. Intergovernmental Panel on Climate Change (IPCC), 2007: *Climate Change 2007, Impacts, Adaptation and Vulnerability*, Parry, M. L., Canziani, O. F., Palutikof, J. P., Van Der Linden, P. J., and Hanson, C. E. eds., Cambridge Univ Press, 996 pp.
11. Dipeso, J., 2010: Jim Hansen's conservative climate plan, blog post at Republican's for Environmental Protection, October 11, 2010: http://www.rep.org/opinions/weblog/weblog10-10-11.html accessed August 26, 2011.
12. Citizens Climate Lobby: http://citizensclimatelobby.org/ accessed

● The Global Transition beyond Fossil Fuels

17 化石燃料の先へと移行する世界

● エイモリ・B・ロビンス、
ジョゼ・ゴールデンベルク

Amory B. Lovins and José Goldemberg

　人類による一次エネルギー使用の約78％、木や糞などの従来型のスカベンジ式バイオマスを除くと約90％が、原始の沼地の腐った残余部分に凝縮された太陽光から得られたものです。この年間最大17㎦におよぶ石油、ガス、石炭、関連化石燃料を燃やすことは、地球の気候を大きく脅かします。これは特に貧しい人々や国々にとって多大な費用を伴います。化石燃料の抽出、輸送、燃焼は人々および環境の健康を害します。化石燃料の不均等な地質学的分布は緊張状態と不平等を煽ります。価格の不安定さ（特に石油）は経済や政治システムの安定を損ねます。化石燃料の収益（やはり、特に石油）はいくつかの顕著な例外を除き、不健全な開発パターン、腐敗、圧政を招きます。このような副作用がなくても、化石燃料は経済的および物理的に徐々に枯渇し、世界の最も有力な産業の目ざましい技術進歩にもかかわらず、化石燃料以外のエネルギー源への移行が不可避になります（図1）。

　これらすべての問題の多くの数字的詳細は議論が分かれるところですが、その一般的な方向性は明らかです。経済的（利益、雇用、競争的優位、世界規模の発展）、安全保障的（依存、信頼性の高い供給、地政学的な安定性、耐久性）、あるいは環境への責務、気候、公衆衛生的な理由にかかわらず、世界は図1の下にあるような異常でたかだか数世紀の化石燃料の「ブリップ」（一時的な異常）から効率的利用と永続的な供給という無限の未来へと徐々に、また歴史的かつ重大なシフトを始めています。この移行は、人類にとって最も差し迫った数多くの問題の解決あるいは回避への

図1 化石燃料：世界生産量（1800〜2200年）

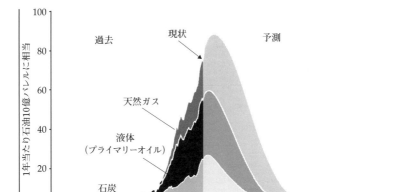

（注）2010年までの炭化水素主要3種類の実際の世界生産量、および地上の制約がない場合に回収されると思われるそれぞれの残量予測。実績データは正確です。しかし平滑化された事例的予測は概算値であり、2011年初めにおける有力資源専門家の知識を反映しているものの、多くの不確実性を伴っています。シェールガスや重油、タールサンド、シェール油といった非従来型の資源が予測には含まれますが、メタンハイドレートや北極・南極の潜在的資源、アラスカノーススロープや中央シベリアの石炭は含まれません[1]。

「マスターキー」です。

　このシフトによってコストが上がるというのが大半の政策立案者やアナリストの見方です。それは「市場は世界中の取引を支配する」と「市場は本質的に完璧であり、市場の失敗は微々たる問題で重要ではない」という2つの理論的仮定に基づいています。上記の1つめの仮定は明らかに誤りです。市場のメカニズムは重要かつ広く普及していますが、経済の多くは計画あるいは混合経済です。「世界のエネルギー需要を満たすうえで、化石燃料を燃やすよりも安価な方法があれば、それはすでに全面的に採用されているはず」という2つめの仮定も多くの学識や実用経験に矛盾します。数多くの有名な市場の失敗[2]は、お金を作る形でのエネルギー利用を往々にして困難にします。あるいはエネルギー節約と供給の間や様々なエネ

ギー供給源の間の全面的かつ公平な競争を妨げています（たとえば、電力節約が新しい供給に対して入札できるのはほんのわずかな国々と米国の5分の3のみであり、35州および他のほぼすべての国々では公益事業は電気を売ることで報酬を受け、電気が売れないと罰されます）。さらに、効率向上と再生可能エネルギーはその立派な市場実績が示すとおり、急速に安価になっています。

経済効率の高いエネルギー利用に対する重要な障壁は、エネルギー供給者が利用できる安い資金を多くのユーザーが使えないという事実です。低所得層のユーザーの大半は全く融資を受けられません。しかし、この資本格差はフィーベート[3]（自動車購買者が社会的割引率を利用あるいは適用できるようにする欧州の5つの等級別料率制度のようなもの）や長期的融資（米国PACE債券、公益事業手形融資、また再生可能エネルギーについては長期的買電契約や住宅用太陽光発電融資パッケージのようなもの）といったイノベーションによって埋められます。

このように効果が立証済の政策・ビジネス面のイノベーションによって著しいエネルギーシフトが始まります。たとえば、独立しかつ詳細で、実証と査読を経た米国の「活気にあふれた市場志向型の経済2011年総括」[4]では、石油や石炭、原子力エネルギーを使わず、天然ガス使用量も1/3に抑えた形で2050年のGDPが2010年の2.58倍になる可能性を見出しています。いずれも現状（すべての外部性をゼロと見積もる）より5兆ドル低い正味現在価値コストで実現します。このような変容は新しい発明や法律を必要としません。むしろ、利益を追求するビジネスによって先導可能です。

現在の市場の失敗は非常に重要であり、米国の建造物は平均33％の内部収益率（IRR）によってエネルギー生産性を3倍あるいは4倍に高められ、産業は21％というIRRによってエネルギー生産性を倍増でき[5]、交通機関は抜本的な効率化によって石油利用を撤廃するとともに17％のIRRを平均とする代用手段を供給できます。その結果生じる80％以上の化石-炭素削減に対する全セクターを通した平均14％のIRRには、80％の再生可能な電力システムが含まれます。これは大きな故障を防ぐような回復力を持たせるよう再設計されています。公的見通しに含まれるものと同様のサービス

がすべて、多くの場合より高品質で提供されます。想定される投資はすべて、各セクターに適切な商用ハードルレートに適っています。これらの米国特有の事象は、重要な類推を他の地域にも示唆しています。現在提案されているエネルギーシフトはきわめて代替可能（多くはすでに国際競争によって推進されている）かつ、様々な場所、気候、経済・社会条件において広く適応可能あるいは採用可能と思われるためです。

　これらの驚くべき、また一見不可能な発見事象は、テクノロジー、政策、設計、戦略（あとの2つは通常割愛される）という4つの関連するイノベーションを組み合わせ、4つのエネルギー利用セクター（運輸、建築、一次生産などの産業、電気）すべてを一体化したものです。なぜなら、たとえば自動車と電気の問題は別にするよりもまとめて解決するほうが簡単だからです。優れた競争力を持つ超効率的自動車[6]は、2013年までにドイツの自動車メーカー3社が大量生産を開始する車と同様、経済的に電力化可能です。電力システムに負担をかけないスマートビルディングやスマートグリッドとのインテリジェントな連携は、風力および太陽光発電の一体化を容易にする貴重な柔軟性と一体化のリソースを加えます。このアプローチは様々な社会において可能性を見せています。

　この4つの、幅広く移転可能なイノベーションは、あらゆる理由でも採用可能です。動機ではなく結果を重視し、党派分裂を埋め合わせるとともにイデオロギーを超えた潜在性を秘めます。米国では現在、議会の機能不全が大半の問題に対するほとんどの措置を妨げていますが、これを最も効果的な組織、すなわち市民社会と共に進化する民間企業によって巧みにかわし、軍のイノベーションによって加速することができます。移行を開始する、あるいは加速させるうえで必要なこの新政策は（議会を通さず）すべて行政的に、または地方レベル（そこでは党派対立による膠着状態の深刻度が低く、それを切り抜ける手段がはるかに豊富）で実施可能です。当然ながら、整合性や安定性、先見性に富んだガバナンスを持つ社会は、自らの方法で、おそらくより迅速に同様のイノベーションを適応させ、これを採用できます。

　これは決して米国独自の事象ではありません。多くのEU加盟国が過去

やってきたように、EU欧州気候基金が同様に野心的なエネルギーの移行を2010年に提起しました[7]。マッキンゼー・アンド・カンパニー社は2009年に、新しい技術の多くや、後の米国の発見事象を劇的なものにした統合的なデザインを[8]導入せずに、2030年の世界の温室効果ガス（GHG）排出量予測値の約70％がCO_2 1トン当たり6ドルという平均的なコストで削減できることを発見しました[9]。またマッキンゼー社は、ブラジルや中国、ロシアなど十数ヵ国について同様のGHG削減可能性供給曲線を公表しました[10]。このマッキンゼー社の研究はデータの出典（独自のクライアント研究に基づくことが多い）において幾分不可解で、実施にはさらなる詰めが必要ですが、上記のような事象は他の詳細な国家的分析によって過去30年にわたり報告されています[11]。その多くは実用経験に深く根づいています。

　実践は理論さえも追い越しつつあります。水力以外の再生可能エネルギー発電技術は、2004年以降、1兆ドルの世界的投資を集めています[12]。あらゆる規模の政府、すなわちカリフォルニア州（世界第8位の経済規模）からデンマーク、ドイツ（第4位）からスウェーデンが、積極的なエネルギー効率向上・再生可能エネルギー戦略実施に成功しています。1990年から2006年にかけて、カリフォルニア州はGDP 1ドル当たりの温室効果ガス排出量を30％削減しました（そして現在、30年間におよび1人当たりの電気使用を横ばいに保ちつつ、1人当たりの実質所得は4/5伸びています）。デンマークのGDPは1980～2009年で2/3増え、一方でエネルギー使用量は1980年当時のレベルに戻り、炭素排出量は21％削減されました。デンマークの新しい発電所はすべて再生可能エネルギーあるいは熱電併給式（CHP）で、2010年までには、平均的な風量の年に電力の36％を生み出すことが可能です。2010年のデンマークの全電力のうち53％がCHPで、30％が再生可能エネルギーでした。平均的なデンマーク人の化石炭素排出量は平均的な米国人のそれよりも52％少ないのです。しかも、ドイツに次いで欧州で2番目に最も信頼できる電力と、最も低い部類に入る税込エネルギー価格に恵まれ、デンマーク人は優れた生活の質（QOL）を享受しています。

スウェーデン[13]、およびインドのカルナタカ州[14]という全く異なる地域において、再生可能エネルギーのわずかな追加費用が効率的な最終用途による節約で返済可能かそれ以上であることが1989年に明らかになりました。20年後、世界中で再生可能エネルギーが爆発的な成長とコストダウンを実現し、互いに支え合っています。中国は現在、5つの再生可能エネルギー技術の世界的リーダーであり、そのすべてにおいてリーダー的役割を担うという目標を持っています[15]。ポルトガルの再生可能電力は2005～2010年に17％から45％に増えました（米国では同じ期間に9％から10％と停滞状態）。中国のクリーンエネルギー投資額は2010年に米国を60％超え（GDP単位当たり139％）、5年連続で風力発電容量が倍増し、2020年の目標値を超える一方で、米国では議会の論争が続き、風力発電増加が半減している状態です。インドのクリーンエネルギー部門は日本や英国を投資額で上回りました。インドは同国の再生可能エネルギー目標を4倍にしており、2022年までに石炭に代わる20GWの太陽光発電増加を目指しています。世界最大の炭素取引ゾーンを急速に形成している中国は、米国と対照的に、GHG濃度450 ppmという世界目標に呼応して、2030年までに炭素排出を安定化するよう基盤を固めています。中国では今も石炭火力発電所が建設されていますが、2006年のペースの半分で、2010年の正味容量増加分は38％再生可能エネルギーでわずか59％が石炭です。しかも世界で最も効率的な発電所であることが強調されており、その結果、石炭火力発電所の平均的効率性において米国を上回っています。

　2008～2012年の間に加わった世界の電力産出設備容量の半分は再生可能エネルギーであり、その大部分は現在、開発途上国にあります。400億～450億ドルという大規模な水力発電ダムへの出費を除き、2010年の世界の再生可能エネルギー設備容量増加に1510億ドルの民間投資（より広い尺度では1950億ドル）[16]が得られ、その結果最大66GWが加わりました。これは原子力発電の世界総設備容量を上回るとともに、5.4兆ドルの投資で2030年までに世界の発電量の34％に達すると予測されます[17]。確かに、前世紀の化石燃料および原子力発電への総投資額（および補助金額）と比較すると上記の数字は小さく見えます。したがって、再生可能電力全体は世

界全体の1/5を占めるに過ぎません。その大半が大規模な水力発電です。2012年末までに、世界の設備容量の1/4が再生可能になり、発電量は1/5になりました。これらは従来の火力発電所よりも年間稼働時間が下回ることが多いのです。しかし新秩序では、旧型から新型のテクノロジーへのシフトは空前無比で心躍るものです。たとえば、EUの発電容量増加分の再生可能エネルギー分は2008〜2012年において55％超で、2012年には70％に達しました。その結果、ガス発電は、太陽光および風力に次ぐ3位に脱落しました。中国では2010年に水力以外の再生可能エネルギーによる新規の発電容量の追加が、化石燃料と原子力を合わせた発電容量の追加を超え、風力発電量が原子力による発電量をわずかに超えました。

　現在、世界は75 GWの太陽光発電設備を毎年製造可能です。2005〜2010年の間は発電設備容量の年間成長が平均65％でした。一般的に最もコストのかかる再生可能エネルギーである太陽光発電は風力発電がかつてそうであったように、多くの場所においてグリッドパリティ（訳注：再生可能エネルギーによる発電コストが既存の電力のコスト（電力料金、発電コスト等）と同等かそれより安価になる点）、またはそれに近い状態です。2010年、ドイツの4州が電力の43〜52％を風力から得ました。欧州諸国のある地域では、風力発電率が100％を超える時もありました。2012年には、デンマークでは41％、ドイツでは23％の電力が再生可能エネルギーで賄われ、2013年前半には、スペインの電力の48％、ポルトガルの70％の電力が再生可能エネルギーによるものでした。このような地方的事例は、柔軟な水力および化石燃料による発電における大きなグリッド内の埋め込みに依存しています。しかし、たとえ大国や大陸全体でも、80％超の電力が風力と太陽光（可変な再生可能電力源の2つ）から発電される場合でも、テクノロジーや場所によって多様化するポートフォリオが正しく予測され、柔軟な需要側および供給側の資源と統合されている場合は、大量貯蔵をほとんど、あるいは全く必要としない状態でグリッドの信頼性を維持できます[18]。

　現在、人類の2/5がエネルギー欠乏状態で生活しています。しかしケニアでは、多くの所帯が最初の電気をグリッドではなく地域企業が販売する太陽光発電から得ます。アフリカやアジア全体で、電気の足りない16億の

人々に必要なサービスが行き届き始めるとともに、太陽光発電の照明・通信による社会的変革が推進されています[19]。

　これらの実績は、トップダウン式の政策やボトムアップ式の企業家精神、分散した市場需要が様々に入り混じっています。これらが反映するのは電力生産の分散化という強力なトレンドです。経済的な理由もあります。報告されている207の「分配利益」の事例は、多くの場合、経済価値を1桁分高めています[20]。さらに、米軍[21]が主導する安全保障上の懸念も重要です。網状かつ孤立化可能なマイクログリッドによってつながる多様かつ再生可能な供給は、配電網に固有の回復力を与えることができます[22]。適切なサイズの電力生産は、産業あるいは建築規模のCHPや多くの再生可能エネルギーを含みます。2008年には、マイクロパワー（CHP + 再生可能エネルギー − 大型水力発電）によって世界の新たな電力の約91％を産出しました。2000年から2012年にかけて、マイクロパワー発電と原子力発電は、世界全体の発電におけるそれぞれのシェアが逆転しました。分配される再生可能エネルギーは農村の生活レベルを高めて都市化を防ぐだけでなく、信頼できるエネルギーサービスを貧しい都市部および都市部周辺の住民にも経済的に手が届くようにし、発電機だけではなく熱利用（太陽熱温水器など）や持続可能なバイオ燃料技術も駆使します。

　つまり、現在進行中のエネルギー革命は多くの政策や政治論争を空論に、あるいは無意味にしているのです。1997年の京都会議以降、気候リスクを回避する取り組みの大半は、「問題解決策は収益性よりも（少なくとも主に）コストのほうが大きい」ことを前提とし、利益や経済成長あるいは安全保障よりも気候への懸念によってモチベーションが高まると考え、国際条約を必要とし、米国の炭素価格付けなしでは効果は薄いと論じてきました。このような考え方は以下の点を考慮すると、ますます疑わしくかつ時代遅れになっていきます。

・気候保護は概して大きなコストがかからず、利益があがるものです（経済理論家にとっては異端であっても、すべての実務者が知っている非常に便利な真実です）。その主な理由は、燃料節約は燃料を買う

よりも安上がりだからです[23]（競合する再生可能エネルギーがこれを裏づけています）。コストや負担、犠牲ではなく利益や雇用、競争力に焦点を当てれば、世界の気候関連議論はより円滑化されます。政治指導者らが理論的コストを議論する一方で、賢明な企業リーダーは他社に先んじて利益を得るよう競争しています。たとえばダウ・ケミカル・カンパニーは10億ドルの効率性投資ですでに90億ドルの利益をあげています。この論文のはじめに引用した米国総括では、米国の化石燃料からの炭素排出の82〜86％削減から5兆ドルの純貯蓄を確認しています。これは2000年当時の排出量を下回り、450ppm未満という世界目標と整合性がとれています。

・利益、開発あるいは安全保障に興味があれば、気候科学を一切信じなくても気候を守ることができます。これらの価値ある動機、あるいは他の動機が満たされれば、気候科学のコンセンサス（それは正しいものですが）を受け入れることは、気候保護にとっては不要です。

・2005年、中国はエネルギー効率改善を国家成長の最重要戦略に掲げました。それは条約を守るためではありません。エネルギー効率を高めなければエネルギーの供給側の投資は国家予算を吸い上げ、中国の成長はありえないことを温家宝のような指導者たちが理解したからです。エネルギー集約度の意図的な軽減によって1980〜2001年の間に中国のエネルギー需要の成長がすでに最大70％削減されていたのは、そのためです。このように、啓発された利己心は条約に取って代わられるのです。

・米国の炭素価格付け（かつては市場による解決を好み、排出量取引のSOxやNOxへの適用を大成功させた政党によって現在妨げられています）は適切かつ有用ですが、不可欠でも十分でもありません。また長期的に見れば重要性も薄いです。効率的な炭素市場であれば低価格で商品をさばけるはずだからです。参考文献1にあるような、炭素価格付けに依存しない戦略のほうが、はるかに堅実です。幸い、主要経済国のほぼすべてが炭素に価格をつけている、あるいはその方向で動いているため、多国籍企業の大半は投資や戦略的選択において炭素の価

格または潜在価格をつけています。このように、米国の非価格設定はおもに米国国内で、あるいは（自国市場でのみ、またはそこを中心に販売活動をする）非付属書B国（訳注：京都議定書の付属書B国以外の国。付属書B国とは、気候変動枠組条約の付属書Ⅰの先進国のうち、京都議定書を批准し、2008年から2012年の温室効果ガスの数値目標（基準年は1990年）を持つ国）の企業において、意思決定を歪曲します。

気候保護はこのように方向転換しています。

　国際条約や国際組織よりも国や企業、政府よりも民間セクターや市民社会、成熟し開発を遂げた経済よりも開発途上の経済、可能性や価格が不明な（しかしゼロではない）将来の炭素価格付けよりも効率性やクリーンエネルギーの経済原理が、気候保護を主導していくでしょう。また、このような利益は、生物学的情報に基づいた農業による炭素や微量ガスの節約によってさらに高まります。生物学的情報に基づく農業は、多年性複合型農法から牛肉システム改革、さらにはインドネシアなどの多大な温室効果ガス排出を変換して豊富なバイオ燃料を生産しながらの、破壊された熱帯雨林や貧しい農村社会の新しい復興手段まで多岐におよびます。つまり……非化石温室効果ガス（GHG）排出を削減する良いニュースが化石燃料からの温室効果ガス削減と同様に多いということです[24]。

　歴史的な不平不満や将来的な利害不一致を上手くかわすような国際協定を待たなくても世界の炭素排出量を迅速に削減することは難題ですが可能です。たとえば1977年から1985年の間に、米国は年間の石油集約度を平均5.2％削減しました。（GDPは27％上昇、石油使用量は17％減少、石油輸入量は50％減少、ペルシャ湾からの石油輸入量は87％減少し、この政策が続けば翌年はゼロになるところでした。）現在、経済および炭素除去の標準的予測によれば、世界の一次エネルギー集約度を過去の最大1％/年に対して約3〜4％/年削減することで、概算して炭素排出量の長期的増加を相殺しても余りある効果が生まれ、気候へのさらなるダメージを抑えます。

　これは実現可能と思われます。米国は国家レベルでの努力や協力なしに

長年、一次エネルギー集約度を年間2〜4％抑えてきました。（2012年には電力集約度を空前の3.4％削減（天候調整済み）しました。）一方で中国は2001年まで四半世紀にわたって年間5％を削減し、ここ数年では年間4〜5％に戻っています。企業によっては年間6〜16％の削減を実現しています。このような成長の大半を占める中国やインドといった国々は今後数十年で大半のインフラを構築予定であり、これを適切に構築することは後で直すよりも簡単だというのに、なぜ年間3〜4％削減が難しいのでしょうか？エネルギー効率に投資する誰もが低いリスクで魅力的な利益を得ているのに、その活動が高いコストを要するでしょうか？

　利益性の高い気候保護、経済成長および開発、エネルギー安全保障はすべて、たゆまぬ努力と忍耐、そして細部への入念な注意が必要です。難しい作業です。しかし、これを怠った場合のほうが事態は難しくなります。

　このような戦略の重要度は、（貧しい国民がサービスを奪われる度合いにかかわらず）サービス提供に数倍のエネルギーを使う開発途上国[25]のほうが上回ります。貧しい人々はほとんどエネルギーを使いませんが、使ったエネルギーを無駄にする度合いがはるかに大きく、また無駄をする経済的余裕がありません。最貧困層のエネルギーへの支払いが可処分所得に占める割合は先進国の人々の6倍以上になるのです。無駄とその機会費用を逆転することで、目覚しい成果があげられます。南インドのある村が灯油から蛍光灯（それよりもはるかに優れた現在のLEDならなおさらのことです）に切り替えた際、輝度は19倍になり、エネルギー入力は9倍減り、家庭の照明費は半減しました。灯油費を節約して蚊帳や清潔な水、点滴灌漑を買い、子供たちが夜でも読書できるようになるなど間接的な利益は計り知れません。

　エネルギー、とりわけ電力（最も資本集約的なセクター）の節約は、開発への最大の（しかし手付かずで、概して気づかれない）マクロ経済的な「てこ」をもたらします。たとえば、価格20レアルの標準的なブラジルの電気式シャワーヘッドに、ブラジル電力は約1800〜3000レアルの投資を要しました。このようなchuveiros elétricos（電気式シャワー）の根絶は膨大な資本節約をもたらしました。バンコクでのスーパーウィンドウやム

ンバイでのLED照明製造への投資は、同様の冷房・照明効果を実現するための発電所やグリッドの建設よりも、必要な資本の額が約1000倍低く[26]、リサイクルの速度は約10倍上がります。必要な資本額が約1万倍低い（集約度×速度）ことで、世界の開発資本の1/4を使う電力セクターが、他の開発需要さらには急速な飛躍的開発[27]のための資本の純輸出者になる可能性があります。

　1兆ドルを超える節約はまず、2011年の超高効率機器および電化製品（SEAD）の導入構想によって実現する可能性があります。これが全面的に施行されれば、2030年までに300の石炭火力から年間1.8 PWh（千兆Wh）が節約可能でしょう。SEADがターゲットとする4つの電化製品は米国やEUと同様、中国やインド（この両国で世界の石炭燃焼量の半分を占める）でも住宅用電力使用量の最大60％を占めます。この4大地域を合計すると、上記の主要電化製品の電力使用量の3/4を占めます。その電力の3/4を生産しているのはわずか15社です。

　開発途上国は技術力に遅れをとることが多いものの、国民の知性や企業家精神、勤勉さ、機知、決意の固さでは劣りません[28]。ギフォード＆エリザベス・ピンショー夫妻が言うように、誰もが平等に1つの脳を持ち、その大半は南に存在し、半分は女性のものです。イノベーションの流れはすでに南から北へと逆転しており、新興の地球神経系がそれを加速させています。フェイスブックの登録者数は米国の人口を超え、政治革命はツイッターやユーチューブで起きます。そして地球にいる人間1人ひとりに対して10億のトランジスターがあります。

　中心的制度が行き詰まり、瀕死の状態ですらある中で、根から生まれる活力はビジネスや市民社会に広がり始めています。政府が知らないところですらも同様です。この静かなボトムアップ式のエネルギー革命が継続・拡大し、地球規模で繁栄すれば、新たな火を世界に生み出します。その火は効率的に利用すれば、決して墓穴を掘ることなく我々の仕事をやってくれます。

17　化石燃料の先へと移行する世界　　　　　　　197

参考文献

1. A.B. Lovins & Rocky Mountain Institute, *Reinventing Fire: Bold Business Solutions for the New Energy Era* (Chelsea Green, 2011; www.reinventingfire.com), at p. 7; p. 268, note 237; and http://rmi.org/RFGraph-Fossil_fuels_global_production.
2. A simple summary is on pp. 11–20 of A.B. & L.H. Lovins, "Climate: Making Sense and Making Money," RMI (Snowmass CO), 1977, www.rmi.org/images/other/Climate/C97-13_ClimateMSMM.pdf.
3. N. Mims & H. Hauenstein, "Feebates: A Legislative Option to Encourage Continuous Improvements to Automobile Efficiency," RMI, 2008, www.rmi.org/rmi/Library%2FT08-09_FeebatesLegislativeOption.
4. Lovins & RMI, Ref. 1.
5. These buildings and industry findings draw heavily on U.S. National Research Council, *America's Energy Future*, 2009, www.nap.edu.catalog/12098.html.
6. A.B. Lovins & D.R. Cramer, "Hypercars, hydrogen, and the automotive transition," *Intl. J. Veh. Design* 35(1/2):50–85 (2004), www.rmi.org/rmi/Library/T04-01_HypercarsHydrogenAutomotiveTransition.
7. European Climate Foundation, *Roadmap 2050: A Practical Guide to a Prosperous, Low Carbon Europe*. ECF, www.roadmap2050.eu/.
8. McKinsey Solutions, "Climate Desk for Governments," http://solutions.mckinsey.com/climatedesk/default/en-us/governments/mckinsey_on_climate_change/mckinsey_on_climate_change.aspx.
9. A.B. Lovins, "Integrative Design: A Disruptive Source of Expanding Returns to Investments in Energy Efficiency," RMI, 2010, www.rmi.org/Knowledge-Center/Library/2010–09_IntegrativeDesign;-, "Factor Ten Engineering Design Principles," RMI, 2010, www.rmi.org/Knowledge-Center/Library/2010-10-10xEPrinciples; -, "Advanced Energy Efficiency," Stanford Engineering School lectures, 2007, www.rmi.org/stanford.
10. This work is frequently updated at www.mckinsey.com/Client_Service/Sustainability/Latest_thinking/Costcurves.
11. Many are cited in A.B. Lovins & L.H. Lovins, "Least-cost climatic stabilization," *Ann. Rev. En. Envt.* 16:433–531 (1991), www.rmi.org/images/other/Energy/E91-33_LstCostClimateStabli.pdf, and in A.B. & L.H. Lovins, F. Krause & W. Bach, *Least-Cost Energy: Solving the CO_2 Problem*, Brick House (Andover MA), 1981 (summarized in *Clim. Chg.* 4:217–220 (1982)). Outstanding early examples include W. Feist, *Stromsparpotentiale bei den privaten Haushalten in der Bundesrepublik Deutschland*, Institut Wohnen und Umwelt (Darmstadt), 1987; D.

Olivier & H. Miall, *Energy-efficient futures: Opening the solar option*, Earth Resources Research Ltd (London), 1983; and J.S. Nørgård, *Husholdninger og Energi*, Polyteknisk Forlag (København), 1979.
12. Bloomberg New Energy Finance, "Clean energy attracts its trillionth dollar," Dec 6, 2011, http://bnef.com/PressReleases/view/176.
13. B. Bodlund, E. Mills, T. Karlsson, & T.B. Johansson, "The Challenge of Choices," in T.B. Johansson, B. Bodlund, & R.H. Williams, eds., *Electricity*, Lund U. Press, 1989, at pp. 883–947, http://evanmills.lbl.gov/pubs/pdf/challenge-of-choices.pdf.
14. A.K.N. Reddy, A.D'Sa & G.D. Sumithra, "Integrated energy planning: Part II. Examples of DEFENDUS scenarios," *En. Sust. Develt.* II(4):12–26 (1995), repository.ias.ac.in/34367/1/34367.pdf.
15. Renewable Energy Policy Network for the 21st Century, *Renewables Global Status Report*, 2013, www.ren21.net.
16. Id.; G-20 Clean Energy Factbook: *Who's Winning the Clean Energy Race?*, Pew Charitable Trusts, 2011, www.pewtrusts.org/uploadFiles/wwwpewtrustorg/Reports/Global_warming/G-20%20Report.pdf.
17. Bloomberg New Energy Finance, "Global Renewable Energy Market Outlook," Nov 16, 2011, http://bnef.com/WhitePapers/download/53.
18. A.B.Lovins & RMI, op. cit.; US National Renewable Energy Laboratory, Renewable Energy Futures Study, 2012, www.nrel.gov/analysis/re_futures/.
19. R. Kleinfeld & A. Sloan, *Let There Be Light*, Truman National Security Project (Washington, D.C.), 2011, in press; The Lumina Project, light.lbl.gov.
20. A.B. Lovins, E.K. Datta, T. Feiler, K.R. Rábago, J.N. Swisher, A. Lehmann, & K. Wicker, *Small Is Profitable: The Hidden Economic Benefits of Making Electrical Resources the Right Size* (Rocky Mountain Institute, Snowmass, CO, USA, 2002), www.smallisprofitable.org.
21. A.B. Lovins, "DoD's Energy Challenge as Strategic Opportunity, *Joint Force Quarterly* 57:33–42 (2010), www.ndu.edu/press/jfq-57.html; A.B. Lovins, "Efficiency and Micropower for Reliable and Resilient Electricity Service: An Intriguing Case-Study from Cuba," RMI, 2010, www.rmi.org/Knowledge-Center/Library/2010-23_CubaElectricity.
22. P. Stockton (Assistant Secretary of Defense), Testimony to Subcommittee on Energy and Power, Committee on Energy and Commerce, U.S. House of Representatives, May 31, 2011, http://republicans.energycommerce.house.gov/Media/file/Hearings/Energy/053111/Stockton.pdf.
23. A.B. Lovins, "Energy end-use efficiency, "InterAcademy Council (Amsterdam) white paper commissioned by S.Chu, 2005, www.rmi.

org/rmi/Library/E05-16_EnergyEndUseEfficiency; - "More profit with less carbon," *Sci. Amer.* 293(III):7482, www.sciam.com/media/pdf/Lovinsforweb.pdf; - "Profitable Solutions to Climate, Oil and Proliferation," *Ambio* 39:236–248 (2010), doi:10.1007/s13280-010-0031-6, 2010, www.rmi.org/Knowledge-Center/Library/2010-18_ProfitableSolutionsClimateOil.
24. Ref. 1, p. 239, with endnotes omitted.
25. J. Goldemberg, T.B. Johansson, A.K.N. Reddy, & R.H. Williams, *Energy for a Sustainable World*, Wiley, 1989; A.K.N. Reddy, R.H. Williams, & T.B. Johansson, *Energy after Rio: Prospects and Challenges*, 1997, UNDP (NY).
26. A. Gadgil, A.H. Rosenfeld, D. Arasteh, & E. Ward, "Advanced Lighting and Window Technologies for Reducing Electricity Consumption and Peak Demand: Overseas Manufacturing and Marketing Opportunities," LBL-30389 Revised, Lawrence Berkeley National Laboratory (Berkeley CA), at pp.4-5 in *Procs. IEA/ENEL Conf. Adv. Technol. El. DSM*, April 1991.
27. J. Goldemberg, "Technological Leapfrogging in the Developing World," *Science & Technology*, pp. 135–141, Winter/Spring 2011.
28. C.K. Prahalad, *The Fortune at the Bottom of the Pyramid*, Pearson, 2005.

● Climate Change, Economics, and a New Energy-Industrial Revolution

18 気候変動、経済学、新しいエネルギー産業革命

●
ニコラス・スターン＊
Nicholas Stern

なぜ問題なのか？

　温室効果ガス（GHG）排出の蓄積が生み出す問題の潜在的な大きさは科学が告げるとおりです。いくつかの気候モデルは、次の1世紀か2世紀にかけて、中位の温度上昇が4℃またはそれ以上（4℃を大きく上回る確率が十分高い）の範囲になることを示しています。全球平均気温が産業革命以前と比べて常時4℃以上になっていたことは、少なくとも過去1000万年（おそらくはもっとずっと前まで）なかった可能性が高いのです。このような気温に伴う気候変動は、何億もの人々が住む場所を含み、何十億人もの生命と生活を変えてしまうでしょう。その結果生じる人口移動は紛争の長期化、深刻化、拡大につながります。これらは、科学によって示される危険の度合いを表しています。

　これらの潜在的結果には大きな不確実性と長い遅れを伴います。またGHG排出の1キログラムあたりの影響は、その排出が誰から、あるいはどこから起きているかとは無関係です（経済学で言うならば排出は「公共悪」です）。規模、不確実性、結末が生じるまでの時間の長さ、原因の「公共性」、これらはすべて科学的な現象であり、これらが組み合わさると、政治や政策の経済をきわめて難しくします。

　気候変動のリスクの度合いを把握するのは困難です。より一般的にいうと、公共および民間の意思決定の両方において「不確実性」と「対処法」の意味の履き違えが広がっています。遅滞はラチェット（歯止め）効果や不可逆性によって悪化します。最も重要なGHGである二酸化炭素が大気

＊ James Rydge 氏のご指導とご支援に感謝します。

中に存在すると、何十年も残る可能性が高くなります。さらに、資本設備とインフラは数十年続くので、高炭素構造が固定される可能性があります。このように、気候変動の影響が明らかになり、その規模が実証される段階まで意思決定を延ばしてしまうと、気候変動問題から抜け出すことが困難になり、きわめて大きな費用を伴うか、または不可能になります。あるいは地球工学のような、非常にリスクが高く、十分に解明されていない代替策を考慮せざるを得なくなるおそれがあります。このような代替策は、それ自体が甚大な、また潜在的に有害な帰結をはらんでいます。この原因の公共性から人々は、「1人の力は微々たるもの」という理由から他者に行動を委ねてしまう、あるいは他者が行動するという確信がないために行動を拒否するおそれがあります。

リスクマネジメントとともに、重要な公共行動の問題もあります。その問題の科学的論理は政策の策定、意思決定、実施をきわめて困難にします。しかし政策面の課題は解決できないものでは決してありません。もし解決不可能であれば、我々の子供や孫の未来は恐ろしいものになります。

抜本的かつ必要な決定事項を断行する政治的意思を構築するには、2つの基本命題に対する理解の普及と共有が必要です。これらの命題を説明・実証するうえで、我々は科学者、社会科学者、コミュニケーターとして今まで十分な進歩を遂げていません。この2つの命題は第一にリスクの規模と行動の緊急性に、第二に必要な新エネルギー産業革命の性質と魅力に関わります。これらは本章の2つめ、3つめのセクションの主題です。第一セクションの残りは、気候変動管理のための経済政策の主要素と気候変動を越えた持続可能性の問題に触れます。

気候変動管理に関連する市場の失敗はGHG排出だけではありません。研究開発や展開、ネットワークとグリッド、長期的リスクと資本市場、不動産市場、そして情報に関する重大な市場の失敗があります。さらに、（気候変動リスク削減の基本的利益を越えた）気候変動に対する行動にともなう付随的利益の評価・理解の欠如と、政策への導入の失敗があります。これらはとりわけ生態系サービスの評価や生物多様性の諸問題から生じます。この諸問題はそれ自体が綿密な注意を要するとともに、気候変動に対

する行動有無によって大きく影響されます。

　これらの問題それぞれが綿密な注意を要します。GHG対策に伴う市場の失敗の問題は、排出の「外部性」に値段がつけられていないという根本的な市場の失敗を超えています。市場の失敗は実に根本的な問題であり、あらゆる政策基盤の第一および必須の要素ですが、ここで止まってしまっては、必要な対応の規模・緊急性を政策からは生み出せないでしょう。アイデアや新しい技法の実証は他者に役立つので、促進するべきです。ネットワークは相互作用に依存し、政府が打ち出す政策の効果的な働きなどを要します。上述する市場の失敗それぞれに関連する政策は、失敗の慎重な原因分析および最善の対処法をもとにするべきです。

　概して市場は、関連する活動に影響される生態系や生物多様性サービスの多くの経済的・社会的価値を認識していません。我々は生態系や生物多様性の評価方法への理解を早急に深め、その実施を強化しなければなりません。多くの場合において、我々は必要なサービスの社会的価値を算出する方法を必要としています。これはたとえば降雨による給水、あるいは疾病や害虫の蔓延といった生態系の物理的および生物学的影響、さらにはそれらの影響をどのように人々の厚生への影響として評価するか、など、ある程度の注意と繊細さを要します。このように広範囲で一般的理解度の低い自然システムを評価することは明らかに難題です。その多くは価格や市場のない公共財です。しかし、価値評価が難しいからといってコストは少ないかゼロに等しいと考えるのは大きな間違いです。このようなコストを価格や規制に内在化すれば、我々の自然世界との経済的および社会的関係が変わります。生態系サービスや生物多様性の経済価値がゼロであるように我々が振る舞っているケースが現在は多過ぎます。その結果、生態系サービスが我々の厚生、経済活動そして環境、自然、社会資産の維持に果たしている重要な役割が評価されないままになり、それが生態系サービスの深刻な酷使や劣化、破壊につながります。

　生態系と生物多様性の利益と用途は大きく、また幅広く、本書の他の章でも論じられています。ここでの目的は、気候変動との深い関連性と測定の重要性を強調することです。気候変動と生態系／生物多様性を明確に分

離し、それぞれに対して優先順位を付けるのは大きな間違いです。たとえば、大気中のすべての酸素の約半分を生産し、大気中の大量のCO_2を吸収する植物プランクトンバイオマスの急速な減少のような海洋生態系の劣化は、炭素サイクルを著しく弱めます。また、森林損失は洪水を大型化し、大きな費用を伴う適応の必要性を高めます。

　ここで非常に重要なのは、生態系サービスや生物多様性測定用の、より広く受け入れられる測定基準を早急に開発しなければならないことです。これらのツールなしでは、自然資産の価値を査定し政策立案者と建設的に協働する効果的な手法の開発が難しくなるでしょう。怠慢による損害のコスト、およびこれらのサービスの利用価値は、損害の予防あるいは修復にかかるコスト（洪水対策、復旧など）、様々なやり方の模索を余儀なくされることのコスト、または利用可能な選択肢を捨てる潜在的コストを見ることで検証可能です（生命の書を読まずに破いた場合、学べないものは何でしょうか？）。

　このような劣化や損失の影響は確かではありません。生態系サービス、生物多様性、気候変動の間には複雑なフィードバックループがあり、生態系や生物多様性が修復できたとしても何千年という長い時間がかかると考えられます。排出の市場の失敗の評価は複雑なものですが、それが体現する測定上の問題は、自然資産の測定の問題に比べるとより簡単なものでしょう。もっとも、これらが相互に緊密に結びついていることを考慮した場合、この種の比較には慎重にならなければなりません。生態系の潜在的価値の大きさ、およびそれと気候変動の影響との深い関係から示唆されるのは、持続可能性の課題や重要性を一般的に検証する時に気候変動ばかりに注意が向いてしまうという間違いを犯してはならないことです。

リスクの規模と遅らせることの危険

　世界のGHG排出量は現在、年間の二酸化炭素相当量（CO_2e）が約500億トンで、大きく増えています。おもな原因は開発途上国の、炭素集約度の高い成長です。炭素サイクルが世界のすべての年間排出量を吸収することはできないので、大気中に排出されるGHGの濃度（ストック）は現在約

440ppm（CO_2換算）にまで増えています。この数字は年に約2.5ppmの割合で増え続けています。今世紀を通じて現状延長（BAU）のようなことを続けていたら、少なくともあと300ppmが加わり、今世紀の終わりまたは次世紀の初めには約750ppm（CO_2換算）以上に濃度が上昇します。いくつかの気候モデルは、次の1世紀か2世紀にかけて、中位の温度上昇が4℃またはそれ以上（4℃を大きく上回る確率が十分高い）の範囲になることを示しています。全球平均気温が産業革命以前と比べて常時4℃以上になっていたことは、少なくとも過去1000万年（おそらくはもっとずっと前まで）までなかった可能性が高いのです。

コペンハーゲン合意附属書が誓約され、カンクン合意、最近ではダーバンで確認されている排出削減に対する世界の取り組みの約束では、少なくとも3℃は気温が上昇してしまうことと整合しています（ここでも、上下する可能性は約五分五分）。この3℃という気温変化は約300万年間なかったものです。地球に現れてからまだ約20万〜25万年のホモサピエンスが経験したことのない気温です。耕地農業、農村、町などに関していえば、我々の文明は最後の氷河期すなわち完新世に出現してから8000年あるいは9000年の歴史しかありません。完新世の時間平均気温の変動範囲は±1℃と非常に狭いものでした。

このような温暖化は、地域の生息環境や気候に洪水や砂漠化、水不足といった大きな混乱をもたらします。何億、おそらくは何十億という人々が移動を余儀なくされ、深刻かつ長期的な紛争のおそれもあります。開発途上国で何億もの人々が所得貧困から立ち上がってきた過去数十年の開発の進展、健康や寿命の大幅な改善、出生率の大幅な低下、教育や識字率の進歩……これらが危険にさらされます。

このような予測に伴うリスクと不確実性の大きさが明確に示唆するのは、気候変動の政策分析はリスクマネジメントについて行わなければならないことです。潜在的リスクは大きく、それに伴う確率は小さくありません。

この予測における不確実性から、一部には排出削減のための早期かつ強力な行動を遅らせて学ぶほうが最善の対応であると示唆する人がいます。これは大きな間違いです。第一に、CO_2が特に大気中で非常に長く残るフ

ロー・ストック・プロセス（排出から大気中のGHG濃度上昇まで）は、ラチェット（歯止め）効果を示唆します。大気中から排出を除去する、あるいは太陽エネルギーの地球到達を防ぐ「地球工学」というプロセスはまだ未開発で、概して実証もされておらず、大きなリスクを招く可能性が大です。第二に、インフラや資本投資の多くが技術的ロックインにつながるおそれがあります。さしたる行動もなしに、関連する高炭素インフラやネットワーク投資の多くの寿命が長いのは、ロックインが何十年も続く可能性を示しています。遅滞がきわめて危険なのは明白です。GHG濃度に関していえば、我々はすでに難しい出発点にあり、十年間のうちに有効な行動を講じなければ、あるいは何もしなければ、許容水準（特に2℃）のリスクを軽減するレベルでの濃度安定化がきわめて困難になります。

もし科学が誤りであり、リスクが少ない場合としても、いま思い切った行動をとれば、たとえ後で「もっと投資を少なくすればよかった」と後悔することがあっても、よりエネルギー効率や生物多様性の高い経済と新たなテクノロジーが得られます。対照的に、科学がもし正しければ、また我々がリスクを無視した場合、我々はきわめて難しい状況に追い込まれ、抜け出すことが困難になります。この論理からすれば、基本的な決定理論あるいは常識は、思い切った行動を志向します。とりわけ科学が正しい可能性が非常に高いからです。行動を弱める、あるいは遅らせることは、リスクが小さい（200年という科学分析の蓄積を考えれば妙な考え方です）、および／または遅滞のマイナス面は少ないと論じるに等しいです。

スターン・レビュー（2006年）は早期行動の主張を打ち出しています。500ppm～550ppmの間でのGHG濃度固定を目標に思い切った行動を今からスタートさせるには、年間で世界GDPの約1（−1～3）％の追加国際投資が必要と推測されます。排出量の急速な増加、気候変動の科学に関する我々の知識の進歩（行動をとらないことへの懸念がさらに大きくなるはずです）、スターン・レビュー以降の急速な技術的進歩を考え、私を含め多くの人々が約450ppmという目標値を提案します。とりわけ2006年以降の遅滞を考慮した場合、より思い切った行動をとれば、現在必要とされる追加国際投資は世界GDPの約2％となります。スターン・レビューの推測

では、気候変動を放置した場合のコストとリスクは福祉に換算すると、空間、時間、可能性のある結末を概算して平均で年間GDPの5〜20％のダメージに相当します。行動しないことによるダメージは非常に大きいと思われますが、公式の費用効果分析のような手法や、強力かつ緊急な国際行動を裏づけるための付帯的かつ特別な前提を用いる必要はありません。ここまで論じてきたように、これは比較的基本的なリスク分析へのアプローチから導かれます。

対応の規模と新たなエネルギー産業革命

　地球の気温上昇範囲を2℃に制限することが必要であり、これを超えると（賢明な判断で）危険なレベルとみなすという考え方は、現在の国際交渉（2010年12月のUNFCCC会議でのカンクン合意）が示しているように大半の国々が同意しています。この目標を五分五分の確率で達成するには、地球の排出量を2030年までに350億トン（CO_2換算）、2050年までに200億トン（CO_2換算）を優に下回るレベルまで削減する必要があります。このような「地球的制約」は議論および行動理解のうえで中心に据えるべきものです。

　世界経済が40年間で約3倍の成長（世界GDP年間成長率の約2.8％に相当）を遂げる場合、40年間で絶対的排出量を少なくとも2.5分の1に削減するには、原単位当たりの排出量を約8倍削減しなければなりません。この規模の排出削減はまさに新たなエネルギー産業革命と考えるべきです。低炭素成長やエネルギー産業革命への移行は、これまでの高炭素かつ不潔で環境を破壊する道筋よりもはるかに魅力的な道筋を表しています。この移行は革新、創造性、成長の時期を意味し、経済全体の大きな投資を伴うでしょう。そして低炭素成長はよりクリーンで、安全、静かで、エネルギー安全保障、生物多様性において上だと考えられます。低炭素成長は本当の成長の選択肢であり、高炭素成長を目指す試みは自己破壊を招きます。

　過去の経済／技術変容期の研究は、ここで我々に多くのことを教えてくれます。蒸気機関や鉄道といった過去の産業革命、ごく最近では現在も継続する情報通信技術（ICT）革命では、目覚しい革新および成長期に伴う

変容が20年以上続いています。また、リーダーシップを示し移行を支持する先駆的な国や企業へと投資が流れています。このような変容は、新しい会社やアイデアが古きを淘汰し、革新や機会、雇用、経済成長という変動期を生む「創造的破壊」（経済学者ヨーゼフ・シュンペーターの伝統）の時期を伴います。中国、韓国、ドイツ、北欧諸国、カリフォルニアといった国や州は、この移行をリードする一方で、各々の低炭素市場の規模は着実に成長しています。太陽光発電や風力発電のような低炭素技術のコストは近年急速に下がり、技術展開の加速につれて同様のコスト削減が見込まれます。

　この移行は、すべての国や経済部門で排出削減のための強力な行動を要します。エネルギー効率はこの行動の中核をなすものであり、それは新たな低炭素技術の導入や、森林破壊抑止のための強力かつ断固たる行動も同様です。これに伴う、透明で長期的かつ信頼性の高い（市場失敗に対処するための）公共政策と公共投資は、革新や変化のポジティブな環境を創出します。このような政策・投資については生態系・生物多様性保護政策を慎重に考慮し、これと一体化するべきです。

　この変容が進むにつれ世界は、過去と未来の排出量からすでに不可避になっている気候変動にも適応する態勢を整えなければなりません。不可避なものに対処するとともに、手に負えない事態を避ける必要があります。現在の気温はすでに、人間社会が発達した完新世の気温の範囲外にあります。非常に可能性が高い、1〜1.5℃のさらなる増加は天候や気候パターン変化への大きな適応を要します。緩和と開発を密接に統合すべきです。組織と実施を分け過ぎるのは間違いです。灌漑と水管理の多くは緩和、適応、開発を組み合わせるべきであり、そして同様に建物、都市経営、電力などを組み合わせるべきです。排出削減が進むほど、必要な適応の規模は縮小します。しかし排出について我々がやってきたこと、現在やっていることを考慮すると、適応規模を大きくしなければならないでしょう。

　すでに多くの国々で排出削減政策が導入されています。しかし危険な気候変動を避けるために必要な投資と変化のペースを実現するのであれば、より厳しく、迅速かつ組織的で、数多くの市場の失敗全体まで広く行き届

いた行動が必要です。遅らせては危険であり、今こそ加速する時です。ここ数年の財政および経済危機の結果、世界経済は長期的低迷に陥る可能性があります。低炭素成長こそが、持続可能な回復を実現する唯一の健全な基盤です。

● In Search of a Green Equitable Economy

19 グリーンで公正な経済の追求
●
エミル・サリム
Emil Salim

　従来の開発パターンに沿った国際協力は、持続可能な開発という目的に到達していません。地域ブロック構築による新たな手法が現れ、より効果的な協力を模索しています。1967年創立の東南アジア諸国連合（ASEAN）はブルネイ・ダルサラーム、カンボジア、インドネシア、ラオス人民民主共和国、マレーシア、ミャンマー、フィリピン、シンガポール、タイ、ベトナムの地域協力を活発に推進してきました。シンガポールを除き、これらすべての国々が開発途上国です。ASEANの協力体制は1968年以降成長し、現在の「ASEAN＋3（日本、中国、韓国）」およびオーストラリア、インド、ニュージーランドを含めた「東アジアサミット」に発展しています。このようにASEANを中核とした地域協力協定は、世界的危機に見舞われた昨今の激動の時代を克服するうえで役立ってきました[1]。

　アジア、とりわけ中国、インド、ASEAN諸国は急速な成長の戦略的潜在能力を秘めています。その理由は第一に、収入が増えている大きな労働力によって支えられる国内市場の大きさ、第二に情報通信技術の革命によってアジア内の地域統合が強まったこと、第三に未開拓の天然資源を持つアジアの成長可能性の大きさ、第四に*Tri Hita Karana*（バリ島）や*Hamemayu Hayuning Bawana*（ジャワ島）に描かれているように、大半のアジア諸国が今も「創造主たる神、自然、社会と調和した人間」の生活スタイルを守っている点にあります。ブータン国王は、資源開発に基づき伝統と近代性のバランスをとる開発目標として「国民総幸福量」を設定し、優れたガバナンスによって環境・文化保存を導いています。第五の理由は、すべてのアジア諸国がアジア開発の最重要目標として「貧困」に取り組ん

でいると同時に、気候変動や生物多様性の侵食に対処するグローバルコモンの弾力性確保というアジア諸国のニーズを維持しているからです。

このような成長を実現するために、アジアは貧困撲滅および社会的不公正という最も深刻な課題に取り組まなければなりません。これらの課題は、民族性や文化、宗教、人種の社会的多様性が大きい国で一国家構築に向けて社会をまとめていくうえで大きな影響をおよぼしています。開発の進んだ過去10年間、インドネシアのジニ係数で明らかになったように、収入格差が拡大しています[2]。同様に、アジア諸国間の経済格差も拡大しています。

過去に先進国は一直線の経済成長とともに天然資源の搾取という道を辿り、物質的な富を前例のないレベルにまで高めました。しかし、それが社会的公正や貧困撲滅に与えた負のインパクトは多大です。そして最も厄介なことに、過去の開発モデルは生態系の平衡状態を破壊し、気候変動に影響をおよぼす地球温暖化と相まって生物多様性を侵食しています。

このような「創造破壊的」な開発アプローチを経たことでアジアは、物質的富を過度に重視した一直線の経済成長モデルを棄て、「アジアの価値観」に鋭敏な別の成長余地を模索し、人間と神、自然、社会との生活面での平衡を保つ必要に迫られています。

全能の神が生み出す「生命の網」では人間、社会、自然の相互依存関係が暗黙のうちに認識されています。このために多くのアジア社会において、開発には3つの意味があります。経済的には物質的富の創造であり、社会的には社会的一体性の強化であり、環境的には生態系平衡の保存です。

しかし、現在そのような開発を追求するうえで、おもに先進国による化石燃料の燃焼から発される温室効果ガスによってアジアのグローバルコモンとしての空気はすでに大きく汚染され、アジアは地球温暖化や気候変動への広範な影響という厳しい現実に直面しています。これはモンスーンの変化に影響し、農業および食料生産に負のインパクトを与えます。海面は上昇し、沿岸部の洪水頻度が高まると予測されます。これによって天候関連の疾病が増え、特に弱い貧者を冒します。したがって、アジアは開発を主導するとともに貴重な自然生命維持システムを保存し、生物多様性を保

全し、温室効果ガス排出を抑え、生態学的持続可能性の実現に努める必要があります。このような考察とともに、アジアは経済、社会、環境という3つの側面での開発を進め、グリーンで公正な様々な開発モデルを追求しなければなりません。1992年6月にブラジルのリオ・サミットで「持続可能な開発」というコンセプトが打ち出されて以来、経済的社会的に持続可能な開発（ESSD）の枠組みなど数多くのモデルがすでに開発されています。20年経った今、アジアは持続可能な開発の課題に対する効果的な政策を追求する時です。

アジア開発の3つの基盤

危機に陥っている大半の国々から得られた教訓に基づき、アジアの開発は必須条件として基本的な**経済基盤**を着実に固める必要があります。インフレを抑え、健全な金融機関や銀行が適切に管理する安定した国家通貨を維持することで、また国の競争力を支える生産性レベルに裏づけられた、国際的な経済弾力性を支えるに十分な外貨準備高をもって、社会の安定した購買力を維持しなければなりません。

またアジアは基本的な**社会基盤**を着実に固めていかなければなりません。アジア諸国の大半は多様な民族的、文化的、宗教的社会集団をもとに、統一国家を構築する必要があります。社会的公正と貧困撲滅の推進は、様々な人種、民族、社会集団が混在する国家を統一するうえで最も重要です。交通や通信のインフラの不十分さ、電気や清潔な飲料水、衛生、人間居住施設などの不足に起因する物理的接続性の乏しさから明らかなように、アジアの貧困は金銭的価値だけではなく非金銭的価値においても根拠があります。また教育の乏しさに起因する人的資源開発の不十分さや、銀行などの金融サービスを利用できないことからも貧困は生じます。貧者は生産的な天然資源や効果的な法的保護を得るための平等なアクセスを求めます。このようなアクセスの多面的欠如が、貧者を「貧困の穴」にはめこみます。「貧困の穴」にはまっている貧者を無視していては、開発によって社会的公正は到達できません[3]。

「生命維持システムとして働く自然の生態系を人間や社会と結びつける

「生命の網」において開発は行われる」という認識のもと、アジアは基本的な生態学的基盤も構築しなければなりません。アジアの多くの地域において陸上および海洋の生態系は、人類の生存にとって重要な生物学的天然資源の生息地です。海に近いアジア諸国の多くは海面上昇や津波に対して脆弱です。火山帯に囲まれたこれらの国々は自然災害も起こりやすくなっています。したがって、アジアの開発政策にはこのような生態学的考察が明確に含まれる必要があります。

アジア開発銀行の予測によれば、近年の成長を延長すると、アジアは2050年までに世界のGDPの半分を超え、一人当たり所得潜在性上昇は6倍となり、現在の欧州平均に近いレベルに達します。しかし、この楽観的な結末は各国内の格差拡大、「中間所得国の罠」に陥るリスク、地球温暖化のインパクト、気候変動、生物多様性侵食、貧しいガバナンスといった多くのリスクや課題を伴います。

1970年以降のアジアの経済実績をもとに、アジア開発銀行はアジアの49ヶ国・地域を次の3つのグループに分けました。(1) 高所得先進国・地域（日本、ブルネイ・ダルサラーム、香港、シンガポール、その他同様に高度発展した3ヶ国・地域）、(2) 急速成長収束諸国・地域（中国、インド、インドネシア他8ヶ国・地域）、(3) 低成長または穏やかな成長を求める国・地域（フィリピン、スリランカ他29ヶ国・地域）。

これら3つのグループのうち、急速成長収束諸国は現在アジアのGDPの52％、アジアの人口の77％を占めています。

急速成長収束諸国の代表、すなわち持続可能な開発を追求するアジア諸国の代表として、インドネシアの地方開発は有用な研究材料です。

マクロ経済の視点から見ると、近年の経済危機に拘わらずインドネシアの経済成長率は好調です。しかし地方開発の視点では、経済成長率の分布は同国の島々の間で不平等です。2010年のGDP内訳はジャワ島が58％、スマトラ島23.1％、ボルネオ島9.2％、セレベス島4.6％、バリ島とヌサトゥンガラ諸島が2.7％、モルッカ諸島とパプアが2.4％でした。

インドネシア列島は西インドネシア（スマトラ、ジャワ、バリ）と東インドネシア（ボルネオ、セレベス、ヌサトゥンガラ諸島、モルッカ諸島、

パプア）という2つの大きな諸島に分かれます。インドネシアの最西端から最東端までの距離はロンドン－テヘラン間に等しく、気候や生態系、さらに社会的共同体の民族性、宗教、文化が非常に多様です。

1980年から2010年の間に、西インドネシアはインドネシア総人口の約80％を占め、GDPの約80％に寄与しています。西インドネシアの経済は東インドネシアよりも進んでいます。東インドネシアの貧困者人口は西インドネシアより少ないものの、貧困者のパーセント数では東インドネシアは西インドネシアを大きく上回ります。この貧困率分布の偏りは、多くのアジア諸国において顕著です。たとえば中国東部（豊か）と西部（貧しい）、インド南部（豊か）と北部（貧しい）、ベトナム南部（豊か）と北部（貧しい）、タイ北部（豊か）と南部（貧しい）、マレーシア西部（豊か）と東部（貧しい）、フィリピン北部（豊か）と南部（貧しい）、といった具合です。

これらの国々における貧困の地域分布は「海上、河川、陸上交通の物理的接続性の乏しさ、教育を受ける機会の乏しさ、人間的能力を高める施設の欠如、金融機関へのアクセスの欠如、生産的天然資源や法の支配、政府サービスの利用可能性の欠如のすべてが「貧困の穴」から貧者を救ううえで欠かせない必須条件」という、インドネシアと同様の宿命を帯びています[4]。

「成長、雇用、貧者、環境の味方」という目標達成のためのインドネシアの努力は、マクロ経済的な政策は必要ではあるけれども十分ではないと我々に教えてくれます。国家マクロ経済レベルの高い成長率は、すでに経済発展を遂げている地域および主にジャワ島に住む社会集団（58％）の成長のみに偏向している可能性があります。これらの国家的マクロターゲットは（a）生命維持システムを支える資源の利用を通し、（b）貧者の収入増に対するインパクトを考慮したうえで、（c）必要な雇用吸収投資を伴う経済セクターのターゲットについて、地方的ターゲットに置き換えられなければなりません。

地方空間のプランニングは実質上、経済投資を雇用創出や貧困緩和、持続的天然資源管理と結びつける機会をもたらします。資源部門への適切な

直接投資は経済成長を持続させるだけでなく、社会開発にも好影響を与えなければなりません[5]。

地方および地区レベルの開発は次の諸原則が応用可能です。(1) 全要素生産性を得、インプット単位当たりのアウトプットを増やす、(2) 革新的技術の応用によって、天然（特に生物的なもの）資源単位当たりの付加価値を高める、(3) 再生可能エネルギーベースの分散型グリッドシステムと、扱いやすい大きさの都市創出を促進する広範囲の公共交通、(4) 科学的水産養殖漁業、(5)「シンガポールモデル」に沿って都市空間を最適化し熱を抑える屋上での水耕農業など、(6) NGOの関与を通して経済的考察を社会的および生態学的考察と融合させること。これはすでに流域サービス市場の開発と、「市場失敗」に代わる「擬似市場」を考案する公正な仲裁者としてのNGOによる生計改善活動で明らかになっています[6]。

環境インパクト分析、特に採掘産業のために「社会的ライセンス」を取得する必要性、科学やテクノロジー、さらには採掘後の再生不可能資源の回収要求による生物資源付加価値の優先。これらは経済的配慮を社会的および環境的配慮と結びつけるうえで有用なツールです。

経済マクロ政策と貧困緩和とのリンクを確立するために重要なのは、「貧困線」の各要素に対するマクロ経済政策のインパクト、そして貧者の所得高に対するインパクトを調べることです。この文脈において、マクロ経済政策は貧困線に影響する諸要素の価値削減という制約の範囲内で働き、貧者の所得を増やすことが求められます[7]。

この不平等な成長地域分布に対処するため、インドネシアは経済資源のマッピング、地方貧困マッピング、持続的天然資源マッピングの各層でマクロモデルを補完する必要性を感じています。**第一の層**として、インドネシアの地方経済開発計画が、主要な島それぞれの成長センターとして6大コリドー（廊下）に分けられます。これらは全国を網羅する交通および通信ネットワークにリンクします。これを**第二層**（貧者の所在地を明らかにし、島々や各地区、各州に分散した共同体を社会的にまとめる地方社会開発計画）に重ね合わせます。**第三層**は、独特の天然資源を持ち、経済および貧困撲滅計画と連動して開発できる潜在性を秘めた場所を特定する地方

天然資源管理計画です。

　この準地域的国家開発計画の3つの層は「動的一般的平衡モデル」を引き出すうえで大きなインプットを与えます。これは、経済成長と社会的発展、環境開発といった主要因からなる簡易的3要因マトリクスを伝え、この3部門開発が直面する相互依存や関連性の強さを利害関係者とともに探るうえでも有用です。

　経済成長はGDP（経済的要因）、雇用創出（社会的要因）、CO_2排出（環境的要因）に対するインパクトを与えます。社会的発展は教育、健康、能力強化、貧困撲滅（社会的要因）、そして資源富化のための地域的英知（環境的要因）を通じて成長因子に影響を与えます。環境開発は資源効率（経済的要因）を通じて成長にインパクトをおよぼし、また雇用創出のための資源供給（社会的要因）、生命維持システムの持続（環境的要因）にインパクトを与えます。その分野の様々な利害関係者の間の相互作用を通じ、経済、社会、環境の相互依存は持続可能な開発の実施に資する実務的な取り決めを創出できるようにします。

「万能サイズ」な解決策はありません。アジア諸国は同時に一斉に成長しているのではなく、様々な成長段階という波の中で動いているのです。「低所得国」は「中所得国」が犯す誤りを学習・回避できます。中所得国もまた、「高所得国」の経験から学ぶことができます。

　市場は効率性が不完全であり、社会的および環境的コストと利益を本質的に得られないと認識されています。したがって、**社会的および環境的インパクトの分析**を応用して社会的・環境的外部費用の特定と内部化を促進し、それを経済的費用便益計算に内在化させる必要があります。この文脈において**社会会計マトリクス**のアプローチは、拡張した投入・産出分析の中で、経済的、社会的、環境的セクターを網羅した多部門アプローチを開発するうえで役立ちます。

　このような経済、社会、環境開発の多元相互作用的インパクトを探るには、地理空間マッピングにおいて、この様々な開発層を重ね合わせるのが便利です。したがって準地域的規模で、経済成長の諸要因と特定地域の貧者、天然資源富化の明確な情報の様々な相互依存的関連性を探ることがで

きます。

　経済開発が環境制約を越えてしまった場合、別の成長パターンを考え出しそれをフィードバックする必要があります。パームオイルの栽培拡張が耕地制約に達すると、パームオイル栽培を資源富化にシフトしなければならず、垂直バリューチェーンに沿って科学やテクノロジーの活用によりパームオイルの価値を新製品として高めます。天然資源富化を組み合わせて付加価値を高めるような製品開発をする必要があります。クリエイティブな産業による、多くのラタン（籐）製品開発はその価値を高めます。同様に木々で育つラタンが森林を救うことになります。

　生物天然資源の性質・習性を模倣する**生物模倣**は、科学とテクノロジーによって付加価値を上げるうえで、自然の習性を応用する新たな領域を切り開きます。インドネシアのような民族共同体は自ら薬品、化粧品、食料、園芸などを開発しており、そこから提供される民族的英知は現代の科学やテクノロジーによって高められます。このアプローチによって、開発の方向性を**資源搾取**から**資源富化**に移すことが可能になると同時に、天然資源を存続させその付加価値を上げます。開発と保全を政策の二者択一と考える必要はありません。これらは科学、テクノロジー、地域の英知によって両立できるのです。

　貧困撲滅を、経済政策の固有の目標として明確に位置づけるべきです。これは無所得貧困に作用する諸要因を軽減するうえで最も影響力があると考えられます。たとえばインフラの物理的構築によって貧者の市場アクセスを改善し、村の銀行や協同組合、信用組合のような金融インフラを改良します。教育、医療、社会保険などによって人間的能力を高めます。貧困撲滅を中心とした開発モデルは経済的にも社会的にも健全性が期待できます。

　このモデルが国家的規模で実施可能な場合、アジアという地域的規模でどの程度開発可能でしょうか？　理論上は、その答えは肯定的なものになります。しかし、アジアの実行可能かつ持続可能な開発モデルのための構成要素を引き出す、関連性と正確さに富んだデータが必要です。

　これは厄介で痛みを伴うプロセスであることが、経験からわかります。

とはいえ、ASEANの地域的持続可能開発モデルを引き出すことは可能です。同様に、アジア、アフリカ、ラテンアメリカなどの地域でも可能です。地域協力はすでに増加傾向にあり、同じ経済的、社会的、環境的課題に直面する共通の利害によって現在推進されています。これまでに地球規模での国際協力は効果が出ていませんが、国それぞれの利害によって下から推進される地域協力のために努めることが現実的でしょう。これらの利害は、21世紀の持続可能な開発の課題に対処する未来の地球規模での国際協力の柱となる可能性があります。

参考文献

1. Asian Development Bank, *Institutions for Regional Integration*, Asian Development Bank, 2010.
2. (National Statistical Bureau, *Monthly Report of Social Economic Data*, Jakarta, 2011).
3. Juzhong Zhuang, editor, *Poverty, Inequality, and Inclusive Growth* in Asia, Part A, Asian Development Bank, 2010.
4. Essay "Out of the Poverty Hole in "A Better Feature for the Planet Earth Volume III, the Asahi Glass Foundation, 2007.
5. Iwan J. Aziz and Emil Salim, *Development Performance and Future Scenarios in the context of Sustainable Utilisation of Natural Resources*, Paper, Jakarta, 2004.
6. Munawir and Sonya Vermeulen, *Fair Deals for Watershed Services in Indonesia,"* International Institute for Environment and Development, UK, 2007.
7. Iwan J. Aziz, *Macroeconomic Policy and Poverty*, ADB Institute Discussion Paper no.111, June 2008, Tokyo, Japan.

● The Policy-Science Nexus

20 政策と科学のネクサス（連環）
―― リーダーシップ能力の改善分野

●

カール゠ヘンリク・ロベール
Karl-Henrik Robèrt

摘　要

　学問的、専門的、思想的境界線全体の価値ある目標の基本原理を理解し、この目標達成のために我々が互いを必要とすることに気づくのは素晴らしい経験です。対照的に、意思決定において全面的な持続可能性を構築し、それに従って自らの分析、ディベート、行動計画、利害関係者の同盟、経済、首脳会談を形作る方法を知る指導者の少なさは驚くばかりです。この欠乏状態は、政策衝突の渦中に往々にして巻き込まれる科学者たちに向けられた疑問に反映されています。このような状況において、経験的事実が代替的解決策のために文脈を無視して提示され、化石燃料の急速な段階的廃止に対する賛否あるいは原子力に対する賛否などの議論として応用される可能性があります。これは1つの問題に1度に対処する試みにつながり、1つの問題を「解決」するとともに、往々にして新たな持続可能性の問題を生み出します。単に公共的論議に十分に参加し、そして何らかの専門分野を持っている、あるいは何らかの思想に忠実であることが、持続可能性に対する戦略的プランニングではありません。現在必要とされるのは、戦略的プランニングおよびそれに伴う言語（成功に必要な規模で多部門協力を可能にする言語）という重要な能力を学ぶことに対してオープンな意思決定者です。それによって初めて、指導者たちは自らのリーダーシップに意味を持たせ、学問的および部門的境界線を越えて協力しあうことができるのです。それがなければ、科学者といった専門家に的確な質問はできません。これは強い経済や競争力と両立できないものではありません。全く

逆です。現在、我々は戦略的かつ持続可能な開発における能力不足によって、コスト増と機会損失を経験しています。この能力は様々な価値観やイデオロギーを持つ自由や、そのような価値・イデオロギーの対立によって生じる創造的緊張と両立できます。根底に知識の欠如や誤解がない限り、創造的緊張の潜在的価値は逆に増します。

＊＊＊

科学者と政策立案者との間の、持続可能性に関する現在の議論には大きな問題があります。その例として挙げられるのがリオや京都、コペンハーゲン、最近ではダーバンおよびワルシャワでの首脳会議です。このような会議はほぼ常に、持続可能な意思決定についての枠組み合意もなしに科学的データから政策決定に直接移ろうとします。気候学、生態学、化学、経済といった分野の一流の自然・社会科学者たちは、社会生態系システムにおける負の開発に関するデータや、それらに対処する様々な手段を提供するのが一般的です。政策立案者たちは、この情報から戦略や協定を直に考案することを期待されています。これはうまくいきません。本章では、これがいかに機会損失につながるかを説明するとともに、経験科学の有効利用を可能にする枠組みの基本的構成要素のいくつかをまとめます。

意思決定のために包括的にデータを整備する一般的枠組みがない限り、不可避的に問題が増えて複雑性が増し、各モデルが扱いづらくなります。これは、データを整理する個々の枠組みを互いに誤解するという深刻なリスクにつながり、持続可能な開発[1]に関連する共通の、また個々の利害を満たせないというリスクも伴います。

結果的に、次のような欠陥が生じます。

1. 集団的利益の先に、またその上に持続可能な開発による個々の利益を見ることができない。
2. システムの境界線やトレードオフをうまく扱えない。
3. 持続可能な資源の潜在性を推測できない。

4. ある問題を解決するうえで、新たに別の問題を引き起こす。
5. 部分最適化。
6. 高価な行き詰まりに陥る。すなわち、後々の進展を促進する基盤として使えるかどうかを確認せずに、現状改善のために高価な手段を用いる。

さらに、次のような疑問が生まれます。「政策立案者たちが意思決定するうえで実証的データを有効利用できるように、科学を政策により効果的にリンクさせることは可能か？」

持続可能な開発の現在の議論には、2つの大きな要素が欠けています。第一に、他者が動くのを待つよりも自らイニシアチブをとるほうが自己利益が明らかに大きい[2]ことへの理解が乏しい状態です。第二に、先手を打つことの利点を理解したところで、啓発された利己心を尊重しつつ機会を利用するように戦略的に行動する能力が欠けている点です（参考文献については[3]を参照）。

新たなリーダーシップの枠組みと持続可能性のための意思決定

本章の目的は、他章に示す貴重な実証データをもとに意思決定する枠組みを概説しながら上述の2つの不足要素を提供することです。この枠組みは、20年以上続く科学的コンセンサスのプロセスにおいて開発されています。このプロセスは専門家の検証を経て、世界の多くの地域で実際のさまざまな状況で政治指導者やビジネスリーダーによって応用されています。

不足要素1：動的に変化する世界における戦略的かつ持続可能な開発の利点

持続可能な慣行や生活スタイルに徐々に移行することが組織や地域あるいは国にもたらす利益は一般的に理解されていません。新しい持続可能なパラダイムやテクノロジー開発の初期費用を関与するすべての事業体が共同負担しない場合、国家元首や市町村長、事業経営者たちは、競争優位が失われるかのように振る舞います。しかし、変わりゆく世界においてこれが必勝戦略になったことがあるでしょうか？　時代遅れのパラダイムや慣

行を最後まで捨てずにいる者と、避けられない変化への必要性に順応するうえで前向きに主導権を握る者。どちらが勝者でしょうか？

　競争的優位の損失という想定に欠陥があること、またゲームの先手を打ち、ソリューションの一部となる、すなわち啓発された利己心にもとづき行動するのが良策であることを、多くのリーダーは直感的に知っています。これはあらゆるビジネスあるいは政治組織にとって最善のアプローチです。すなわち、正論を言い正しい行動をとるだけでなく、最終的な財政的成功を改善する、他者への模範として機能します。利益は次の2つのレベルにおいて生じます。

　公益　持続可能な開発の利点は徐々に認識されているように思われます。理解の欠如は、国際協定に対する減少しつつある障壁でしょう。本書の他の章で触れているように、生物多様性や天然資源、生態系の純度、気候安定性の損失が続いた場合、皆が費用を共同負担することになります。人々とその指導者や組織の間の信頼損失についても同様です。この議論は、特にEUと中国では多からず少なからず完結しています。すでに予見可能な、世界市場の不可避かつ突然な変化に対するテクノロジー開発と政策立案は、明らかに全員の利益のためです。同様に、クリーンテクノロジーを開発途上国に移して我々の誤りを繰り返させないための融資方法を見つけなければなりません。

　自己利益　とはいえ、自己利益の帰結はさほど広く認識・理解されていません。リーダーたちは依然として、持続可能な実践のコストを全員に共同負担させるために他国などの「競争相手」を不安げに静観している状態です。これは、文明を支える資源潜在力の低下は、個々の組織あるいは主体にとって、相対的に積極的になるのが実利上得策である[2]ことを意味するという事実を無視しています。

　社会および環境システムのキャパシティが徐々に失われる状況は、深く入り込むにつれ厳しさが増す制約や、自由度の縮小を示すように外周が狭まる「ファネル（漏斗）」によって概念化されます。狭まるファネルによって財政的に打撃を受けるリスクは、世界的問題に比較的大きく寄与している組織において高く、リスクはそのような組織に対して加速します。

より多くの資源を要する、および／または付加価値当たりで生み出す有害廃棄物が増えている、あるいは燃料サイクルが大型の資源フロー（化石、原子力、バイオ燃料）に基づく非持続可能なエネルギーシステムにより依存している組織は、ファネルが狭まることによって、市場での重要性をますます失い、財政的リスクの増大に曝される度合いが競争相手よりも高くなります。このような組織は、ファネルの狭まりに起因する厳しい財政的影響を、ますます予見不可能かつ突然な形で経験するでしょう。また資源、廃棄物管理、保険の相対的コストが高くなり、市場機会を失い、創造性も低下します。その逆となるのが、ファネルの口に向かうために、すなわちゲームの先手を打つために巧みに、かつ段階的に解決策の一部となり、自らの慣行を開拓する組織です。

このような動的アプローチの強調は、伝統的な持続可能な開発の提唱者の典型的なアプローチ、すなわち、投資収益率に対する持続可能な開発のメッセージの広報（PR）的価値に重きを置くいつものアプローチとは大いに異なります。しかし、PR改善の利益は単なる添え物です。純粋に金銭面では、他の顧客が「良い」組織の製品またはサービスをどの程度購入しようとするかにのみ当てはまります。

ここでも、持続可能な形で製造された製品やサービスを提供し、早い段階で将来の市場に順応することで、大きな利益が得られます。それによって他者が持続可能になるとともに、廃棄物発生を抑え、資源を節約します。ファネルが狭まるにつれ、これらのコストは高騰します。

残念ながら、世界中の企業・政府（少なくとも米国議会）の幹部層は「シリンダー・パラダイム」（図1を参照）という、欠陥のある前提に苦しんでいます。基本的に変化しないシステム潜在性を前提とするこの世界観は、持続可能な開発やそれに関連して首脳会談で締結される国際政策・協定に対する大きな障壁です。これは悪い結末を世界全般に着々ともたらしています。その悪さの度合いが問題の比較的大きな部分を占める組織、地域、国において最も大きいことが無視されています。数多くの国々が直面する現在の財政問題のうち、ファネルを開けるのではなく狭める過去の意思決定に起因するものはどれくらい多いのでしょうか？

図1 「シリンダー」と「ファネル」

…と考えられている  しかし実際は…

…S.Dとは，S.Dによる所得がその費用と平衡している時に，被害を修復すること．

…それ以上に，S.Dは手に入れやすい倫理のことである．

…さらに，他者が遵守を義務づけられることを首脳会談や政治家，国際協定で保障できなければ，競争優位は失われる．

…ダメージのコストは無限大になる．したがってS.Dとは，必要なコストを最低限に抑えた戦略的移行である．

…広報（PR）は添え物に過ぎない．

…他者が何をしても賢いロールモデルは勝つ．また，ペースを上げて遅参者の目を覚ます賢明な協定や政策への道を開く．

©2011 The Natural Step

意思決定者にとって「シリンダー・パラダイム」にはまる、あるいは自国でシリンダーにはまっている議会に借りを作るのは逆効果を招きます。集合的にこれは裏目に出て、特に廃れた考え方や政策、技術、慣行に固執する組織や国々において逆効果となります。文明がファネルに深く入るほど、その自由度は少なくなります。たとえば米国の民主党員、共和党員両方にとって、自由という理念は主要な政策要素です。しかしファネルの結末を無視し、その義務を他者が回避させてくれるのを待ったところで、自由を推進することにはなりません。

問題は貧しい価値によるものではありません。知性の劣化とも関係ありません。有能な人々ですら、パラダイムシフトを前にすると無力であることが問題なのです。

不足要素2：持続可能な開発の機会を戦略的利用する枠組み

次のハードルは、複雑な移行をどのように戦略的に管理するか、すなわち、動的に変化する市場の中で新たな需要への準備をどのように進め、脆弱な資源管理に伴うコスト高騰、あるいはエネルギー、林業、漁業、農業、

運輸用途の生来的に持続不可能な技術システムへの依存をいかに防ぐかです。

　個々の組織の視点から言えば、第一に、前述の制約的ファネルの力学から得られる機会を逸する程度まで移行を遅らせないようにバランスをとる必要があります。第二に、十分な投資収益率を維持できないような速さであってはなりません。それは刃先の上でサーフィンをするようなものです。これを計画的にやるには、ゲームの終わらせ方とともに、そこに到達するまでの論理的指針が明確に見えていなければなりません。

　我々は、戦略的プランニングの主要要素を避けて通れません。それは目標、すなわちファネルの口に向かって何を進めるかを決めることです。持続可能性を求めるのであれば、それがどのようなものであるかの説得力あるコンセプトを考えなければなりません。投資責任を持つすべてのリーダーにとって、持続可能性を明確に視覚化し、それを自由に改善し、個人的および社会的使命としてそれを「自分のものにする」能力が必要です。

　さらに、これは包括的なビジョンでなければなりません。それぞれが持続可能性の違う「糸」を扱うアドホックなプロジェクトをばらばらに積み上げても、あらゆる場所の人々にインスピレーションを与える「タペストリーを織る」ことはできません。自らの活動の場となるシステムの研究とプランニングの目的に対する我々の定義づけ、その目的に向かって進むプロセスを明確に区別すべきです。このことを軍[4]および民間[5]の戦略プランナーはともに長年知っていました。しかしながら、多くの意思決定状況においてプランニング方法の主となるのは「予測」です。予測によって、現在の傾向をもとに問題予測・解決手段として未来を推測します[6〜9]。この手法は「経路依存性」[10, 11]につながり、未来の斬新な目的を前向きに計画するには不十分です。

　このような問題に対処し、より「軍隊的」なアプローチで明確な目標に向かう方法を「バックキャスティング」と呼びます。これは概してシナリオ作りに応用されます。すなわち、求める未来を簡単に描き、未来から現在に遡る形で計画して実現するという方法です。シナリオのプランニングには少なくとも4つの欠陥が考えられます[3]。遠い未来の細かな目標は大き

なグループにとって合意に達しづらいのが1つめの欠陥です。2つめに、技術および文化面の進化を考えた場合、想定する未来を限定し過ぎるのは賢明ではありません。3つめに、持続可能性の基本原則が明確でない場合、シナリオが本当に持続可能か否かわからなくなります。そして4つめの欠陥は、成功の一般原則がなく、プランニングの試み同士を互いに関連づけるのが難しいことです。毎回ゼロから作り上げていかなければならないプロセスです。

統一型枠組み

上述の障壁を検討する統一型の持続可能性枠組みはすでに開発済みです（参考文献についてはwww.alliance-ssd.comを参照）。数多くの持続可能性関連手法／ツール及びコンセプトの先駆者である科学者たち[2,3,6,12〜24]、政策立案者[25〜29]、ビジネスリーダー[30〜37]の間で継続中のコンセンサス・プロセスを通して、戦略的かつ持続可能な開発の包括的枠組みが現れています。何百人もの市長、CEO、その他世界中の上層部経営者をはじめ、上記のような枠組みを使って持続可能性の課題に取り組む意思決定者のグループが急速に増えています。

この枠組みはまず理論科学において開発され、企業や自治体との実践的研究で改良されます。組織あるいはプランニングの試み（規模にかかわらず）を世界の持続可能性という文脈の中に置くことで、統一型の枠組みになるように作られます。また、これは持続可能な開発の様々なツールやコンセプトを有効利用することで統一的な効果もあります。例として挙げられるのは生態学フットプリンティング、管理システム、ライフサイクル評価、製品サービスシステム、バリュー・チェーン・マネージメント（価値連鎖管理）、モデリングとシミュレーション、指標の開発などです。

このような統一という役割を果すため、下記の論理的順序にしたがった枠組みが必要でした。

1. 戦略的に物事を進めたいなら、少なくとも目的を知っていなければなりません。

2. 複雑なシステムである場合、一般的に目的を詳細に定めることはできません。「誰も未来を予見はできません。」複雑なシステムにおける複雑な試みには、デザインの制約として基本原則が必要です。
3. 目的、たとえば持続可能性を基本的かつ実践的に定義づけるための原則ならば、それは次のような原則でなければなりません。
   ・不要な制約を避け、論議を巻き起こす諸要素の混乱を避けるうえで必要なこと。ただしそれ以上ではありません。
   ・思考のギャップを避ける、すなわち完全な基礎から二次的およびそれ以上の原則を考え出すうえで十分であること。
   ・専門分野を問わず、チーム全員やすべての利害関係者によって、あらゆる領域・規模で応用でき、学際的および部門横断型協力を可能にする程度に一般的であること。
   ・問題の解決と再計画、また実際のプランニングにおける段階的手法を導くほどに具体的であること。
   ・理解を可能にし、進捗監視のための指標作りを促進するほどに、重複がないこと。
4. このような基準を満たす諸原則によって目標を定めない限り、次のような利益は得られません。
   ・資源ポテンシャルが算出可能になること。目的の設定方法を知らなければ、資源ポテンシャルを算出し、目的の制約の範囲内での自由度を決めることもできません。それができた場合、自分のプランニングや意思決定は現在の技術や文化の制約のみをベースとするのではなく、資源ポテンシャルの科学的推測によって（たとえば物理学や生態学を使って）支えられます。
   ・トレードオフは合理的に管理されます。利点と不利な点は多様な可変因子やパラメーターに関連し、様々な単位で生じることが多いのです。（低エネルギー電球のように）エネルギーを浪費するよりも水銀汚染というリスクを負ったほうが良いでしょうか？この短期的「スナップショット」のいずれかを分析することの戦略的価値は限られます。しかし最終目標がわかっていれば、トレ

ードオフの存在しない段階にプロセスを高める足掛かりとなるキャパシティの様々な選択肢を評価できます。現時点でのスナップショットを良いか悪いかで判断するのではなく、成功への最善経路を作るのです。「伝染病かコレラか」のように選択肢を設けたら、そのどちらかを得てしまうことになるでしょう。

・システム境界線の設定は目的によって導かれます。システムが研究されている場合、科学は明確かつ十分な境界線に要求を課します。一組織における持続可能性の論議は多くの場合、システムの境界線をどこに引くかについての議論を伴います。熟練した学者たちは次のように問いかけます。「壁がある工場のことを言っているのですか？　それともクライアント…供給チェーン…その他の利害関係者…世界全体を含めた話をしているのですか？」最後の選択肢を持ち出す際には往々にして薄ら笑いが伴います。いかに想像し難いかということです。とはいえ、持続可能性に関して言えば、世界全体もある程度含まれるのが真実です。目的の基本原理がここでも道を切り開いてくれます。CEOやプロジェクトマネージャーの視点に立ち、「各々の組織／計画地域／地域に持続可能性原則への社会的適合をサポートさせるために世界全体で考えなければならないことは何か」を自問自答してみましょう。これによって、地理から規律、その先に至るまでのシステム境界線について意思決定をします。

・学際的および部門横断的な協力が促進されます。原則に基づいて目的を定義づけることで、どの専門家グループも自らのやり方から知識をうまく引き出せるようになります。ここでも、持続可能性原則に適合するために考慮に入れなければならない各部門、また同原則に基づく必要なデータがわかります。

・未知の問題は回避できます。すでに知っているインパクトを修復する以上のことができます。成功の堅実な基本原理によって自らの責任分野を再設計する場合、それをしなかったことで生じる結末すべてを細かに学ぶ必要はありません。たとえば、自然系にお

ける亜鉛や銀の含量を増やさないように努めるうえで（たとえばCFC導入時に、それがオゾン層におよぼす作用を知る前に我々がするべきだったように）、これらの濃度上昇がある（不明の）生態毒性閾値において何を示唆するかを知る必要はありません。このような物質は自然に対して比較的永続性かつ異質なものであり、消費財に使われる限り、これらの濃度が生物圏で徐々に高まることは不可避でした。持続可能な社会に馴染まないことは最初から明白だったのです。

・他のコンセプト、手法、ツールの選択、利用、開発を導くことができます。列挙した基準を満たす、原則に基づいた目的を設定すれば、目的到達に必要なコンセプト、手法、ツールの選択を導くことによって持続可能な開発のための他の既存コンセプトや手法、ツールを有効利用できます。この枠組みを応用して持続可能性原則適合における組織のギャップを示し、その橋渡しをする行動計画を提示し、橋渡しを監視するうえで適切なツールとコンセプトを選びます。また、開発の必要性を示すうえでも役立ち、新しいコンセプトや手法、ツールに関してそのような開発を導くことができます。

　上記基準を満たし、上記の利益をもたらす能力（ポイント4参照）を持った持続可能性の諸原則を含む、戦略的かつ持続可能な開発（FSSD）の枠組みが実際に開発、精査、実験され、20年以上続く専門家の検証を経た科学的合意プロセスでさらに改良・精査されています。FSSDは一見融合不可能な両極（全体像と部分像、長期と短期、倫理と金銭、セクターと規律）を1つにまとめるうえで役立ちます。

> 　FSSDは5つのレベルで構成され、それぞれがシステムの中で欲しいものの側面に沿って「カット」されます。これはすなわち、枠組みの第2レベル、原則に基づいたビジョンです（持続可能性原則を含む）。FSSDの5つのレベルを簡潔にまとめると次のとおりです。

1. システム:グローバルな社会生態学的システム(生物圏の中の社会)。これは自然の法則、自然の生物地球化学循環、(システムに統合された)グローバルな社会システム、(システムに統合された)それぞれの組織、地域あるいはプランニング活動を含みます。
2. 成功:文明すべての持続可能性の基本原則。そして、持続可能性基本原則に違反することなく目標に到達する組織/地域/話題。
3. 戦略的指針:上述の成功のイメージからのバックキャスティング。すなわち、それを思い描き、イメージから遡る形で正しい戦略的結論を導き出します。現在の課題と未来の機会の間の段階的移行の論理的指針。
4. 行動:組織/地域/話題を持続可能なビジョンへと動かす計画に取り入れられる行動。
5. ツール:システムの中で(1)戦略的に(3)目的に達する(2)行動(4)を模索する計画者に役立つツール。

現在の持続可能性原則(レベル2)は次のとおりです。

持続可能な社会では、自然は下記のものの系統的な増加を伴いません。
1. 地殻から抽出される物質の濃度
2. 社会によって作られる物質の濃度
3. 物理的手段の劣化
4. その社会において、人々は自らのニーズを満たす能力を系統的に弱める条件に曝されません。

さらに、一組織は下記のものに寄与しないために、持続可能性原則を自らの最終目的に「翻訳」します。
1. 地殻物質濃度の系統的増加

2. 社会によって作り出される物質の濃度の系統的増加
3. 自然の系統的かつ物理的な劣化
4. 人々が自らのニーズを満たす能力を系統的に弱める諸条件

下記は、これらの各基本原則を実践する指針です。

1. 自然において量が乏しい鉱物の中には、量的に豊富な別の物質によって代替可能なものがあります。これには、すべての採掘物質を効率的に利用すること、そして化石燃料や原子力への依存を系統的に軽減することが含まれます。
2. 難分解性かつ非天然の化合物の中には、自然において豊富である、または容易に分解する他の化合物によって代替可能なものがあります。社会によって作り出される物質はすべて効率的に利用するべきです。
3. 資源は管理の行き届いた生態系からのみ得るべきです。これらの資源や土地両方の最も生産的かつ効率的な利用を、系統的に追求するべきです。新しい種の導入など、自然のあらゆる変異に注意を払うべきです。
4. われわれの行動が現在および未来において人類にもたらす結末、さらに、それによって、充実した生活を送る機会がいかに制限されるかを考慮するべきです。我々の生み出す状況は我々が求めているものかどうか、それが重要な問題です。

　FSSDに知的面で大きく寄与するのは持続可能性原則だけではありません。これらの原則は専門家の検証によって精査・改良され続けています。大きく寄与しているのは、「原則からのバックキャスティング」というコンセプトです。人間社会において可能な持続可能デザインは無数に存在するため、持続可能性は原則によって定義づけられなければなりません。この考え方、すなわち「原則からのバックキャスティング」の根拠が理解されたら、必要性が高く、量的に十分で、一般的、具体的で、重複しない原

則が求められます。このような特徴を持つ他の原則の創出は理論的に可能ですが、現在のところ、この目的に適っているのは上述の持続可能性諸原則のみです。

経済的義務と明確なビジョンの欠如

　上記の条件に沿った、結果を出せるだけの十分な人数のリーダーに辿りつくこと。それが最も切迫した課題です。そのようなリーダーは持続可能性の基本原則を支持し、関連する経済的質問など、代替的な目標達成方法について問い掛けをするロジスティクスをマスターした者でなければなりません。

　これは「気候変動など無数の問題をその他のあらゆる持続可能性関連問題の領域外で1つずつ片づけていくのが実現可能な問題解決策」という考え方と相反します。「知識豊富な人々が十分に話し合い、それぞれの「サイロ（やり方）」から集められた知識を共有するならば、大きなシステムの視点だけで何とかなる」という考え方にも相反します。時間（バックキャスティング）および規模（文明のすべて）において十分大きい持続可能な意思決定の強固な枠組みを越えたところでは、持続可能性と持続可能な開発の全体像は過去も、未来も、それだけではどうにもなりません。

　可能性のある出来事の一例として挙げられるのは、化石CO_2排出抑制のために農耕地から調達したバイオ燃料（持続可能性の第一の原則）によって食糧価格が上昇して社会的持続可能性に深刻な影響をおよぼし（第四の原則）、システムレベルの十分な気候変動解決策を遅らせるという事態です。もう1つよく知られている例は、アンモニアから刺激性の強いガスを除去するCFCへの変更です。これによって生命を脅かす問題を地球規模で作り出してしまうという結果をもたらしてしまったのです（第二の持続可能性原則の違反）。あるいは経済システムは1つの手段にしか過ぎないにもかかわらず、効果的なリーダーシップが必要とする十分な手段として、経済を何らかの「特効薬」で修正することによって持続可能性を保証できるとの考えがあります。

　経済システムの特効薬を探る一般的議論は、それ自体が現代の有能なリ

ーダーシップ不在を証明しています。持続可能性の明確かつ着実なビジョンに欠け、短期的な経済と成長の必要性を過度に、また長く重視し過ぎてきたリーダーたちに我々は慣れてしまい、爆発的な犠牲を払わなければならない状況です。そして未だにシステムに基づく正しい結論が得られていません。

「経済成長」すなわちGNP増加は、ある価値ある目標を達成するうえで良い手段になり得ますが、もちろんこれ自体がゴールではありません。我々の経済システムを仕上げる／修正する科学的研究と行動が求められます。問わなければならないのは次のような課題です。「持続可能性のギャップを埋めるために現在の経済システムを効果的に利用するにはどうするべきか？」「前向きなリーダーたちが、持続可能性が推進する機会すべてを活用できるように、より効果的に権限を与え、そして遅参者の目を覚ますように経済システムを仕上げる／修正するにはどうすればいいか？」

戦略的かつ持続可能な開発の研究同盟

サイロ－境界全体（分野境界を越えた）の協力体制を高めるために、研究同盟が結成されました。新研究同盟の目的は、模範事例をもって変化を刺激し、価値連鎖およびセクター、地域、国全体の協力をより効果的にすることに他なりません（www.alliance-ssd.comを参照）。

このような系統的協力のモデルは、Real Change（真の変化）という3ヶ年研究プログラムにおいて、すでにスウェーデンの5つの機関と協力のもと実験済です（3年間の報告についてはwww.alliance-ssd.orgを参照）。このプログラムは、上述のFSSDの枠組みを共有するすべての科学者や実務担当者をベースとしています。能力を得てインスピレーションを受けたリーダーたちが持続可能性全領域に向かって段階的な産業・ガバナンスモデルの開発をスタートさせ、増税（エレクトロラックスの電池重金属、OKペトロリウムの石油増税請願など）、法規制強化（化学物質についてEUのREACH規則よりも厳しい法律を求めるIKEAなど）を政治家に提案した事例、また消費財のCO_2表示を開発し、これが基準であると示してきた事例（マックス・ハンバーガーズなど）を我々は見てきました。またそ

れについて報告を公表してきました。

　同盟の目的は、このモデルの拡大です。すなわち、FSSDを共有するビジネス・自治体リーダーを世界中で増やし、次のような研究権限を与えることです。(a) 分野、セクター、価値連鎖、地域、国の境界を越えて積極的なモデリングおよび問題解決の領域を創出する、(b) グローバルな持続可能性に関連する分析、イメージ作り、プランニング、意思決定サポート、監視、モデリング、シミュレーション、コミュニケーションに十分なFSSDツールを開発・実験する、(c) 最良事例のケーススタディのデータベースを構築する、(d) 模範によって変化に影響を与えるために、これらの努力の成果を広く普及させる。

　分野、職業、イデオロギーの境界を越えて、価値ある目標の基本原則をともに理解し、目標達成のために互いが必要であることを実感するのは素晴らしい経験です。これを実現するために我々はまず、持続不可能性は人類史上最大の難題であることを理解しなければなりません。第二に、前向きであることの利点をフルに把握しなければなりません。第三に、この時代のリーダーたちは持続可能性に向けて戦略的に動く力を段階的につけるとともに、各段階が正しい方向に進み、後にさらに開発でき、移行を支えるに十分な収益を生み出せるようにする必要があります。効果的な政策、経済システムの適応、首脳会談で下される建設的な意思決定。これらのすべては、政策やビジネスにおいてこのような能力を持つ十分な人数のリーダーの積み重ね次第です。

参考文献

1. Kates, R. W., W. C. Clark, R. Corell, J. M. Hall, C., et al., 2001. Sustainability science, *Science*, Vol. 292, p. 641–642.
2. Holmberg, J. and K.-H. Robèrt. 2000. Backcasting - a framework for strategic planning. *International Journal of Sustainable Development and World Ecology* 7(4): 291–308.
3. Ny, H., J. P. MacDonald, G. Broman, R. Yamamoto, and K.-H. Robèrt. 2006. Sustainability constraints as system boundaries: an approach to making life-cycle management strategic. *Journal of Industrial Ecology*

10(1).
4. C. v. Clausewitz. 1832. *Vom kriege* (On war) (Dümmlers Verlag, Berlin, Germany, 1832).
5. Mintzberg, H., Lampel, J., Ahlstrand, B., 1998. *Strategy Safari: A Guided Tour Through the Wilds of Strategic Management*. Free Press, New York, USA, p. 416.
6. Robèrt, K.-H. 2000. Tools and concepts for sustainable development, how do they relate to a general framework for sustainable development, and to each other? *Journal of Cleaner Production* 8(3): 243–254.
7. Dreborg, K. H. 1996. Essence of backcasting. *Futures* 8.28(9): 813–828.
8. Robinson, J. B. 1990. Future under glass–A recipe for people who hate to predict. *Futures* 22(9): 820–843.
9. Holmberg, J. and K.-H. Robèrt. 2000. Backcasting–A framework for strategic planning. *International Journal of Sustainable Development and World Ecology* 7(4): 291–308.
10. Hukkinen, J. 2003. From groundless universalism to grounded generalism: Improving ecological economic indicators of human-environmental interaction. *Ecological Economics*, Vol. 44, No. 1, pp. 11–27.
11. Hukkinen, J. 2003. Sustainability indicators for anticipating the fickleness of human-environmental interaction. *Clean Technologies and Environmental Policy*, Vol. 5, No. 3-4, pp. 200–208.
12. Robèrt, K.-H., J. Holmberg, and E. U. v. Weizsacker. 2000. Factor X for subtle policy-making. *Greener Management International*(31): 25–38.
13. Holmberg, J.,U. Lundqvist, K.-H. Robèrt, and M. Wackernagel. 1999. The ecological footprint from a systems perspective of sustainability. *International Journal of Sustainable Development and World Ecology* 6: 17–33.
14. Robèrt, K.-H., B. Schmidt-Bleek, J. Aloisi de Larderel, G. Basile, J. L. Jansen, R. Kuehr, P. Price Thomas, M. Suzuki, P. Hawken, and M. Wackernagel. 2002. Strategic sustainable development - selection, design and synergies of applied tools. *Journal of Cleaner Production* 10(3): 197–214.
15. MacDonald, J. P. 2005. Strategic sustainable development using the ISO 14001 Standard. *Journal of Cleaner Production* 13(6): 631–644.
16. Byggeth, S. H. and E. Hochschorner. 2006. Handling trade-offs in ecodesign tools for sustainable product development and procurement. *Journal of Cleaner Production* 14(15-16): 1420–1430.
17. Robèrt, K.-H., H. E. Daly, P. A. Hawken, and J. Holmberg. 1997. A compass for sustainable development. *International Journal of Sustainable Development and World Ecology* 4: 79–92.
18. Byggeth, S. H., G. I. Broman, and K. H. Robèrt. 2006. A method for sustainable product development based on a modular system of guiding

questions. *Journal of Cleaner Production*: 1–11.
19. Korhonen, J. 2004. Industrial ecology in the strategic sustainable development model: strategic applications of industrial ecology. *Journal of Cleaner Production* 12(8–10): 809–823.
20. Byggeth, S., H. Ny, J. Wall, and G. Broman. 2007. Introductory Procedure for Sustainability-Driven Design Optimization. Paper presented at International Conference on Engineering Design (ICED'07), 28–31 August, Paris, France.
21. Ny, H., J. P. MacDonald, K.-H. Robèrt, and G. Broman. 2009. Sustainability constraints as system boundaries: introductory steps toward strategic life-cycle management. In Web-Based Green Products Life Cycle Management Systems: Reverse Supply Chain Utilization, edited by H.-F. Wang. Hershey, PA, USA: IGI Global.
22. Byggeth, S., H. Ny, J. Wall, and G. Broman. 2007. Introductory Procedure for Sustainability-Driven Design Optimization. Paper presented at International Conference on Engineering Design (ICED'07), 28–31 August, Paris, France.
23. Hallstedt, S., H. Ny, K.-H. Robèrt and G. Broman. 2010. An approach to assessing sustainability integration in strategic decision systems, *Journal of Cleaner Production* 18: 703–712.
24. Ny, H., S. Hallstedt, Å. Ericson. 2012. A Strategic Approach for Sustainable Product Service System Development. Accepted for the 22nd CIRP Design Conference (focus on Sustainable Product Development), 28–30 March, Bangalore India.
25. Rowland, E. and C. Sheldon. 1999. The Natural Step and ISO 14001: Guidance on the Integration of a Framework for Sustainable Development into Environmental Management Systems British Standards Institute (BSI).
26. Cook, D. 2004. *The Natural Step towards a Sustainable Society.* Dartington, UK: Green Books Ltd.
27. Robèrt, K.-H., D. Strauss-Kahn, M. Aelvoet, I. Aguilera, D. Bakoyannis, T. Boeri, B. Geremek, N. Notat, A. Peterle, J. Saramago, Lord Simon of Highbury, H. Tietmeyer, and O. Ferrand. 2004. Building a political Europe - 50 proposals for tomorrow's Europe. "A Sustainable project for tomorrow's Europe" Brussels: European Commission.
28. James, S. and T. Lahti. 2004. *The Natural Step for Communities: How Cities and Towns Can Change to Sustainable Practices.* Gabriola Island, British Columbia, Canada: New Society Publishers.
29. Electrolux. 1994. *Electrolux annual report* 1994. Stockholm, Sweden: Electrolux.
30. Anderson, R. C. 1998. *Mid Course Correction - Toward a Sustainable Enterprise: The Interface Model.* Atlanta, USA: The Peregrinzilla press.

31. Nattrass, B. 1999. The Natural Step: corporate learning and innovation for sustainability. Doctoral thesis, The California Institute of Integral Studies, San Francisco, California, USA.
32. Broman, G., J. Holmberg, and K.-H. Robèrt. 2000. Simplicity Without Reduction: Thinking Upstream Towards the Sustainable Society. *Interfaces* 30(3): 13–25.
33. Robèrt, K.-H. 2002b. *The Natural Step story - Seeding a Quiet Revolution.* Gabriola Island, British Columbia, Canada: New Society Publishers.
34. Matsushita. 2002. *Environmental sustainability report 2002.* Osaka, Japan: Matsushita Electric Industrial Co., Ltd.
35. Leadbitter, J. 2002. PVC and sustainability. Progress in Polymer *Science* 27(10): 2197–2226.
36. Ny, H., S. Hallstedt, K.-H. Robèrt, and G. Broman. 2008. Introducing templates for sustainable product development through a case study of televisions at Matsushita Electric Group. *Journal of Industrial Ecology* 12(4): 600–623.
37. Ny, H., A. W. Thompson, P. Lindahl, G. Broman, O. Isaksson, R. Carlson, T. Larsson, and K.-H. Robèrt. 2008. Introducing strategic decision support systems for sustainable product-service innovation across value chains. Paper presented at Sustainable Innovation 08. Future Products, Technologies and Industries. 13th International Conference, October, 27–28, Malmö, Sweden.

● The Importance of Good Governance
21 優れたガバナンスの重要性
●
カミラ・トールミン
Camilla Toulmin

　政府、ビジネス、そして広くは社会において私たちが依存する意思決定システムには重大な欠陥があります。より効果的なガバナンスや制度の構築は、持続可能な開発パターンを国際的、国家的、局地的に実現するうえで重要です。しかし、ガバナンスの中心的重要性は往々にして軽視されます。これは「ガバナンス」の定義の違いや規範・構造の無形性に起因する部分があります。ガバナンスの分析では「どのように、どこで、誰が決定を下すのか？」「意思決定のルールを誰が作るのか？」「何が決められるか？　誰が何を得るのか？」「意思決定の過程をどのように監視できるのか？」といった疑問を探る必要があります。ガバナンスとは単なる制度構造の問題や様々な要素がどのように相関するかの問題だけではありません。これらの要素それぞれに対して、ルール作成、再作成、解釈、再解釈のプロセスに関する信頼性や合法性の問題があります。

　意思決定のルールと制度は既得権に影響されますが、既得権によってプロセスへの影響力は異なります。たとえばロビイストは、選ばれた代表者の議会での多数の法案への投票に影響を与えるために、多大な時間とお金を費やします。またガバナンスは、動的な形でも見なければなりません。これは一連の分野や制度で国家的および国際的に展開される、様々な利害関係の間で継続中の交渉プロセスを伴います。気候変動の各会議で明らかになったように、このような交渉の中でまとめられる技術的証拠の正当性は非常に重要であり、多くの場合、論争に至ります。

　ガバナンスは政府枠組みの集合体をはるかに超えたものであり、複合的および重複式のガバナンスシステムを含むとともに、民間セクターや市民

社会、地方・局地レベルのすべてが自身の利害に関連する意思決定に協働します。「政府はガバナンスの中心的主体」という前提が広まっていますが、深く見てみると政府は客観的調停者ではなく、多くの場合、政府自身および他者の利害の手段として機能します。ガバナンスの複合的かつ重複式システムの存在は競合組織同士の争いや制度的「ショッピング」に至る可能性があります。

　ガバナンスシステムを転換するには、現状よりもはるかに幅広い利害（貧者と富者、若者と老人、未来のものと現在のもの）を受け入れ、様々な手段により予想される影響に関する情報へのアクセスを確保する必要があります。補完性（subsidiarity）原理（すなわち最も下位のレベルでの資源の管理）が持続可能な発展のためのガバナンスの中心原理でなくてはなりません。これは、資源の割り当てや利用についての決定を、その資源にふさわしい当局で、かつ適切なレベルで行わせることを確保することです。下位のレベルへの権力移行は、地域の知識を導入し、意思決定へのアクセスしやすさを高め、幅広い意見を議論に取り入れるうえで不可欠です。たとえば協調体制の構築、組織作り、動員によって周縁の意見が反映されるようにするイノベーションが求められます。公聴会や社会監査、参加型予算編成によって、周縁グループの声を前面に届けることができます。

　国家レベルでのガバナンスの効果的変化に必要なのは、国民が権力者の責任を問えるようにするための透明な手段です。議会や報道による監視は、情報の自由に沿った鍵ですが、多くの国ではこれらのメカニズムは弱いままです。説明責任の課題は、政府関係者と有力な人物・企業との結託によって悪化しています。天然資源利用に関与する企業の多くが国際的な特性を持つことは、これらの企業の本社がある国の政府でさえも、その企業の行動や決定に対する影響力に限界があることを意味します。

　地球規模では、我々の集団的目標実現のための対策に合意しこれを実施する手段の改善が早急に必要です。国の数が多いことや、その管轄が分離されていることを考えると、より効果的かつ広範囲におよぶ国際機関とルールが求められます。しかし、各国家は自らの自由な戦略を制約する集団的合意に従うことを嫌います。同様に、世界の財政・企業主体の統制を強

化し、管轄区域間の移動の自由を通して会計などの責任から逃れようとする力を抑えなければなりません。気候変動対策のグローバルな取り組みによって国際的ガバナンス構造が複雑化し、国家間の地政学的およびグローバルな経済力関係を概ね再現しています。進展段階にあるこれらのガバナンス協定は、弱い国々や周縁の人々の優先事項に耳を傾け対処する余地がほとんどない状態です。世界の諸問題を振り分ける場としてのG20への依存が高まり、経済力の低い数多くの小国を無力化させる危険があります。

　開発政策立案者と実施者は、持続可能性に対処し貧困を緩和するツールとしてますます「市場」に頼る傾向が強まっています。しかし市場ガバナンスも大きな課題を抱えています。市場と企業は新たに良質な雇用を創出し、持続可能な形で自然資産を利用する可能性を持っています。しかし、企業などを動員して持続可能な成長を支えるようにマーケットシグナルや市場刺激策を設定し、環境財やサービスの「失われた市場」を創出するとともに、公正な参加を保証しなければなりません。そのために政府は財産権支援など、市場運営を効率化する制度・規制基盤を保証する必要があります。もう1つの懸念材料は、国内法や規制の枠組みをかいくぐる可能性がある、市場連鎖や多国籍企業の活動の説明責任の欠如です。3つめの懸念材料は、持続可能な「ニッチ（隙間）」ビジネスとは対照的に、主流の活動に対する、環境的に持続可能な活動へのインセンティブを探すことです。

　環境、社会、経済の各側面を別々の競合組織で扱う部門別区画における意思決定（セクショナリズム）も、ガバナンス失敗の原因となります。これは政府レベルでは、持続可能な開発の問題を環境省から移し、財務や企画、保健、教育の各省を入り口とすることを意味します。省庁横断的な賛同を得るには、政府指導者が持続可能性を主導し、環境的および社会的評価を意思決定に導入することが求められます。ビジネスにおいては環境や社会問題をCSR部署から中核の事業活動に移す必要があり、各企業はトリプルボトムラインについて報告を義務づけられます。より一般的に社会では、NGOなどの集団は社会の分断を埋めるために協働し、共通の利益を認識するとともに、様々な目的間の妥協点も認識しなければなりません。

● Innovation and Grassroots Action

22 革新と草の根運動

●

バンカー・ロイ
Bunker Roy

「地球はすべての人の必要を充足せしめても、1人の欲を満たしきることはできない」——ガンジー

　最初に申し上げておかなければならないのは1992年のリオ会議以降、世界中の貧しく最も辺鄙な農村地帯の地域集団が、地域および国家レベルで政策を変える草の根運動の力を示した点です。各地域社会と協議のもと、革新的な手法やアプローチが実行され、1日1ドル未満で生活する何千もの地域共同体を対象とする形に拡大されてきました。

　しかし悲しいことに、これらの草の根運動はトータルでは、重要かつ重大な国際政策を練る政策立案者や有力者の注目を集めるまでには顕著ではありません。彼らはそれらの政策を草の根運動との最先端レベルでの協働なしに形成しています。

　このような草の根運動家の多大な貢献を十分に評価し、また彼らに値する敬意と認知を示すとともに、彼らの活動を主流の思想に取り込み、その「すべてが失われたわけではなく地球はまだ救うことができる」という信念を伝え、未来に悲観的な懐疑論者の正体を暴き出すことが緊急に必要です。

　人の話に耳を傾ける謙遜さと能力を持った者であれば教訓が得られる集団的な草の根運動の結果、新たな考え方が実行に移されています。大まかに言うと、その教訓は次のように要約できます。

1. 基本的に農村の問題である貧困に対する都会的な解決策はありませ

ん。農村の貧者が気候変動問題を扱ううえでのシンプルな対策はすでにありますが、我々はそのメカニズムを実施してそこから学べる状態ではありません。強調するべきニーズを拡げる可能性を持つ優良事例があります。
2. 貧困や気候変動という重要な問題への答えは技術的ではなく、社会的なものです。腐敗、資金の浪費、技術選択肢の乏しさ、透明性や説明責任の欠如は、草の根から革新的な解決策が見出せる社会問題です。たとえば公聴会や社会監査という考え方や活動は、何もしないインド政府に辟易した人々から生まれたものですが、現在では制度化され、インドの約60万の村々に利益をもたらしています。
3. 草の根運動グループは南–南パートナーシップの価値と重要性を見出しています。南–南パートナーシップでは、大陸全体の各地域間で昔ながらの知識や農村の技術、実用的な知恵が活用・応用されることで低コストの地域ベースのソリューションが生まれ、生活の質（QOL）改善に大きなインパクトをもたらしてきました。農村から都会への移住が減り、都会と技術スキルへの依存度が低くなってきました。
4. 女性への権利付与は、究極かつ持続可能な農村のソリューションです。農村地帯での女性の基本サービス提供能力を高める（たとえば女性のソーラーエンジニアを育成）ことで、女性は世界が求める新しい模範となるでしょう。
5. 長期的な打開策は「中央集権型システム」ではなく、わかりやすい分権型システムです。これはテクノロジーの管理、制御、所有権が地域社会自体に属し、村外の有資格専門家に依存しないものです。
6. 世界中の貧しい地域社会がエネルギー、水、食糧、生活の諸問題を相互依存的なもの、かつ生きた生態系の部分として一体化したものと認識し、これらを別個で考えない様子を聞き、そして学ぶこと。

22　革新と草の根運動

　書き言葉や話し言葉を使わず、手話だけを使って、読み書きできない35〜50歳の農村女性604人にソーラーエンジニアとしての6ヶ月の訓練を施し、総費用500万ドル（アフリカの2ミレニアムビレッジ分の費用）で、世界全体の1083を超える村々（63ヶ国）の4万5000軒を超える家に太陽光発電を設置しています（後掲図を参照）。

　開発途上国から女性が選ばれると、その航空料金とインド国内での6ヶ月の研修費用をインド政府が支払います。このハードウェアの資金提供者はGEF小規模助成計画、UNWOMEN、UNESCO、スコール財団、そして個々の慈善家たちです。

　飲用および灌漑用に雨水を集める伝統的な慣行を復活させる必要があります。この手法は何百年にもわたって利用、実験、実証されてきました。しかし「正式の」資格を持ったエンジニアが現れ、雨水利用は過小評価され、深井戸ポンプを設置した強力な汚染型掘削装置によって地下水を利用（濫用）する技術的ソリューションが深刻な地下水枯渇状態を招いています。何千もの灌漑用開放井戸や飲料水用の手押しポンプが枯渇しています。

図

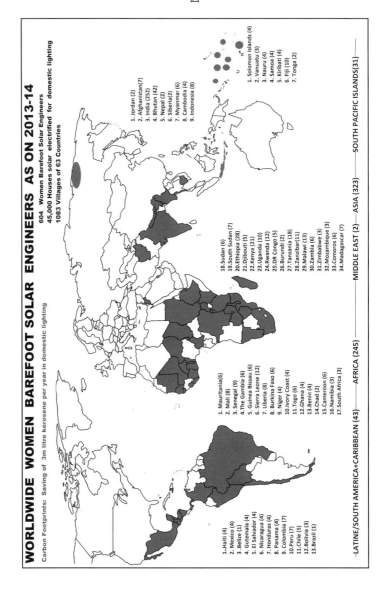

この課題に対処するためには、公共建物（学校、診療所など）の屋根から水を集めて地下の飲料水と衛生用途のタンクに移さなくてはなりません。

小さいダムを建設し、地下水を涵養して、枯渇した開放井戸や手押しポンプを再生する必要があります。これによって何百万ドル相当もの総資産が再利用できます。

地方にある1500以上の小学校では、ほぼ50万人の子どもたちが、インドの17の州の40の地区をカバーして集められた雨水から利益を得ています。ほぼ100億リットルの雨水が小さなダムおよび学校にある植物の根に蓄えられました。

シンプルかつ実用的なソリューションを世界中で大規模に拡大させる必要があります。これは大きな費用を要さず、しかも長期的に多大なインパクトを秘めています。

● Rio+20

23 リオ+20──包括的成長によるグリーンエコノミー

● **M・S・スワミナサン**
M. S. Swaminathan

　1992年リオ・デ・ジャネイロで第1回が開催されたブループラネット賞は、青い地球を保つ人類の努力のランドマークです。リオ会議から20年、我々は生態系、経済学、公正、倫理、雇用の原理を同時に統合する開発の道筋を見つけるために苦闘しています。グリーンエコノミーは「生態系および／または社会を害さない永続的な経済成長促進」と定義づけられます。

　グリーンエコノミーは経済成長と生態的・社会的持続可能性の両方を確保します。開発途上国の人口の大部分が就いている職業は農業なので、私は緑の革命から「常緑の革命」へのパラダイムシフト方法を論じていきたいと思います。常緑の革命は、生態系を害さないで永続的に作物生産性を向上させます。グリーンエコノミーと包括的成長がどのように互いを補強するかを知るためのケーススタディ対象としてインドが選ばれています。

　マハトマ・ガンジーはバンガロールの国立酪農研究所を訪問中の1927年6月27日、来客名簿の「Occupation（職業）」という欄に「Farmer（農業者）」と記載し、農業は我らが国において最も尊厳のある職業であると強調しました。またガンジーは「グラム・スワラジ（自給自足と自治）はプールナ・スワラジ（完全独立）への道のりである」とも言っていたものです。後にラール・バハードゥル・シャーストリーは「Jai Jawan, Jai Kisan（兵隊万歳、農民万歳）」というスローガンを掲げ、軍人と農民がインド人の自由の2本柱であると唱えました。国際市場で穀類の価格がきわめて不安定な状況は、未来は銃ではなく穀物を持った国のものであることを示しています。

　若者に就農を促すには、農業は知的満足と経済的報酬の両方を得られる

ものでなければなりません。これには農場経営の技術および管理面での改良が求められます。最善の先端科学を活用し、それを既存の最善の知識や生態学的思慮と融合しなければなりません。このような融合は、エコテクノロジーという科学につながります。エコテクノロジー以外にも、インドの農業大学は生命工学、IT、宇宙技術、核技術、ナノテクノロジー、再生可能エネルギー、管理技術といった分野のリーダーとなるべきです。**大学は学者1人ひとりに企業家としての資質を身につけさせ**、農業の技術的変容に役立つものであるべきです。

バラク・オバマ米大統領は2010年のインド訪問時、「総人口12億の半分以上が30歳未満のインドは幸運」と発言しました。6億の若者の60％超が農村部に住み、大半が教育を受けています。教育を受けた若者の農村から都市部への移動を、マハトマ・ガンジーは「インドの農村部開発に悪影響をおよぼす最も深刻な頭脳流出」と称しました。ゆえに、農村職業の知性と労働の分離を防ぐ行動が必要とガンジーは唱えたのです。

全国農民委員会（2004～2006年）は、教育を受けた若者を農業に誘致・確保する必要性を訴えました。2007年11月に議会で提起された「農民のための国家政策」は「農業に知的刺激と経済的報酬を加えることによる、農業や付加価値農産品の加工に若者を誘致・確保する手段の実施」という目標を掲げています。現在、我々が農業で得る人口配当はほんのわずかです。これに対し、土地への人口圧力は増加し、農地所有の平均規模は1ヘクタールを割っています。農業者は負債を抱え、上等の農地を非農業目的に売る動きが高まっています。全国標本調査機構がインタビューした農業者の45％超が農業を辞めたいと語っています。このような状況の中、教育を受けた若者（農業学校卒業生を含む）に農村に残り就農するよう説得するにはどうすれば良いのでしょう？　農村の若者に十分な生計を立てさせ、農業の未来作りに役立ってもらうには、どうすれば良いでしょうか？　また、多くの農業学校や獣医科学校では女性の学者が男性を数で上回っています。このように農産・畜産、漁業、林業において女性有資格者が多い状況から利益を得るには、どうすれば良いのでしょうか？　これには4本の柱からなる戦略が必要です。

(a) 適切な土地利用政策やテクノロジー、市場連動を通して、小自作農地の生産性や収益性を改善。そのために一体型システムとして「4C (Conservation（保全）、Cultivation（耕作）、Consumption（消費）、Commerce（商取引））アプローチ」を開発。
(b) 農産物加工、農工業、アグリビジネス（農業関連産業）の成長範囲を拡大し、生産、加工、市場における「Farm to Home（農地から家へ）」チェーンを確立。
(c) 農業経営を技術的および経済的に改良させる形で、サービス部門の拡大機会を促進。
(d) 労働時間や雇用期間、勤務地を自由に選べる雇用創出アプローチ（チェンナイの女性バイオテクノロジーパークなど）にもとづき、女性専門職が自営業を始める機会を創出。

数年前インド政府は、農業学校卒業生にアグリクリニックやアグリビジネス・センターを開業させる計画を開始しました。この計画はまだ、当初期待されたレベルまで教育を受けた若者の興味を惹いていません。これまでに学んだ教訓にしたがって同計画を再構築する時期です。農業、畜産、漁業、アグリビジネス、生活科学を専攻した4～5人の農業学校卒業生が共同し、州のあらゆる街区にアグリクリニック兼アグリビジネス・センターを開業するのが理想的です。アグリクリニックが農業の生産段階で必要なサービスを提供する一方で、アグリビジネス・センターは収穫後の農家のニーズに対応します。このように、農村の人々は男女問わず、種まきから価値付加、マーケティングまでの収穫サイクル全体を通して支援を受けられます。若年企業家集団が持つ学際的専門能力によって、全体論的に農家に奉仕します。生活科学専攻の卒業生は特に栄養、食品安全・加工に注意を向け、女性農業者集団の食品加工園開業を支援します。この企業家集団はまた、生産段階と収穫後の両方において農家の経済および規模の力の実現を支援します。このような一体型施設は「農業変革センター (Agricultural Transformation Centre)」と名づけられます。

若年企業家の機会はいくつかあります。もう1つ注目を要する分野とし

て「気候回復力のある農業」が挙げられます。乾燥した農業地域では、雨水貯留や保存、帯水層のリチャージ、流域管理の方法とともに土壌物理学、化学、微生物学の改良を広く普及させる必要があります。土の肥沃度を高め、土壌炭素隔離・保存改善に役立つ肥料木の生育は、グリーンインド・ミッションやマハトマ・ガンジー全国農村雇用保証計画によって推進されます。あらゆる農地において、いくつかの肥料木や*jal kund*（ウォーターハーベスティング用の池）、バイオガス工場が乾燥地農業の生産性・収益性の大幅改善に役立ち、さらに気候変動軽減にも寄与します。

　Yuva Kisansすなわち若い農業者は、持続可能な農業に欠かせない生物ソフトウェアを製造・販売する女性自助グループにも役立ちます。生物ソフトウェアにはバイオ肥料、バイオ農薬、ミミズ養殖が含まれます。漁業学校卒業生は外部投入の低い持続可能水産養殖（Leisa）技術を駆使して、内陸・海洋両方の水産養殖を推進できます。飼料と種は水産養殖を成功させるうえで重要要件であり、訓練を受けた若者は地域レベルで生産を推進可能です。彼らは農村部の各世帯に魚の養殖を教え、品質や食品安全の教育を普及させることができます。

　同様の機会は畜産分野にも存在します。小規模養鶏業および酪農業の技術改良ができます。腐りやすい商品についてはコーデックス委員会の食品安全基準が普及可能です。これを目的に、若い農業者によるGyan Chaupalsすなわち農村情報センターの設立も考えられます。インターネット、FMラジオ、携帯電話を一体化した農村情報センターになるでしょう。

　農家の需要主導ニーズ対応を目的としたサービス部門では、土壌および水質試験が重要です。若い農業者は可動式の土壌・水質試験作業を整備し、自らの事業地域を村から村まで回り、各所帯に**農家保健通帳（Farm Health Passbook）**を発行します。農家保健のあらゆる側面をまとめた情報を農家が得られるように、農家保健通帳には土壌の健康、水質、作物や動物の疾病に関する情報が記載されます。今は非常に効果的かつ信頼性の高い土壌および水質試験キットがあります。これによって農家は、2010年4月1日に政府が導入した肥料補助制度を効果的に活用できるでしょう。同

様に、教育を受けた若者は農村社会の遺伝子－種－穀物－水バンク整備を支援し、保全、耕作、消費、商取引を相互補強的に結びつけます。

　また、若い農業者は気候リスクマネジメントセンターも運営できます。これは雨の多いモンスーンの利益を最大化し悪天候の影響を最小限に抑える農業者の努力を支援する施設です。教育を受けた若者はIT、宇宙工学、核技術、生命工学、エコテクノロジーの活用に役立ちます。エコテクノロジーは従来の英知と先端技術を融合したものです。これは持続可能な農業や食品安全保障、農業の繁栄につながる道筋です。教育を受けた若者が農村での生活を選択し、科学と社会的英知の一体型応用をもとに新しい農業のムーブメントを起こせば、手つかずだった我々の人口配当は最大の強みとなるでしょう。

　インドの農業および農村経済の未来はMahila Kisans（女性の農業者）とYuva Kisans（若い農業者）にかかっています。2010 〜 11年の中央予算では、私の提案から財務相が*Mahila Kisan Shasaktikaran Pariojana*を導入しました。また、農業変革センターの運動に参加する生活科学卒業生は、「心を養う1000日間（Feeding Minds — First 1000 Days）」計画を実施して母親や胎児の栄養不良を防止するとともに、生まれながらに遺伝する精神的および身体的発達能力を活かす機会をすべての新生児に与えるでしょう。胎児期の栄養不良のために出生時体重が少ない新生児は、脳の発達や認知能力の障害を持ちます。インドが知識や革新の超大国となる唯一の道は、受胎〜火葬というライフサイクルベースで栄養と教育に注意を向けることです。

「気候変動と農業」（Swaminathan, M.S.（1990）"Agriculture and food systems"）というテーマのもと1989年にジュネーブで開催された第2回世界気候会議での演説で、私は平均気温の1 〜 2℃上昇が南アジアとサハラ以南アフリカの作物生産性におよぼす深刻な影響を指摘しました。FAOが任命する専門家チームも2009年9月提出の報告書にて「平均気温が1℃上がるごとにインドの小麦収量損失は1年当たり約600万トン、現在の価格で約15億ドル」と記載しています。他の作物にも同様の損失が生じ、インドの貧困農業者は各年で200億米ドル超に相当する所得を失うでしょう。家

畜や飼い葉、飼料、水の世話・管理をする農村の女性の被害は大きくなります。

現在、豆類や野菜、牛乳といった必須食品の価格が急騰しています。需要と供給の差は豆類、油糧種子、砂糖、そしてタマネギやトマト、ジャガイモなどの野菜作物において拡大します。輸出入統合型の政策に基づいた生産・市場戦略情報や需給バランスが欠如しています。農業者を中心とした市場システムの不在によって食品インフレと農村貧困がともに悪化します。FAOの推測では、現在10億を超える飢餓者増加の大きな原因は基本食材のコストの高さです。残念なことに、インドは「世界で栄養不良の子供および成人男女が最も多い国」という有難くない評判を得ています。気候リスクが高まり農産物の生産性が衰えているこの時代において、食品安全保障の確保は非常に難しい課題です。

中国はすでに気候変動のインパクトに対する強固な防御体制を築いています。インドのそれに近い中国の耕地面積での2010年の穀類生産量は5億トン超でした。しかし、60％がいまだに降雨で育つインドの農地と違い、中国の農地は大半が灌漑されています。食品と飲料水は我々にとって最優先のニーズに挙げられます。したがって2℃の気温上昇の共通だが差異のある影響を検討する際は、農業と農村の生計を優先するべきです。

2010年は国際生物多様性年でした。我々は自らの作物を、気候回復力の高いものと気候感受性の高いものに分類できます。たとえば小麦は気候の影響を受けやすい作物であり、米は成長条件について広範な適応性を示します。我々はジャガイモなどの作物について問題を抱えています。これはインド北西部の平野での無病種ジャガイモ栽培が高温によって難しくなるためです。塊茎の植えつけから純粋生殖種のジャガイモ栽培への転換が必要になるでしょう。様々な疾病や害虫の相対的重要性が変容するでしょう。インド半島部でのみ重要性がいまだに高い黒さび病によって、小麦作物が害を被る可能性があります。したがって、気候回復力をもたらす新しい遺伝子探索は緊急課題です。温暖化の進むインドのために、遺伝子バンクを設立する必要があります。

予見的分析と行動は気候リスクマネジメントの鍵となります。気候回復

性国立食品安全保障制度を実現するための行動計画の主要素は次のとおりです。

○ 国の収穫システムや天候パターンに基づき、インド農業研究委員会が認定する127の農業気候サブゾーンそれぞれに**気候リスクマネジメント研究普及センターを設立**。
○ 干ばつや洪水、高温、沿岸部の海面上昇のような自然災害の際に代替作付様式、緊急対策、補完的生産計画について指導を行う、様々な分野の専門家からなるコンテント・コンソーシアムを各センターに配備。
○ インド宇宙研究機関（ISRO）の支援を得て、127ヶ所それぞれに衛星回線を持つ農村資源センター（VRC）を設立。
○ 気候、作物、市場戦略情報改善のために、127の農業気候センターを国立モンスーンミッションとリンクさせる。
○ 地球科学省とインド気象局の支援のもと、「皆のための天候情報」計画を実施する農業気象ステーションを研究普及センターそれぞれに設立。
○ 様々な天候確率やその作物や収穫期へのインパクトのコンピューターシミュレーションモデルをもとに「種と穀物のバンク」を整備。
○ 地球温暖化のインパクトへの適応に必要な先行措置を示す「干ばつ洪水コード」を開発。
○ マングローブおよび非マングローブ種のバイオシールド（生物的遮蔽物）設置による、海面上昇やより頻繁な嵐、津波に対する沿岸防御態勢を強化。海水農法と海面下農法の開発。海水農業や海面下農業用の主要研究施設を設立。海岸沿いの水中農業推進が必要となるでしょう。2010年はガンジーの塩の行進の80周年を迎えました。地球の水資源の97％を占める海水は社会資源であるとガンジーは説きました。塩生植物によって海水を真水に変換する大規模な計画が必要です。
○ 村議会（Panchayat）の女性メンバー1人と男性メンバー1人を**気候リスクマネージャー**として育成。気候リスクマネージャーは気候リスクマネジメントの技術と科学に精通し、伝統的英知と現代科学の融合

に資します。インターネットと接続した農村情報センターで気候リスクマネージャーをサポートします。

　気候教育運動とともに、沿岸地域や島々のあらゆる生命と生活を守る予見的措置が必要でしょう。海洋の陸側と外海側、沿岸林業や森林農業、さらに捕獲漁業、養殖漁業を同時に注目する一体型沿岸マネジメント方法が早急に求められます。タミルナドゥのヴェダラニャームでは塩生植物遺伝子園が創設中です。生物多様性は気候回復力のある農業と食品安全保障システムの「原料」です。
「農村企業の未来は、知性と労働力を結びつける我々の力にかかっている」とガンジーは遠い昔に指摘しました。ウォーターハーベスティング、帯水層のリチャージ、流域管理を優先するマハトマ・ガンジー全国農村雇用保証計画（MGNREGA）は頭脳と体力を一体化する機会を提供します。MGNREGAのスタッフは、水安全保障という重要な目的のために自分たちは働いていると考えているはずです。政府は、ウォーターハーベスティングや流域管理といった分野におけるベストのMGNREGAチームを表彰し報酬を与える「環境救済者賞」を制定するべきです。

　我々の国が直面する厳しい経済、環境、社会的問題は、科学やテクノロジーの助けがあってこそ解決可能です。我々の日常生活における携帯電話の影響からも明らかなように、テクノロジーは変化の一番の原動力です。独特なビジョンを持っていたジャワハルラール・ネルーは60年以上前、次のように語りました。「未来は科学のものであり、さらに科学と良い関係を築く人々のものです。」そこで私は若手科学者の皆様のために、ビジョンからインパクトへの転換に関するM・S・スワミナサン研究財団（MSSRF、チェンナイ）の業績からいくつかの事例を引用したいと思います。

ビジョンからインパクトへ

　過去21年間、MSSRFの科学者や学者たちは自然志向、貧者志向、女性志向、そして持続可能な生活志向型の技術開発・普及を実現するうえで大

きな外挿領域を秘めたプロジェクトの計画・実施に携わってきました。現在は州営、国営およびグローバルな計画となっているいくつかのMSSRFの取り組みを紹介したいと思います。

Mahila Kisan Sashaktikaran Pariyojana：農業における女性の役割強化

　小規模天水農業の生産性、収益性、持続可能性向上に関連する分野で女性農業者（自殺した農業者の妻を含む）に権利を与えるために、MSSRFは2007年にマハーラーシュトラのビダーバ地域で*Mahila Kisan Sashaktikaran Pariyojana*を開始しました。この権利付与はテクノロジー利用やクレジット、インプット、市場を含みます。それとは別に、農業恐慌で父親を亡くした子供たちのために教育プログラムが導入されました。この小規模計画の成果に刺激され、プラナブ・ムカジー財務相（当時）は2010 〜 11年の国営*Mahila Kisan Sashaktikaran Pariyojana*実施用の連邦予算に国債を投入しました。担当するインド政府の地方開発省は、同計画を農村生計ミッションの不可欠な部分と位置づけました。最近MSSRFは2011 〜 14年のワーダおよびヤヴァトマル地区（ビダーバ）のMahila Kisan計画に招聘されました。この計画には技術的・組織的権利付与の両方が含まれるでしょう。女性農業者のメンバー3000人超を擁する、よく組織されたMahila Kisan連盟が2014年までに創設されると期待されます。インドでは農業の女性化が進んでおり、Wardha-Yavatmal Mahila Kisan連盟が州および国家レベルで女性農業者の権利を確保する先駆者になることが望まれています。テクノロジー、インプット、市場以外にも女性農業者には託児所のようなサービスも必要です。インドの農業発展において女性が相応しい役割を果たすには、女性・農業者両方としてのmahila kisansの性別限定型ニーズが満たされなければなりません。

　草の根運動に加え、MSSRFは議員提案の法案として議会に提出する「女性農業者権利付与法案」を起草するいくつかの協議を持ちました。この法案は女性議員とジェンダー専門家に配布され、現在精査と助言を求めている段階です。農村レベルと国家政策レベルという2本柱の行動によって、農業に従事する3.5億人超の女性を支援し、農業の繁栄と持続可能な

食糧安全保障に効果的に資することが期待されます。

豆の村：需給のギャップを埋める

インドの食品インフレの要因に挙げられる豆類の需給ギャップを迅速に埋める方法を例証するために、MSSRFは15年以上前に、タミルナドゥのプドゥコッタイおよびラマナサプラム地区に「豆の村（Pulses Villages）」を整備しました。降雨量の少ない地域に整備された豆の村で、農業者は池に雨水を貯蔵し、適切な品種と土壌肥沃度、農学管理で豆を栽培します。豆類生産の進展を加速させた上記方法の成功にもとづき、豆の村整備の国家計画が連邦財務相に提案され、同国での6万の豆の村整備への出資発表に至りました。6万の豆の村整備向けの2011～12年の連邦予算に30億ルピーが提供されました。すでに、この一体型および集中型アプローチの影響は2009～10年の1466万トンから2010～11年の1651万トンという豆類生産増加によって明らかになっています。豆の村計画のもと、交雑アラハル（*arhar*）種を使った特別アラハル村（キマメ：*Cajanus cajan*）が開発中です。ハイデラバードの国際半乾燥性熱帯作物研究所（ICRISAT）にて、高収量のアラハル雑種が開発されました。女性の自助グループは雑種種子生産者になる訓練を受ける予定であり、そのために一部の豆の村は「豆の種の村」に発展します。これによって豆類の収穫革命が急速に普及するでしょう。

栄養穀物：食糧安全保障の強化と気候回復力ある農業における役割

MSSRFはほぼ初期の時代からキビ属、チカラシバ属、スズメノヒエ属、セタリア属、エレウシネ属などに属するミレット全般などの未活用作物あるいは孤児作物に取り組んでいます。一般的に雑穀に分類されるこれらの作物は非常に栄養があり、主要栄養素と微量栄養素の両方が豊富です。実際、ミレットとワサビノキ（ナンバンサイカチ）を組み合わせると、体に必要な主要栄養素と微量栄養素のほとんどが得られます。現在インドに蔓延している、鉄やヨウ素、亜鉛、ビタミンA、ビタミンB_{12}など食物に必要な微量栄養素の欠如に起因する隠れた飢餓は、ミレットや野菜の摂取に

よって低コストで克服可能です。

1992年、MSSRFはタミルナドゥのコリ・ヒルズで様々なミレットを使った食の伝統復興計画を開始しました。保存、栽培、消費、商取引に同時に着目した4本柱の戦略がスタートしました。「保存」の部分では商品化がきっかけを作りました。概して農業者たちは米、小麦やタピオカといった、すぐに市場に出せる作物を収穫したがるためです。同様にケーララ州のワイナード県では、部族はヤマノイモ属といった塊茎作物の保存・消費を継続できます。現在、ミレットなどの未活用作物への関心が再燃しています。その理由は慢性的および隠れた飢餓の克服に役立つ能力と、気候回復力のある農業システムの計画作りにおける役割の両方です。

国際生物多様性センター、およびバンガロールとダールワールの農科大学と提携し、国際農業開発基金（IFAD）とスイス開発協力庁（SDC）の資金援助を得て、MSSRFはフライス盤と、様々なミレットの付加価値製品市場の導入に成功しました。政策立案者の勉強会や栄養教育の努力によって、気候変動の時代に農村の栄養状態と所得を高めるミレット、塊茎などの未活用作物の役割への理解が促進されました。プラナブ・ムカジー財務相（当時）は*jowar*（ソルガム）、*bajra*（トウジンビエ）、*ragi*（エレウシネ）、少量ミレットを「栄養穀物」と称し、これらの普及に2011-12年連邦予算のうち30億ルピーを割り当てました。

国家食糧安全保障法案において、ソニア・ガンジー率いるインド国家諮問会議は、公共流通システムを通じてインド農村部および都市部の食糧不足の家族にとって安価で入手可能になるべき主要穀物にミレットを含めました。この法案が可決・実施されれば、これらの栄養豊富で気候回復力の高い作物の栽培・消費への関心が再び高まるでしょう。農業生物多様性のホットスポットはハッピースポットとなり、環境的に持続可能で社会的に公正な形で農村および部族が生物資源を仕事と収入に変換できるバイオハピネスの時代が幕を開けるでしょう。

もう1つ最近の大きな開発として挙げられるのが、カナダ国際食糧安全保障研究基金（CIFSRF）の資金援助を得た「農業生物多様性ホットスポットの貧困・栄養不良軽減」プロジェクトです。このプロジェクトはカナ

ダ国際開発庁（CIDA）とカナダ国際開発研究センター（IDRC）によって管理され、MSSRF、アルバータ大学（カナダ）、国際生物多様性センター、国際アグロフォレストリー研究センター（ICRAF）、世界食糧計画（WFP）と提携を結んでいます。この5ヶ年計画（2011～16年）は、タミルナドゥのコリ・ヒルズ地域、ケーララ州のワイナード県、オリッサ州コラプット県の部族や農村に伝わる「農場での現場保存」という伝統再生につながるでしょう。MSSRFは15年以上にわたり、これらの地域と共同作業を続けています。コラプットの部族の貢献は2002年にヨハネスブルグで開催された国連持続可能な開発会議の赤道イニシアチブアワード、さらに2011年のインド政府植物種保護および農業者の権利機関のゲノム救済者賞において表彰されました。このように、孤児作物におけるMSSRFの20年間の研究と教育活動は、国家および国際レベルでの重要な研究投資や公共政策の取り組みに至っています。日常の食事に使われる作物を増やすことによる「食糧かご」の拡大は、食糧安全保障制度をも安定させます。

　さらにCIFSRFを通して、IDRCは栄養豊富なミレットの生産、加工、価値付加により、農村の食糧安全保障強化に関する別のプロジェクトをサポートしています。このプロジェクトはマギル大学（カナダ）、ダールワール農業科学大学と協力のもと実施中です。またMSSRFはデヘラードゥーンのヒマラヤ環境研究保存機構（HESCO）によって任命されたプロジェクト活動を調整します。同プロジェクトは国際農業開発基金および国際生物多様性センターのサポートを受け、MSSRFの上記作物における進歩を利用します。

価格変動と飢餓：オペレーション2015
　貧者の収入の約70％は食糧購入に費やされます。したがって物価高は貧者の食物摂取を減少させる傾向があり、結果的に飢餓が続きます。米、小麦、トウモロコシ、油（石油製品）の近年の価格変動範囲を図1に示します。

　2011年6月22～23日にパリで開催されたG-20農業相会議では「小規模農業生産者は開発途上国の食糧不足人口の過半数を占めている。彼らの生

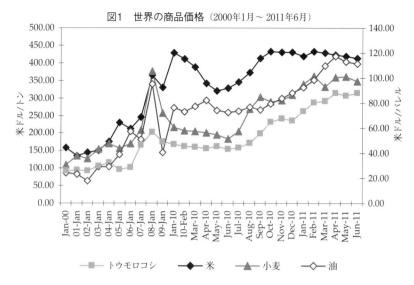

図1　世界の商品価格（2000年1月～2011年6月）

——■—— トウモロコシ　——◆—— 米　——▲—— 小麦　——◇—— 油

出典：FAOおよび米国エネルギー情報局（2011年6月29日にデータ更新）

産と収入を増やすことで、食糧不足の最も深刻な人々が食糧を直接手に入れやすくなり、地域市場および国内市場への供給が改善される」ことが強調されました。また出席した農業相たちは小麦、米、トウモロコシ、大豆を皮切りに農業市場情報システムの設立を決定しました。目的は国家および世界レベルでの農業市況の見通しと市場予測の改善です。

　この分野におけるMSSRFの活動には主に3つの側面があります。1つめは地域の遺伝子、種子、穀物、水バンクにもとづく農村レベルの食糧安全保障制度作りです。これはミレットや豆類のような栄養ある地域穀物の保存・流通に役立ちます。2つめは、慢性的飢餓と隠れた飢餓の両方を克服する科学と技術に精通した「地域飢餓対策隊」の育成です。価格変動管理におけるMSSRFの活動の3つめの側面はGyan Chaupalsすなわち農村情報センターによる、動的および場所特定型の市場情報システムです。15年以上操業しているこれらのセンターの多くがモンスーンや市場のタイムリーな情報を提供します。モンスーンと市場の動きによって農業者の幸福度が決まります。したがって、地域の男女が運営するGyan Chaupalsは農村の

男女への権利付与を優先し、天候や市場の動きをタイムリーに知らせます。また、食品の品質や安全性、様々な政府計画に対する農業者所帯の権利付与に関する情報も提供します。

　MSSRFが活動するタミルナドゥ、ケーララ、オリッサ各州およびマハーラーシュトラ州の部族地域およびビダーバ地域では、国連ミレニアム開発目標（UNMDG）の最初に設定された目標値を2015年までに達成する飢餓・貧困軽減に必要な進展を遂げていません。したがってMSSRFは他の提携先と協力のもと、上記地域での2015年までのUNMDG 1達成を目指した「オペレーション2015」という計画を立ち上げました。この計画は次のような特徴があります。

　○栄養サポート計画におけるライフサイクル・アプローチの採用
　○栄養、清潔な飲用水、公衆衛生、環境衛生、一次医療に関する「Deliver as One（一貫性をもった支援）」手法の推進
　○小規模農場の生産性改善と生産者志向型マーケティングに同時に注目
　○慢性的カロリー不足および微量栄養素欠乏対策に関する食品兼強化アプローチ（特に鉄・ヨウ素含有塩の強化）の奨励
　○気候リスクマネージャーおよび地域飢餓対策隊として訓練される集団（村ごとに最低でも男女1人ずつ）の結成

価格変動という課題は地域社会レベルおよび国家・世界レベルで対処できるとMSSRFは期待しています。

海水農業
　1990年以降、MSSRFは海岸線の海側と陸側を同時に注目する統合型沿岸部管理に取り組んでいます。その目的は沿岸域の生態系と沿岸域社会の生計両方の安全保障強化です。このように、沿岸系研究（CSR）の方法論が構築されました。この研究活動にはマングローブ湿地帯の保全と修復、参加型マングローブ林管理システムの開発、沿岸の暴風雨・津波対策におけるマングローブ、非マングローブ型バイオシールドの重要性への意識向

上、さらには組み換えDNA技術のマーカー利用選抜を介し、マングローブ種から遺伝子を移して耐塩性を与えることによる、沿岸農業に重要な耐塩性の米、豆類などの作物育種が含まれました。この分野で18年間続けられた研究から、塩分や干ばつのような非生物的ストレスへの耐性についてMSSRFの科学者が生み出す斬新な遺伝子組み合わせに国際特許が付与されています。これには次のものが含まれます。

○植物に耐塩性を与えるヒルギダマシからのデヒドリン遺伝子に対する米国特許（アジャイ・パリダ博士、プリーティ・メータ博士、ガヤトリ・ヴェンカタラマン博士）
○植物に耐干ばつ性を与える*Prosopis juliflora*（メスキート）からのグルタチオンS-転移酵素遺伝子に対する米国特許（アジャイ・パリダ博士およびスジャ・ジョージ博士）

さらに3つの特許（ストレス耐性を与えるヒルギダマシからのファイトスルフォカイン-$α$前駆体配列、ストレス耐性を与えるポルテレシアコアルクタタからの対向輸送体遺伝子、植物に非生物的ストレス耐性を与えるスーパーオキシド・ジスムターゼ遺伝子）が申請されており、特許が付与される段階にあります。

マーカー利用育種から、人気のインディカ品種（IR64、IR20、ポンニーおよびADT 43）の位置特定型遺伝子導入系開発に至り、99.5％の純度とともに塩化ナトリウム400mMという耐塩性向上を示しています。

MSSRFの活動によってタミルナドゥ、アーンドラ・プラデーシュ、オリッサ各州の2400ヘクタール分のマングローブが復旧・植林されました。インド政府による2011年沿岸規制区域通知（2011年1月6日）の科学的根拠は過去20年間のMSSRFの研究であり、私が議長を務める委員会が提出した2つの報告書です。

MSSRFが提案する各プロジェクトにもとづき、インド政府の環境森林保護省（MoEF）と科学技術局（DST）はバイオシールド生育だけでなく森林農業・海洋牧場一体型技術による海水農業プロジェクト開始を目的と

した海水有効活用への出資を認めました。MoEFからの支援は統合的沿岸域管理協会（SICOM）を通じて提供されます。海水は地球の水資源の約97％を占め、マハトマ・ガンジーいわく「重要な社会資源」です。1930年のガンジーの塩の行進は、当時の政府規則に反するダンディービーチでの塩製造が目的でした。同年、C・ラジャゴパラチャリとサルダール・ヴェダラトナム・ピライはタミルナドゥのヴェダラニャムでsalt satyagraha（塩の行進）を実施しました。MSSRFは2010年12月26日にヴェダラニャムでワークショップを開催し、食用などの経済的価値を持った塩生植物で海水を真水に変換する必要性を強調しました。この海水農業プロジェクトはDSTによって、水関連のミッション達成を目的としたWAR（Winning（勝利）、Augmentation（増強）、Renovation（革新））に含められました。塩生植物遺伝資源の保全、そして経済的魅力と環境的持続可能性を持った海水農業方法普及の両方を目的とした塩生植物遺伝子ガーデンの敷設作業がヴェダラニャムですでに開始されています。海面上昇の可能性をはらんだ条件下で、塩生植物は沿岸地域の未来の収穫物になるでしょう。

農業および生物多様性遺産の保存

　2010～2011年にかけて、MSSRFの2つの重要な取り組みが大きなインパクトを達成しました。1つめはタミルナドゥ州政府が設置し、サンガム古典文学の生態系描写をもとにした遺伝遺産園です。その設置場所は次のとおりです。

Kurinji（丘） − セーラム県イェールカードゥ郡
Mullai（森林） − ティンドゥッカル県シルマライ
Marudham（湿地） − タンジャーヴール県クンバコナム、マルサナルル
Neithal（沿岸域） − ナーガッパッティナム県チルカダイユル
Palai（乾燥地） − ラーマナータプラム県アチャディピランブ

　このような遺伝遺産園では、それぞれの生態系特有の動植物が保存され、これらの生態系の価値に関する知識普及に役立つでしょう。MSSRFのタ

ラマニキャンパスの遺産園には、2000年前に描かれた上記の5つの生態系のレプリカもあります。

もう1つの重要な取り組みは、FAOのGIAHS計画の2つの世界的に有名な農業遺産（GIAHS）に対する認知向上です。オリッサ州のコラプット米の遺伝遺産認定を求めるこのプロジェクト提案が作成され、FAOに提出済です。ここでは、貴重な米遺伝子の真の宝庫を部族が何百年にもわたり保存してきました。FAOのGIAHS計画による認定によって、絶滅の危険に瀕した種や英知を守ろうとする人々に名声が与えられるでしょう。

もう1つ世界的に重要な農業遺産として挙げられるのがケーララ州のクッタナドです。ここでは100年以上にわたり、農業者たちが海面下での農業に取り組んでいます。実際の作業を通して農家が開拓してきたこのシステムでは米をモンスーンの季節に栽培し、魚を非雨季に生育します。オランダと違い、クッタナドの農業者は低コストの臨時堤防を作るだけです。クッタナドの農業者たちが開発した海面下農業システムのGIAHS指定は、この技術の先駆者の認知を高めるとともに技術改良も促進するでしょう。現在非常に可能性が高いと考えられる、地球温暖化に起因する海面上昇の際に特に有用となるでしょう。今世紀中に海面下農業実施の必要に迫られそうなモルディブ、スリランカ、バングラデシュ、タイといった諸国のために、クッタナドでの「海面下農業地域研修センター」創設が提案されています。

土地・水管理：国際土壌パートナーシップの役割

2000年以降、タタ財団の資金援助を得て、またパンジャブ農科大学（ルディアナ）やジャワハルラール・ネルー大学（ジャバルプール）と協力のもと、MSSRFは雨水採取と効率的利用、流域開発および管理の詳細研究を進めています。現段階では同プロジェクトは農場で行う事業とそれ以外の事業による流域社会の雇用・収入機会最大化に重点を置いています。したがって、この計画は「バイオ産業流域」開発と呼ばれます。マイクロクレジットによって支えられる小規模の、市場にリンクした事業が振興されています。土地利用に関する意思決定は同時に水利用の意思決定でもあり、

生態系を害さずに永続的に生産性を高める常緑革命には土地および水管理の一体型アプローチが必要です。土地という農業資源が縮小しつつあり、優れた農地が不動産やバイオ燃料生成のような非農業用途に「奪われる」傾向が高まっている中で2009年10月、私は国連ミレニアム開発目標に関するFAOのハイレベル外部委員会（HLEC）議長としての立場から、食糧安全保障と気候変動適応・軽減のための国際土壌パートナーシップ（GSP）の創設を提案しました。HLECもFAO事務局長もこの提案を受理しています。環境森林保護省は、グリーンエコノミーの枠組み内での持続可能な食糧・栄養安全保障戦略策定への支援をMSSRFに依頼しています。すべての利害関係者、特に農業者団体を巻き込んだ国家的土壌・水管理計画がインドのリオ＋20プログラムの必須要素でなければならないのは明白です。

人的資源の開発

　機関作りにおけるMSSRFの理念は常に「レンガではなく頭脳に集中すること」でした。このやり方の価値を示す好例はMSSRFのGyan Chaupal運動の持続的成長です。同等に重要なのは、需要主導型アプローチによって当該地域の言語で伝えられる動的および場所限定型情報の原則をもとに農村情報センターのような取り組みが推進されることです。地域社会もまた当事者意識を持つ必要があります。さもなければ持続可能性が失われるためです。現在約1500人の農村特別研究員とともに35人の外国特別研究員を擁するジャムセッツジ・タタ国立バーチャルアカデミーは、社会的および経済的に恵まれない家庭に属する農村男女の自尊心と能力を育む貴重な制度的手段となっています。同プロジェクトの最近の評価では、このアカデミーは「平凡な人々を非凡な人物に育てあげるうえで役立っている」という結論が出ています。

社会的影響の研究方法

　過去20年間にMSSRFが実施してきた各計画で肝心な点は環境的および社会的に持続可能な形での農村や部族の幸福であることが前述の議論から明らかでしょう。人間を扱うプログラムにおいて、数字から現実を把握す

るのではなく、「人間」の現状に目を向けない限り、我々の行動が対象とする人々に本当に役立っているかはわかりません。最も重点を置くべきものは気候変動という課題に対応する予見的研究と、経済的、環境的および社会的持続可能性を確保するための農村や部族との参加型調査です。

気候変動の時代における食糧安全保障

　3年前の私の提案をもとに、国連食糧農業機関（FAO）は2011年9月7～9日にローマで開催された利害関係者会議で「食糧安全保障と気候変動適応・緩和のための国際土壌パートナーシップ」を立ち上げました。捕獲漁業や養殖漁業の進歩にもかかわらず、人間の食糧需要の約90％が土から採れるものです。食糧安全保障の未来が土地資源の持続可能な管理や優れた農業用地の保全にかかっている点への理解が高まっている一方で、土地は農業資源としては縮小傾向にあります。全国農民委員会が2006年に提出した報告書では、1894年の土地買収法を農業者や農業の利益を守る21世紀型の法律に早急に代える必要性が強調されています。土地買収だけでなくその影響を被る各家族の復興や再定住にも着目した国家土地買収および復興・再定住法案を議会に提出したジャイラム・ラメシュは賞賛に値します。

　国連食糧安全保障委員会（CFS）が私を議長として2010年に立ち上げたハイレベル専門家会議（HLPE）は最近、土地保有と国際的農業投資に関する報告書をCFSに提出しました。同報告書は特にアフリカでの土地買収が食糧安全保障におよぼす潜在的影響を分析しています。開発途上国の農地のうち約5000万～8000万ヘクタールが近年の国際投資家間の交渉対象になっていると推測されます。その2/3がサハラ以南アフリカであり、地方病的な飢餓の「ホットスポット」と広く知られています。このような大規模な土地買収によって当該地域の人々に食糧や雇用がもたらされるという証拠はほとんど認められていません。土地取引の中で、農業生産高の改善を示していないものが3/4を超えています。土地保有制度を効果的かつ公正にするために政府がとるべき手順をHLPEが見出しました。これは自らの生計を保つうえで共有的資源に依存する特に女性や部族などの弱い立場の人々の土地関連権利を登録、追跡、保護する、より透明性の高いシス

テム作りからスタートします。生物物理学的調査で使われる衛星および航空画像は、実際の土地の用途をつかさどる権利や制度に対しては無力です。世界銀行によれば「土地ラッシュ」は将来的に減速する兆しがありません。その結果、土地を所有しない労働者人口が増え、開発途上国の農村部での社会不安が拡大します。

　食糧安全保障にとっての土地損失は、量的な観点だけではなく土地利用の観点からも考えなければならない問題です。米国農務省によれば米国農業者の、エタノール生産用のトウモロコシ収穫量は食糧あるいは飼料生産目的のそれを2011年中に初めて上回りました。欧州では菜種の約50％がバイオ燃料生成に使われる見込みです。植物 － 動物 － 人間という食物連鎖（特に牛肉と家禽食品）が肉1カロリー分の生産に要する土地面積は、穀物あるいは野菜1カロリー分に要する面積の数倍です。

　2008年に見られた米および小麦価格の急騰は概ね、化石燃料の価格急騰によってインプットコストが上がったことが原因です。農地がますます先進国の燃料生産に転用され、富裕層の肉消費量が増え、道路や住宅、工業といった他の用途によって農地が失われている現状は、2010年代終わりまでに深刻な食糧不足、激しい価格変動、厳しい食糧インフレにつながるでしょう。「アラブの春」は食糧インフレから始まったと指摘する専門家が何人もいます。未来は兵器ではなく穀物を持った国のものだと私が強調するのは、これが理由です。

　幅広い協議をもとにFAOは最近「国家食糧安全保障における土地、漁業、森林保有の責任あるガバナンスの自主指針」を作成しました。この自主指針は、2011年10月に開催される次回CFS会合において検討される予定です。同指針には、連邦議会委員会による検討に値する、わが国の国家土地買収法案の条文に含まれるであろう部分があります。たとえば「国家法規や国家的状況にしたがい、各州の土地収用は、土地（関連するビルなどの建造物を含む）、漁業あるいは森林への権利が公共目的のために必要な場所に限定すること。土地収用や強制立ち退きは決して個人の目的のために行われてはならない」という条文があります。また同自主指針は「既婚か未婚か、あるいは結婚歴に関係なく、女性が土地、漁業、森林の保有権と利用

において平等である状態を州は確保すること」とも提言しています。ビジネスモデルには、雇用機会創出と貧者の生活安全保障強化に役立つ諸手順が必要です。「食糧安全保障第一」は我が国の土地買収法案のモットーとするべきです。ブラジルのように、このような投資で食糧安全保障とエネルギー安全保障の両方が有利になる状況がないのであれば、バイオ燃料への大規模投資はリスクを伴うので避けなければなりません。土地保有は土地関連権利保護の鍵です。中央政府および州政府は、慣習上の権利を含む土地関連権利や共有的資源を登録、追跡、保護する、利用しやすい制度が必要です。

1981年にFAO各加盟国が採択した世界土壌憲章には、世界の土地資源最善利用とその生産性改善、未来の世代のための保存を目的とした諸原則が含まれています。世界土壌憲章は、政府や土地利用者側が目先の急場しのぎではなく長期的利益のために土地を管理するよう求めています。

食糧安全保障や気候変動の適応・緩和を目的とした土壌資源の保全・管理に対する国際的な関心は近年高まっています。これは農地の非農業用途への転用が増えているためです。2011年5月、土壌資源評価・管理への投資促進を目的にドイツ、ポツダムの先端サステナビリティー研究所で開催された会議において、世界土壌フォーラムが設立されました。ドイツなどの資金援助を得た世界土壌フォーラムは、食糧安全保障を長期的に守るために土壌ベースの生態系サービスを促進・維持する主要な技術的選択肢の発見に資します。土壌生物多様性保全の必要性を強調するために、欧州連合は包括的欧州土壌生物多様性アトラスを作成しました。

15年以上前に、持続可能な水安全保障における国家、地域、世界レベルでの注意・行動促進を目的に世界水パートナーシップ（GWP）が設立されました。GWPは2002年、スウェーデン政府によって国際組織に認定されました。インドもGWP活動のパートナーです。土地利用に関する意思決定は水利用に関する意思決定でもあり、GWPと綿密に協力するGSPの整備はタイムリーな取り組みです。GSPは土壌劣化や土壌生物多様性保全、性的および社会的公正、気候変動、農業の常緑革命のための土壌健康管理といった緊急の問題に対応します。GSPは気候変動と「土地ラッシュ」か

ら発生する食糧安全保障への脅威に対処するにあたりパートナーシップの力を結集する、学際的および多機関連携的な基盤です。

また、土壌貧血も人間の貧血を引き起こします。土壌の微量栄養素不足は子供および成人男女の微量栄養素欠乏の原因となります。このような土壌で育つ作物は、隠れた飢餓防止に必要な栄養素が不足しがちだからです。既存のGWPにGSPが加わり、「土地などの天然資源保有の責任あるガバナンスの自主指針」も採択される見込みです。持続可能な農業の生態基盤を守り強化する各国を支援し、風土性の飢餓、隠れた飢餓、一過性の飢餓を克服するグローバルな手段を我々は持っています。土地保有に関するHLPE報告で提言された方針に準じ、グローバルな手段と指針を社会的に持続可能かつ公正な国家規制に変換する必要があります。連邦議会の検討対象となっている国家土地買収および復興・再定住法案は土地収奪防止だけではなく、非常に幅広い重要性を持ちます。食糧安全保障や気候変動適応・軽減における土壌の重要な役割への理解を広めなければなりません。

海洋とともに、土壌は炭素貯蔵の機会をもたらします。たとえば、地球の正味の一次生産力（NPP）は約120Gt/c/年と推測されます。その大半が植物や土壌の呼吸を通じて大気中に戻ります。NPPの10％が湿地やマングローブの生態系のような陸上生物圏中に保たれれば、12Gt/c/年は地上の排出権バンクの一部となります。根域で土壌炭素プールを1t/c/ha/年増やせば、食糧生産量が3000万〜5000万トン増えます。このように、土壌排出権バンクは食糧安全保障と気候変動緩和の両方に利益をもたらします。

我々の土壌資源や水資源の持続可能かつ公正な管理は新しい政治的ビジョンを要します。このビジョンは土地買収法案によって表されます。2012年はリオ地球サミットから20周年、ストックホルム人間環境会議から40周年にあたります。これは教育を通じた土壌および水安全保障運動の、Gram Sabhas（村落議会）による社会的運動の、そして土地買収法案のような法律制定の良い機会になるでしょう。

マハトマ・ガンジーが1946年のノアカリ（現バングラデシュ）での演説で触れた「人間の生命における食物の役割」は、食糧へのアクセスを基本

的人権とする重要性を最も力強く表現したものです。またガンジーは「飢餓撲滅への道とは、誰もがその日の食を得られるようになる機会であるべき」と主張しました。飢餓撲滅のプロセスは人間の尊厳を損ねてはならないからです。残念ながら、同国が1947年に独立し、政府機関が何らかの社会的支援を受ける人々を「受益者」と呼び始めてから、上記のメッセージは忘れられてしまいました。「受益者」指定は、マハトマ・ガンジー全国農村雇用保証計画（MGNREGA）のもとで晴れた日も雨の日も8時間働く男女にも適用しています。ガンジーのノアカリ演説から65年後、インドは栄養不良の子供や成人男女が世界でも最も多い国となっています。空腹を感じながら眠りにつく人の数は現在、1947年のインド総人口を上回ります。

　ザ・ヒンドゥー紙のP・サイナスの最近の記事（2011年9月26、27日）はインド農村部に蔓延する窮乏と困窮の規模を如実に紹介しています。農村の窮乏や農業の苦難は都市部のスラム化と苦しみを増大します。栄養、教育、医療の各分野でインド都市部および農村部においてニーズを満たす1人1日当たりの金額（都市部では1人1日当たり35ルピー、農村部では26ルピー）に関する連合計画指令が最高裁に最近提出されました。これは、この重要組織が貧者の実際の生活といかに乖離しているかを示しています。この状況において、消費者問題食料公的配給省のウェブサイトに掲載されている2011年の国家食糧安全保障法案（現在は人道主義者K・V・トーマス教授が担当）に希望の光が少なくとも見えます。この法案は最終的に連邦議会の特別委員会を通過するでしょう。これまでのような政治的利益供与の証拠としてではなく、食糧確保を法的権利とするための最終法案が、「栄養不良大国」というインドの現在のイメージを払拭する一助になればと私は期待しています。現在の法案には「人々が尊厳を持った生活を送れるように、十分な量と品質の食糧を手頃な価格で入手可能にすることで、人間のライフサイクル・アプローチにおいて食糧および栄養の安全保障を提供する」という目標が掲げられています。この目標を達成するには、すべての子供およびすべての成人男女がバランスのとれた食事（必要なカロリーとタンパク質）、微量栄養素（鉄、ヨウ素、亜鉛、ビタミンA、ビタミンB_{12}など）そして清潔な飲用水、衛生、一次医療を物理的、経済的、

社会的（性別に関して）に利用できるようにならなければなりません。

　食糧安全保障へのライフサイクル・アプローチは、受胎から火葬に至るまでの人類の栄養ニーズへの関心を示します。最も弱く、かつ最も軽視されているのは赤ん坊の生後1000日間です。これはすなわち受胎から生後2年間までの期間であり、脳発達の多くがこの時期に生じます。この期間中の子供の成長が母親を通じてのみ実現可能なのは明らかです。したがって食糧安全保障のライフサイクル・アプローチは妊婦からスタートします。低出生体重（出生時に2.5kg未満）の子供の多さは、母体および胎児の栄養不良の結果です。低出生体重の子供は認知能力障害など、成人になってもいくつもの障害を抱えるようになります。出生時にしてすでに生まれながらの身体的・精神的発達の遺伝的可能性を否定されるのは、最も残酷な不公平です。統合的児童育成サービス（ICDS）を2つの期間（0〜2歳期と3〜6歳期）に分けて再設計および実施する必要があるでしょう。

　法的権利の観点から見ると、同法案は食糧への経済的アクセスの問題しか扱っていません。食糧安全保障のあと2つの要素である食糧入手可能性（生産量の関数）と食物の体内吸収（清潔な飲用水、衛生、一次医療の関数）は、法的権利としての具現化が難しいものです。すべての人の食糧を法的権利にするには、穀類のコストや量について共通だが差異のある権利を伴う普遍的公共配給制度（PDS）の採用が欠かせません。上述の法案は国家諮問委員会（NAC）が提案する用語体系を採用し、人口を優先グループ（十分な社会的支援を要する人々）と一般グループ（より高価な穀物を購入する経済的余裕のある人々）に分けています。ここで提案されている初期価格は優先グループでは米、小麦、ミレットがそれぞれ1kg当たり3、2、1ルピーで、一般グループでは最低支持価格（MSP）の50％です。普遍的PDSでは、選ばれた地方機関が運営する自主的選択基準および明確に定義された除外基準によって、食糧確保に社会的支援を必要としない人々が除外されます。実際、インドの社会の経済的および社会的に恵まれない人々への補助金つきの食糧供給を経済的に支えるべきなのは一般グループです。富裕層にとって普遍的PDSの目標は、食糧の物理的な入手可能性の確保です。

幅広い栄養穀物（通常「雑穀」と言われる）や小麦、米を食糧安全保障法案のきわめて重要な部分に含めることによる「食料かご」の拡大。Bajra（トウジンビエ）、ragi（シコクビエ）、jowar（ソルガム）、トウモロコシなどの栄養穀物は「健康食」であり、これらを小麦や米とともにPDSに含めれば、農業者はこれらの穀物の生産量を増やせるでしょう。栄養穀物は通常は天水地域で栽培され、気候回復性も持つため、今の気候変動の時代では栄養安全保障の面での役割が高まっています。2010～11年の間、インド農村部では小麦8600万トン、米9500万トン、栄養穀物すなわち雑穀が4200万トン生産されました。調達量や消費量が増えれば、乾燥した農村地帯で栽培される栄養穀物の生産量も増えるでしょう。これらの穀物が加わることで、穀類の入手可能性と栄養安全保障が同時に高まります。

　上記法案の中でも法的取り組みに触れていない他の条文では、穀物や清潔な飲用水、衛生の農業的生産、調達、安全保存に言及しています。優先グループに穀物ではなく現金を与えるという誘惑は避けるべきです。紙幣は印刷すれば作れますが、穀物は総人口の約2/3を占める農業者によってのみ生産可能です。現金支給は調達や安全な保存への関心を損ねます。さらに生産にも影響をおよぼします。アーンドラ・プラデーシュの東ゴダバリ地域の農業者が宣言した「作物の休日（Crop Holiday）」は警鐘です。アーンドラ・プラデーシュ州政府が設立した委員会（委員長はモハン・カンダ博士）は、多くの農家に今カリフ季での米の栽培を禁じる決定に至った下記の諸要因を指摘しました。第一に、現在提示されているMSPは生産コストに及びません。インド政府が設定したMSPは一般的品種の1キンタル当たり1080ルピーである一方、生産コストは1キンタル当たり1270ルピーでした。第二に、調達は大部分精米所によって行われるので緩慢です。第三の要因として、運河放水の遅さ、クレジットなどの必須インプットが利用できないこと、農作物保険料の支払い延滞もまた、農家の士気と利益に影響しています。このように、農業者は経済、生態、農地管理の各面において深刻な困難に直面しています。政府は、全国農民委員会が提案する「MSPをC2プラス50％（総生産コスト+50％）とする」という公式の一般

政策としての採用を真剣に検討するべきです。

最後に、同法案は州および中央政府レベルでの食糧安全保障委員会設立を唱えています。食糧を得る法的権利施行に欠かせない2つの成功要素、それは政治的意思と農業者の技術です。したがって、州レベルの食糧安全保障委員会の議長職は実績豊かな農業者が務めるのが妥当です。このような農業者はPDS運営に十分な食糧を確保するうえで助けになるでしょう。国家レベルでは、2006年10月に提出の最終報告において全国農民委員会（NCF）が提案した下記の組織が、十分な政治的意思や監視を確保するにあたって役立つでしょう。NCFの提案は首相を議長とした中央政府レベルでの国際食糧安全保障主権委員会設立でした。その他のメンバーとしては中央政府の関係閣僚、連邦議会の政党指導者、余剰および不足を出している各州の主要閣僚、有数の農業者や専門家が考えられます。食糧安全保障法案施行に政治や農業者を効果的に参画させる方法を開発・実施しなければ、権利分配体制の腐敗のために一部地域でPDSが直面している諸問題を克服できません。

2011年の国家食糧安全保障法案は貧困派生型の飢餓を全面的に撲滅し、「パンの神は我が国のすべての家に存在するべき」というマハトマ・ガンジーの願いを実現する最後のチャンスです。包括的成長を伴うグリーンエコノミー実現を唱えるガンジーのメッセージは以下のとおりです。

「持続不可能な生活スタイルや許容不可能な貧困は過去の遺物とし、自然との調和、そして人間同士の調和を実現するべきです。」

これは「青い地球を守る」というブループラネット賞の目標実現への道筋です。

参考文献

1. Swaminathan, M.S. 1990. Agriculture and food systems in Proceedings of the Second World Climate Conference, Geneva, World

Meteorological Organisation.
2. National Commission on Farmers 2006. Fifth and Final Report, Vol I. Ministry of Agriculture. Government of India. New Delhi. www.kisanayog.gov.in.
3. Swaminathan, M.S. 2010. *From Green to Evergreen Revolution, Indian Agriculture: Performance and Challenges*. New Delhi, Academic Foundation. 410 pp.
4. Swaminathan, M.S. 2010. *Science and Sustainable Food Security: Selected Papers of M S Swaminathan*, IISc Press Bangalore and World Scientific Publishing Company Singapore. 420 pp.
5. Swaminathan, M.S. 2011. *Towards an Era of Biohappiness: Biodiversity and food, Health and Livelihood Security*. World Scientific, Chennai. 170 pp.
6. MSSRF Annual Report.

『環境と開発への提言』によせて
―「成長と拡大の世紀」から「平和と持続可能な発展の世紀」へ

松下和夫

はじめに

　20世紀は「成長と拡大の世紀」であると同時に「戦争と破壊の世紀」でした。20世紀の反省に立ち今後の地球社会を展望すると、21世紀は「平和と持続可能な発展の世紀」にしなくてはなりません。しかしながら21世紀に入ってから今日までの世界は、平和と持続可能な発展への道筋からますます離れて行っているように思われます。

　本書は地球環境に関する国際賞である「ブループラネット賞」の受賞者が「リオ+20」会議[1]（国連持続可能な開発会議、2012年6月開催）に向けて徹底討議した成果をもとに、多くの受賞者からの寄稿を加えてとりまとめられた英文書、『Environment and Development Challenges: The Imperative to Act』（2014年10月刊）の日本語版です。

　「ブループラネット賞」は、地球環境問題の解決に向けて科学技術の面で著しい貢献をした個人または組織に対して、その業績を称えるために設立された賞で、1992年に第1回の受賞者を出して以来、2014年には23回目の受賞者が決まっています。これまでに合計43人、5団体が受賞しており、現在では環境のノーベル賞とも称される国際的な名声と地位を確立しています。受賞者のリストは綺羅星のごとく、まさに現代世界の最高の環境知

---

[1] リオ+20は、1992年の地球サミットから20年目となる2012年6月に、ブラジルのリオデジャネイロで開催された「国連持続可能な開発会議」の通称。世界各国の政府、民間企業、NGOなどの代表たちが参加し、持続可能な開発の達成やグリーン・エコノミーの構築、持続可能な開発の目標（SDGs）への移行などについて議論した。（出典：国際連合広報センター用語集）

性を網羅しています。

　ちなみに第1回のブループラネット賞受賞者は、1992年6月8日にブラジルのリオデジャネイロで開催された地球サミットの会場であるリオセントロ・コンベンションセンターで発表されました。実はその前年のある日、スイスのジュネーブ市内の閑静な住宅街にあった「環境と開発に関する国連会議」（UNCED、地球サミット）事務局に勤務中の筆者は、旭硝子財団事務局長（当時）の平野裕也さんの来訪を受けました。旭硝子財団では当時新たにブループラネット賞創設を決定しており、その受賞者の発表式を地球サミットの場で行いたいとの相談でした。平野さんのお話から財団の地球環境への熱い思いと新しい事業に乗りだす意気込みをひしひしと感じました。UNCED事務局長モーリス・ストロング氏も全面的な協力を快諾し、地球サミットの場での第1回受賞者の発表に至ったのです。

　本書は2部構成で、第Ⅰ部（叡知の結集：いま私たちがなすべきこと）は、ブループラネット賞受賞者の共同執筆による、「12か条のキーメッセージ」、「問題の所在」、「解決に向けて」から構成されています。特に12か条のキーメッセージにおいては、冒頭に筆者たちが望む「夢」が示されています。それは、「公平で貧困のない世界、人権を尊び、貧困や自然資源に対してよりいっそう高い倫理観を持って行動する世界、気候変動や生物多様性の喪失、社会的不公正という諸事実への取り組みを成功させ、持続可能な環境・社会・経済を実現できる世界」です。まさに「平和と持続可能な発展の世紀」へのビジョンです。

　このような夢を提示したうえで、筆者たちは、学際的な科学的知見に裏付けられた地球環境の現状に対する危機意識の表明と、高度の環境知性と倫理感に基づいて、夢の実現への道筋に向けた取るべき行動への明確な呼びかけをしています。世界が現状のままで推移する（BAU:Business as Usual）と、後戻りすることのできない地球環境破壊のティッピング・ポイントを超えるおそれを示しながらも、今ただちに賢明な行動をとるならば危機の克服は可能であることを強調し、現代文明の大転換を訴えているのです。

　「解決に向けて」の章ではより具体的に、気候変動、生物多様性、食糧と

水の安全保障、などの課題に言及しながら、ビジョンの提示と行動の必要性、求められるリーダーシップとガバナンス、そして社会的なイノベーションと草の根活動、知識創出の意義を述べています。とりわけ強調されているのは、生産と消費に環境および社会的コストを正しく反映した価格付け（たとえば炭素排出に対する課税）を行うことであり、そのことがグリーン経済とグリーン雇用に新たな機会を開くとしています。

　第Ⅱ部（「夢」の実現に向けて）はそれぞれの受賞者の専門性と知識・経験に基づく個別の寄稿をまとめた23編の論文から構成されます。本書ではこれらの論文を「現状認識」、「気候変動」、「生物多様性と生態系サービス」、「政策と経済社会との連携」に分類しています。それぞれが問題の具体的な提示と解決への方向を示す洞察と示唆に富む読み応えのある内容となっています。（なお、本書は、日本の読者への便宜を図るため、特に第Ⅱ部において、先に示した原書の構成に変更を加えています。）

　本書の執筆者はそれぞれ専門分野や経歴はきわめて多様ですが、共通の認識としては、「有限な惑星においては、無制限の経済成長は持続不可能であること、そして持続可能な環境・社会・経済を実現できる世界という夢を叶えるには、従来のシステムには欠陥があり、これまでと同じ道をたどれば夢を実現することは不可能である」ということです。そして持続可能な発展経路への社会のシステム転換が、環境面からは不可避であると同時に、経済的にも倫理的にも社会的にも合理的で正当化されることを説得力を持って展開しています。

　以下の本稿では、このような認識の背景について考察してみます。

経済成長がすべての問題を解決するとの神話

　20世紀後半に発展した高度産業社会の到来により生じた様々な環境問題や、人口と経済の成長が地球の環境容量の限界に直面しているとの指摘はかなり以前からなされています。たとえばローマクラブの「成長の限界」（1972年）、アメリカ政府の「西暦2000年の地球（グローバル2000レポート）」（1980年）、レスター・ブラウンが創設したワールド・ウォッチ研究所による「地球白書」等々枚挙にいとまがありません。

これらの諸問題に対しては、国際レベルでは国連環境計画（UNEP）が設立され、個別の地球環境問題については、気候変動枠組条約や生物多様性条約をはじめ、多くの多国間環境条約が締結され、各国内においても様々な政策的・技術的対応がとられてきました。その結果、今日の環境政策・技術の体系は格段に高度化しています。

しかしそれらの対策が所期の成果をあげているかと問われると、答えは残念ながら否です。その原因は、本書の筆者たちによると、世界の指導者の大半が経済成長第一主義に固執し、経済成長がすべての問題を解決するとの神話を信奉していることにあります。その結果、政府の第一の任務は経済運営であり、政府が成功したか失敗したかを測る試金石は経済成長の水準である、という考えがいまだに広く受け入れられているのです。環境対策も総じていえばあくまで経済成長の妨げにならない範囲で対症療法的に実施されてきたに過ぎず、環境問題を生起している社会の根本的・構造的な変革には程遠かったのが現状であるといえます。

閉鎖系経済との認識

地球という有限の閉鎖系の中で、無限の経済成長は不可能であることをいち早く指摘したのは、イギリス出身の米国の経済学者、ケネス・E・ボールディングでした。

彼は1966年に「来たるべき宇宙船地球号の経済学」[2]と題したエッセイを著し、その中で従来の経済学が無限に資源を利用できることを想定していることには無理があるとし、これを「カウボーイ経済」と呼んで批判しています。「カウボーイ経済」とは、略奪と自然資源の破壊に基づき消費の最大化を目指す経済です。ボールディングは、「未来の『閉じた経済』は『宇宙飛行士経済』と呼ばれるべきだろう。地球は一個の宇宙船となり、無限の蓄えはどこにもなく、採掘するための場所も汚染するための場所もない。したがって、この経済の中では、人間は循環する生態系やシステム

---

[2] Boulding, K. E. (1966), The Economics of the Coming Spaceship Earth, http://www.ub.edu/prometheus21/articulos/obsprometheus/BOULDING.pdf#search='economics+of+coming+spaceship+earth'

内にいることを理解する」と述べています。人類が宇宙から初めて地球をみた当時の時代背景もあり、ボールディングの警告は、多くの人に現実感を伴った衝撃を与えました。

　ボールディングはまた、「指数関数的な経済成長を信じているのは、狂人かエコノミストのどちらかだ」と述べたことでも知られています。指数関数的な経済成長とは、複利による増殖システムであり、これは原理的・本質的に「永続不可能」であるというのです。ちなみに複利で経済成長が続くことは、10%の成長率では7年で、7%の成長率では10年で経済規模が倍増することを意味します。もし3.5%の経済成長が続くと、100年でその規模が30倍以上になります（第Ⅱ部第3章参照）。このようなことは可能でしょうか。

グローバリゼーションと地球環境

　ボールディングの指摘から約半世紀が経ちましたが、依然として世界のほとんどあらゆる国の政府や指導者にとっては、経済成長が最大の関心事です。むしろ資本主義がグローバル化したことにより、国境という歯止めがなくなり地球環境の破壊を加速しています。1980年代後半から急速に進行した経済面でのグローバリゼーションは、貿易・資本投資・情報移動の加速化などによって地球規模での経済活動の一体化が進んだことを指します。世界各地での人口増加とグローバリゼーションを背景とする経済活動の拡大によって、多様で複雑化した環境問題の深刻化が進んだのです。

　このことは、ローカルレベル、国レベル、国境を越えたリージョナルなレベル、そしてグローバルなレベルのそれぞれで、経済活動がその基盤となる生態系の維持能力を越え、自然や人々の生活や健康にさまざまな被害をおこす事例が顕在化したことを意味します。さらに、ある国や企業の経済活動が国境を越えて他国や地球規模の環境に影響を及ぼす事例が増えています。

　地球環境の様々な指標を見ると、経済活動の基盤となっている地球の限界がますます明らかになってきていることがわかります。

　たとえば地球温暖化の動向では、世界的に合意されている目標である気

温上昇を産業革命前と比べ2℃未満に抑えられる可能性が高い（66％以上の確率）レベルに温室効果ガス濃度を抑えるためには、世界全体の温室効果ガスの排出量を2050年までに2010年から40〜70％削減、2100年にはほぼゼロまたはマイナスエミッションにしなければならないことが示されています[3]。エネルギー利用の大幅な効率化や再生可能エネルギーの飛躍的な拡大を進め、そして森林減少を止めても、指数関数的経済成長が続く限り温室効果ガスの排出を減らすことが容易ではないことが理解できます。

　ボールディングの指摘が正鵠を得ているとするならば、世界は狂人かエコノミストに満ち溢れていることになります。どうしてこのようなことになっているのでしょうか。

　なお、ここで注意すべきは、「成長」と「発展」とが根本的に異なる概念であることです。GDPの拡大に象徴されるように、「成長」は量的な拡大を意味します。GDPは、経済活動に伴う資源の消耗・枯渇による社会的費用は無視し、環境汚染が起きた場合には汚染対策費用をGDPではプラスに計上しています。一方、「発展」は質的な変化を伴うものであり必ずしも量的な拡大を意味しません。本来政策目標とすべきは、人々の厚生の持続可能な維持と発展です。しかもそれを閉鎖系の生態系という生命維持システムの中で達成することが求められているのです。

継続的な社会変革の思想としての「持続可能な発展」

　経済発展を環境的・社会的に持続可能なものにすることを意図して提唱されたのが、「持続可能な発展」です。持続可能な発展については、国連が設置したブルントラント委員会報告『地球の未来を守るために（Our Common Future）、1987年』において「将来世代のニーズを損なうことなく、現在の世代のニーズを満たす開発」として定義されたのがよく知られています（同報告、p.28）。この定義は経済開発が将来世代の発展の可能性を脅かしてはならないという世代間責任を明確にしたものです。持続可能な発展は、本来環境的・社会的・経済的な持続可能性を維持した発展を意味し、人々の生活の質の向上と生態系の持続可能性の維持を目的として

---

[3]　IPCC第5次評価報告書、2014。

いました。

　この背景には、「経済成長と環境の保全は本来対立矛盾するものではなく、経済発展を環境的に持続可能なものにすることは十分可能である。さらに、世代内部と世代間での環境的・社会的な正義を実現することも可能だ。」との認識および期待があったと思われます。ところがその後の世界では既述のように、経済的持続可能性のみに焦点がおかれ、環境問題に対しては経済成長維持を前提とした技術中心主義的なアプローチが重視されてきた傾向が強いのです。

　ブルントラント報告においては、持続可能な発展につき、「資源の開発、投資の方向、技術開発の傾向、制度的な変革が現在および将来のニーズと調和の取れたものとなることを保証する変化の過程である」と述べられています（同報告、p.29）。これは持続可能な発展が、社会の技術や制度と深く関わり、変化のプロセスに着目する必要を述べたものです。この定義を敷衍すると、「持続可能な発展」とは、新しい環境社会像を提示すると同時に、そこに向けた不断の変革への政策プロセスを意図した環境思想であるといえます。言い換えると、ブルントラント報告は、各国および国際社会が、その集合的な政治行為と政策設計によって、地球環境の限界を認識し、従来の経済発展パターンを再設計することを期待していたと理解できるのです。

　したがって、「持続可能な発展」の実現とは、高度産業社会の進展の中で生起している多様な環境問題を解決するとともに、ポスト高度産業社会の「新しい環境社会像」を構想し、社会的公平性を確保するとともに、その実現に向け制度、技術、資源利用、投資のあり方を継続的に変革し統合していくことを意味しています。このことは社会システムそのもののイノベーション（革新）が求められていることを示すものです。

　本書は、筆者たちが冒頭で目指すべき地球社会のビジョン（「夢」）を提示し、その夢の実現に向けてとるべき道筋を制度、技術、資源利用、投資のあり方も含め、様々な角度から論じ、まさに夢の実現に向けた叡知の結集というべき内容となっています。

持続可能性の原則とは

　ブルントラント報告公表後、持続可能な発展の概念とその定義をめぐって多くの文献が発表されました。その中で持続可能な発展の概念を、人間の経済活動と自然界との関係の根本的な転換を映し出すものとして捉えたのが、ハーマン・デイリーです（デイリーは2014年のブループラネット賞受賞者です）。

　デイリーによると、人間の経済活動の規模は年々拡大しますが、その活動はあくまで物質的には閉じた生態系からなる自然に依存します。自然は有限で量的な成長はしません。マクロ経済は、有限で成長することのない生態系の下位にあるシステムです。したがって、マクロ経済は無限に拡大することはできず最適な規模があります。発展が持続可能なものであるためには、経済活動の水準を、それを包含する生態系システムが持続可能な状態にとどめておかなくてはならないことになります。

　デイリーは、持続可能な発展を物質循環と生態系の側面からとらえ、以下の3原則を提唱しました。

①再生可能な資源の持続可能な利用の速度は、その供給源の再生速度を超えてはならない。
②再生不可能な資源の持続可能な利用の速度は、持続可能なペースで利用する再生可能な資源へ転換する速度を越えてはならない。
③汚染物質の持続可能な排出速度は、環境がそうした汚染物質を循環し、吸収し、無害化できる速度を越えてはならない。

　デイリーによると、現在の社会は経済という下位システムがそれを内包する生態系と比べると著しく成長し、その結果、残された自然資本が人工資本に比べ希少になっています。また、自然資本の希少性は人工資本によって完全には代替できないので、かつての人工資本が希少で、人工資本が経済成長の制約要因であった時代と異なり、現在は、自然資本が経済発展の制約要因となっているのです。

デイリーの議論は、伝統的な経済学が対象としてきた、①効率的な資源配分と、②公正な所得配分に加え、③自然生態系の扶養力（環境容量）に基づく持続可能な（最適）経済規模を達成するという第3の政策目標を明示したところに意義があります。従来の経済学は①は対象とするものの、②については社会の選択に委ね、価値判断を回避する傾向が顕著です。その上に③が政策目標として加わることにより、自由主義的な市場経済と分権的な民主主義体制の下で、これらの政策目標を同時に達成することはより一層困難となっているともいえます。

持続可能な発展と「エコロジー的近代化」論

では、「無限の経済成長」、「経済成長がすべての問題の解決策」との言説が圧倒的に支配的な社会において、いかにして環境的・社会的持続可能性を政府や市場の意思決定の中心に置くことができるでしょうか。この面で相対的な成功事例とみなされるのが、北欧諸国やオランダ・ドイツなどでの取り組みです。

たとえばドイツでは、1990年代初頭から、「エコロジー的近代化論」に基づき、環境分野への戦略的投資により技術革新、経済成長、雇用創出を目指す政策が導入されてきました。

エコロジー的近代化論とは、持続可能な発展を近代化の新たな段階としてとらえ、近代化・合理化の帰結として発生した環境問題を、社会システムの政策革新によって解決しようとする思想です。エコロジー的近代化を実現する政策的な枠組みとしては、環境規制の強化、環境税の導入、グリーン消費行動の促進、環境に配慮した技術革新の促進、積極的な環境外交の展開が提唱されています。そしてこれらの政策実現のために，政府・企業・市民の間の合意形成が重要であるとしているのです。

合意形成の過程で重視されるのが熟議民主主義であり、参加型民主主義です。なぜならば民主主義の深化とそれに伴う人びとの意識の根本的な変化、そして公共的課題に対する積極的な参加と関与がなければ、地球環境問題を根本的に解決することはできないとの認識があるからです。このような発想から、ドイツなどでは積極的な環境への投資や規制枠組みによ

り再生可能エネルギーの拡大や経済発展を図る取り組みが、今日にいたるまで着実に積み上げられてきました。その結果として、ドイツでは再生可能エネルギーの飛躍的な増加や経済成長と温室効果ガス排出量の切り離しに成功しています[4]。

エコロジー的近代化論は、持続可能な発展と親和性が高く、その思想に裏打ちされた北欧やドイツなどでの取り組みは相対的な成果を挙げました。ただし、これに対しては、いくつかの批判があることにも留意する必要があります[5]。

「平和と持続可能な発展の世紀」に向けて

そもそも経済（＝経世済民）の目的は、物質的成長すなわち生産や消費の量的拡大そのものではなく、私たちや将来世代に繁栄をもたらし、より良い暮らしを可能にすることです。そしてそれは、この限りある地球という惑星の自然の営みの範囲内でしか実現できないのです。短期的な企業収益と需要拡大を目指す近視眼的な経済政策は、長期的な環境の持続可能性を損なうとともに、経済の長期的かつ健全な発展をも損なうものです。

たとえば気候変動による影響の顕在化と生物多様性の喪失は、持続可能な発展の大きな障害となります。しかも、経済発展と気候変動対策および生物多様性保護策は対立するものではありません。将来の世代のことも十

---

4) ドイツでは発電量に再生可能エネルギーの占める割合が、2000年には6%だったものが、2013年までには約4倍の23%に達しています（環境エネルギー政策研究所（2014）、「自然エネルギー白書2014」、p.10）。また、1990年から2008年までのGDPと温室効果ガス排出量のドイツと日本における推移を比較すると、ドイツではGDPが約35％の伸びのもとで温室効果ガス排出量を21％削減しているのに対し、日本では約20％の経済成長率で、温室効果ガスの排出は横ばいにとどまっています。

5) エコロジー的近代化論には以下のような批判があります。この思想は西欧の先進国中心的な思考様式であり発展途上国への環境負荷の転嫁を考慮していないのではないか、科学技術の発展による経済発展や環境改善を自明視していること、環境効率を大幅に改善した技術革新が行われても消費が増えれば帳消しになってしまうこと、などです。根本的な批判としては、20世紀後半以降の科学技術は生産拡大を不断に追求する社会システムに埋め込まれており、こうした社会制度の大きな変革がなければ環境破壊的であり続けるという点です。すなわち経営者や企業は市場での利潤を求め、専門家は意思決定過程での権威を求め、労働者や組合は雇用と収入の確保のために、結果として限界のない生産拡大を支持するというものです。

分考慮するという倫理的立場に立てば、気候変動を緩和するのに必要なコストは、何もしない場合のコストよりも少なく、行動が遅れれば遅れるほどコストは大幅に増大する可能性があります。

リオ＋20会議の成果文書では、「各国がグリーン経済を持続可能な発展を達成するための有力な手段であることを認識する」ことが盛り込まれています。グリーン経済とは、「環境と生態系へのリスクを大幅に減少させながら人々の厚生と社会的公正を改善する経済」[6]です。グリーン経済実現の主要な要素である資源（エネルギー、水等）の効率的な利用は、企業や家計のコスト削減につながります。また、生態系サービスの評価と市場の創出は、新たな経済的な機会を生み出します。グリーン経済は、これからの新たな雇用や技術革新の源泉になります。政府、企業部門、そして市民社会は、全体として低炭素経済への移行や気候変動への適応、生態系のより持続可能な活用においてそれぞれが重要な役割を担う必要があります。

今日私たちは、地球社会と環境の持続可能性という制約の中で、人々の厚生の持続可能な維持と発展を図るという「持続可能な発展」の本来の趣旨を改めてかみしめ、持続可能な社会への移行の現実的な政策設計とその実行が求められています。もちろん現在の社会経済体制には強固な慣性があり、変革を阻む既得権益の壁は強固です。ブルントラント報告はいみじくも次のように述べています。「我々は、（持続可能な発展の）過程が容易でしかも単純であると偽るつもりはない。痛みを伴う選択を避けて通ることはできない。最終的結論として言えることは、持続可能な発展は、まさに政治的意思にかかっているということである。」（同報告書、p.29）。

気候変動がもたらす悪影響や生物多様性の喪失の回復には何世紀もかかり、多くの場合二度と元に戻すことができないことを考えると、今本格的に持続可能な未来に向けて活動を開始しなければなりません。本書で書かれた内容は、きわめて高度な思索と実践の結晶であるとともに、実際の政策と問題解決に向けた示唆に富む内容となっており、「平和と持続可能な発展の世紀」を実現していくうえで貴重な指針となっているのです。

---

6) UNEP, "Towards a Green Economy," 2011.

［追記］

　本稿の最終校正の段階で宇沢弘文東京大学名誉教授の訃報に接しました（2014年9月18日没、享年86）。

　宇沢教授は2009年に英国のニコラス・スターン卿（本書第Ⅱ部18章の執筆者）とともに、気候変動問題に正面から取り組む経済学者としての傑出した貢献を評価され、ブループラネット賞を受賞しています。

　宇沢教授はマクロ経済理論、動学的経済成長理論、そして経済分析論などの分野で世界的に先駆的な数々の業績をあげられる一方、極めて早い段階から環境問題を経済学の視点から分析・提言してきました。そして自然環境、社会環境を経済理論の中に組み込み、気候変動問題などに対処する上での理論的な枠組みとして社会的共通資本の概念を提唱されました。また、水俣病問題や成田空港問題の平和的解決などにも積極的に関与し、現実社会に誠実に向き合う経済学者として一貫して活動し、現代経済や文明に対する警鐘を鳴らし、国内的にも国際的にも大きな影響を与えてきました。

　気候変動対策に関しては、「比例的炭素税と大気安定化国際基金構想」を提唱し、現実的で実行可能な大気安定化政策として、炭素税の制度化を主張しました。ただし、一律の炭素税を課すと、国際的な公正という観点から問題があるだけでなく、開発途上国の経済発展の芽を摘む危険があるとして、その国の一人当たりの国民所得に比例させる「比例的炭素税」を提案しました。さらに、先進工業国と開発途上国の間の経済的格差をなくすために大気安定化国際基金の構想を出したのです。

　宇沢教授は、一貫してリベラルでアカデミックな環境をこよなく愛し、ともすれば「人間の心」を見失いがちな現代経済学のあり方を深く憂いておられました。そして、一人ひとりの人間的な尊厳が守られ、魂の自立がはかられ、市民の基本的権利が最大限に確保できるような安定的な社会はどのようにすれば具現化できるか。このような根源的な問いに、制度主義に基盤を置く社会的共通資本の枠組みの構築によって取り組もうとしたのです。

　自然環境、社会的インフラストラクチャー、そして医療や教育などの制度資本から構成される社会的共通資本は、人間が人間らしい生活を営むために、重要な役割をはたすものです。これらは社会の共通の財産として社会的に管理していこうというのが宇沢教授の考え方です。したがって社会的共通資本は、市場的な基準や官僚的管理によって支配されてはならず、社会的な基準に基づき、それぞれの職業の専門家によって、専門的知見に基づき、職業的規律と倫理にしたがって

管理・運営されねばならないとされています。

　宇沢教授の提唱された「社会的共通資本」の概念は、政策の立案や選択のための重要な制度的、政策的分析の基盤を与えるとともに、新たな時代を切り開くパラダイムとなっているといえます。ただし実際に持続可能で安定した社会を実現するために、現実の社会において、それぞれの社会共通資本の管理の在り方をどうように設計していくべきかについては、今日の研究者・政策立案者が正面から取り組むべき重要な課題であるといえます。

　地球環境問題が一層深刻化し、持続可能な経済社会への転換が焦眉の課題として求められる今日こそ、宇沢教授が提起された理論的・実践的課題を想起し、これらに誠実に向き合うことが私たちに求められています。

　最後に私事ではありますが、教授の謦咳に接し公私にわたるご指導を受けることができたもののひとりとして、心からご冥福をお祈り申し上げるものです。

● Annex I

本書に執筆したブループラネット賞受賞者

ロバート・ワトソン
PROF. SIR BOB WATSON, Chief Scientific Adviser of the UK Department for Environment, Food and Rural Affairs

ロバート・メイ
LORD (ROBERT) MAY OF OXFORD, former Chief Scientific Adviser to the UK Government and President of Royal Society of London

ポール・エーリック
PROF. PAUL EHRLICH, Stanford University

ハロルド・ムーニー
PROF. HAROLD MOONEY, Stanford University

ゴードン・ヒサシ・サトウ
DR. GORDON HISASHI SATO, President, Manzanar Project Corporation

ジョゼ・ゴールデンベルク
PROF. JOSÉ GOLDEMBERG, Secretary for the environment of the State of São Paulo, Brazil and Brazil's interim Secretary of Environment during the Rio Earth Summit in 1992

エミル・サリム
DR. EMIL SALIM, former Environment Minister of the Republic of Indonesia

カミラ・トールミン

DR. CAMILLA TOULMIN, Director of the International Institute for Environment and Development

サリーム・ハク

DR. SALEEMUL HUQ, Senior Fellow, Climate Change Group, International Institute for Environment and Development

バンカー・ロイ

MR. BUNKER ROY, Founder of Barefoot College

真鍋淑郎

DR. SYUKURO MANABE, Senior Scientist, Princeton University

ジュリア・M・ルフェーブル

DR. JULIA MARTON-LEFÈVRE, Director-General of the International Union for the Conservation of Nature

サイモン・スチュアート

DR. SIMON STUART, Chair of the Species Survival Commission of the International Union for the Conservation of Nature

ラッセル・ミッターマイヤー

DR. RUSSELL MITTERMEIER, President of Conservation International

ウィル・ターナー

DR. WILL TURNER, Vice President of Conservation Priorities and Outreach, Conservation International

カール=ヘンリク・ロベール

PROF. KARL-HENRIK ROBÈRT, Blekinge Institute of Technology, Founder of the Natural Step

ジェームズ・ハンセン

DR. JAMES HANSEN, NASA Goddard Institute for Space Studies

ニコラス・スターン

LORD (NICHOLAS) STERN OF BRENTFORD, Professor, the London School of Economics

エイモリ・ロビンス

DR. AMORY LOVINS, Chair and Chief Scientist, Rocky Mountain Institute

ジーン・ライケンズ

DR. GENE LIKENS, Director of the Carey Institute of Ecosystem Studies

グロ・ハルレム・ブルントラント

DR. GRO HARLEM BRUNDTLAND, former Prime Minister of Norway and Director-General of the World Health Organization, now Special Envoy on Climate Change for UN Secretary General Ban Ki-moon

スーザン・ソロモン

DR. SUSAN SOLOMON, Senior Scientist, Aeronomy Laboratory, National Oceanic and Atmospheric Administration

M・S・スワミナサン

PROF. M. S. SWAMINATHAN, Founder Chairman, M. S. Swaminathan Research Foundation

上記の肩書は2012年2月時点のもの。

本書に執筆したブループラネット賞受賞者のプロフィール

(肩書・所属は受賞時)

1992年(第1回)
真鍋淑郎 博士(米国)
米国海洋大気庁上級管理職
受賞業績:数値気候モデルによる気候変動予測の先駆的研究で、温室効果ガスの役割を定量的に解明。

1992年(第1回)
国際環境開発研究所(英国)
受賞業績:農業、エネルギー、都市計画等、広い領域における持続可能な開発の実現に向けた科学的調査研究と実証でのパイオニアワーク。

1993年(第2回)
国際自然保護連合(本部:スイス)
受賞業績:自然資産や生物多様性の保全の研究とその応用を通じて果たしてきた国際的貢献。

1996年(第5回)
M. S. スワミナサン研究財団(インド)
受賞業績:持続可能な方法による土壌の回復や品種の改良を研究してその成果を農村で実証し、「持続可能な農業と農村開発」への道を開いた。

1997年（第6回）
コンサベーション・インターナショナル
（本部：米国）
受賞業績：地球の生物多様性を維持するため、環境を保護しながら地域住民の生活向上を図る研究とその実証を効果的に推進した。

1999年（第8回）
ポール・R・エーリック博士（米国）
スタンフォード大学保全生物学研究センター所長
受賞業績：「保全生物学」や「共進化」を発展させると共に、人口爆発に警鐘を鳴らして地球環境保全を広く提言。

2000年（第9回）
カール＝ヘンリク・ロベール博士（スウェーデン）
「ナチュラル・ステップ」理事長
受賞業績：持続可能な社会が備えるべき条件とそれを実現するための考え方の枠組みを科学的に導き、企業等の環境意識を改革。

2001年（第10回）
ロバート・メイ卿（オーストラリア）
英国王立協会会長
受賞業績：生物個体数の推移を予測する数理生物学を発展させて、生態系保全対策のための基盤を提供。

2002年(第11回)
ハロルド・A・ムーニー教授(米国)
スタンフォード大学生物学部教授
受賞業績：植物生理生態学を開拓して、植物生態系が環境から受ける影響を定量的に把握し、その保全に尽力。

2003年(第12回)
ジーン・E・ライケンズ博士(米国)
(写真左)

生態系研究所理事長兼所長
受賞業績：小流域全体の水や化学成分を長期間測定して、生態系を総合的に解析する世界のモデルとなる新手法を確立した功績。

2004年(第13回)
スーザン・ソロモン博士(米国)
米国海洋大気庁高層大気研究所上級研究員
受賞業績：南極のオゾンホールの生成機構を世界で初めて明らかにし、オゾン層の保護に大きく貢献した。

2004年(第13回)
グロ・ハルレム・ブルントラント博士(ノルウェー)
「環境と開発に関する世界委員会」委員長
元ノルウェー首相、WHO名誉事務局長
受賞業績：環境保全と経済成長の両立を目指す画期的な概念「持続可能な開発」を提唱し世界へ広めた。

2005 年（第 14 回）
ゴードン・ヒサシ・サトウ博士（米国）
W. オルトン・ジョーンズ細胞科学センター名誉所長，A&G 製薬取締役会長／マンザナール・プロジェクト代表
受賞業績：エリトリアで斬新なマングローブ植林技術を開発し、最貧地域における持続可能な地域社会の構築の可能性を示し、先駆的な貢献をした。

2006 年（第 15 回）
エミル・サリム博士（インドネシア）
インドネシア大学経済学部・大学院教授，元インドネシア人口・環境大臣
受賞業績：持続可能な開発の概念の創設に関わり、長年国連関連会議で全地球的環境政策の推進に主導的な役割を果たし、ヨハネスブルグサミットの成功に向け大きく貢献した。

2007 年（第 16 回）
エイモリ・B・ロビンス博士（米国）
ロッキー・マウンテン研究所理事長兼 Chief Scientist
受賞業績：「ソフト・エネルギー・パス」の概念の提唱や「ハイパーカー」の発明により、エネルギー利用の効率化を追求し、地球環境保護に向けた世界のエネルギー戦略牽引に大きく貢献した。

2008 年（第 17 回）
ジョゼ・ゴールデンベルク教授（ブラジル）
サンパウロ大学電気工学・エネルギー研究所教授，サンパウロ大学元学長
受賞業績：エネルギーの保全・利用の効率化に関わる政策の立案施行に大きく貢献し、途上国の持続可能な発展のための先駆的概念を提唱するとともに、リオ地球サミットに向け強いリーダーシップを発揮した。

2009 年（第 18 回）
ニコラス・スターン卿（英国）
ロンドン・スクール・オブ・エコノミクス教授
受賞業績：最新の科学と経済学を駆使した気候変動の経済的・社会的な影響・対策を「気候変動の経済学」として報告し、明確な温暖化対策ポリシーの提供により世界的に大きな影響を与えた。

2010 年（第 19 回）
ジェームス・ハンセン博士（米国）
NASA ゴダード宇宙科学研究所ディレクター，コロンビア大学地球環境科学科客員教授
受賞業績：「放射強制力」の概念を基に「将来の地球温暖化」を予見し、その対策を求めて米国議会等で証言した。気候変動による破壊的な損害を警告し、政府や人々に早急な対応が必要であることを説いた。

2010 年（第 19 回）
ロバート・ワトソン博士（英国）
英国 環境・食糧・農村地域省チーフアドバイザー，イーストアングリア大学 ティンダールセンター環境科学議長
受賞業績：NASA、IPCC など世界的機関において科学と政策を結びつける重要な役割を果たし、成層圏オゾン減少や地球温暖化等の環境問題に対し世界各国政府の具体的対策推進を導く大きな貢献をした。

2011 年（第 20 回）
ベアフット・カレッジ（インド）
受賞業績：伝統的知識を重視した教育活動により途上国の農村地域住民を支援し、自立的な地域社会構築の模範を造り上げた。

● Annex II

ブループラネット賞とは

　1992年、リオデジャネイロで開催された地球サミットの年に、旭硝子財団はブループラネット賞を創設しました。この賞は、世界の個人ないし機関を対象に、環境研究およびその応用における顕著な業績の功労により与えられるもので、地球規模の環境問題に対して解決策を提供するよう促してきました。本賞は地球の脆弱な環境に治癒をもたらす努力への期待を込めて提案されたものです。

　ブループラネット賞の名称は、人類で初めて宇宙に飛び立った旧ソ連の宇宙飛行士ユーリ・ガガーリンが、宇宙からわれわれの星を眺めながら発した「地球は青かった」という一言に啓発を受けたものです。本賞がこのように名付けられたのは、われわれの青い星がはるか未来まで人類の生を持続し得る共有財産であるようにと願ってのことです。本賞は2012年に20周年を迎えました。旭硝子財団はこの記念すべき年を、環境にやさしい社会の構築を支援する努力のもと新たな一歩とともに刻みたいと願っています。

旭硝子財団とは

　旭硝子財団は、旭硝子株式会社の創業25周年（1932年）を記念して、その翌年の昭和8年（1933年）に旭化学工業奨励会として設立されました。発足以来半世紀以上の間、戦後の混乱期を除いて、応用化学分野の研究に対する助成を続けてきました。

　その後、平成2年（1990年）に新しい時代の要請に応える財団を目指して事業内容を全面的に見直し、助成対象分野の拡大と顕彰事業の新設を行うとともに財団の名称を旭硝子財団に改め、以来、今日に至るまで研究助成事業と顕彰事業とを2本の柱とする広汎な活動を展開しています。

［装　丁］　西岡文彦
［制作協力］　株式会社イズワークス
［翻訳協力］　株式会社トランス・アジア

環境と開発への提言
　　──知と活動の連携に向けて──

2015年2月10日　初　版

［検印廃止］

編集代表　ロバート・ワトソン
監訳者　　松下和夫
発行所　　一般財団法人　東京大学出版会
　　　　　代表者　古田元夫
　　　　　153-0041　東京都目黒区駒場 4-5-29
　　　　　電話 03-6407-1069　FAX 03-6407-1991
　　　　　振替 00160-6-59964
　　　　　http://www.utp.or.jp

印刷所　　大日本印刷株式会社
製本所　　牧製本印刷株式会社

©2015 The Asahi Glass Foundation
ISBN978-4-13-033080-0　Printed in Japan

JCOPY 〈(社)出版者著作権管理機構 委託出版物〉
本書の無断複写は著作権法上での例外を除き禁じられています．複写される場合は，そのつど事前に，(社)出版者著作権管理機構（電話 03-3513-6969，FAX 03-3513-6979, e-mail: info@jcopy.or.jp）の許諾を得てください．